メタン発酵

野池達也 編著

編集幹事・共著
佐藤和明／安井英斉／李 玉友
共著
落 修一／河野孝志／渋谷勝利／松本明人

技報堂出版

＜序にかえて＞

地球温暖化防止に貢献するメタン発酵法

　地球温暖化の防止は，21世紀における世界各国共通の使命であります．
　2008年7月6日〜9日に開催された北海道洞爺湖サミットにおいて，「世界全体の温室効果ガス排出量を2050年までに少なくとも半減させる，また，各国別に排出量削減の中期目標を実施する」内容の議長統括が合意されましたことは，今後，世界各国が一丸となって地球温暖化防止に取り組むべき決意を新たにした歴史的な成果でありました．私達は世界の民として，可能な限りの手段を通じて温室効果ガスの排出量を削減し，化石エネルギーに依存した現在の社会から脱却し，低炭素社会づくりを進めてゆく務めに立たされております．
　カーボンニュートラルの特性を有し，枯渇することのないバイオマスを化石資源に代替して，エネルギーや製品に利活用することにより，化石資源由来のCO_2発生量を確実に削減することができますので，地球温暖化防止のためにきわめて重要であります．
　メタン発酵法は，下水汚泥，生ごみおよび家畜排泄物等の廃棄物系バイオマス中の有機物を嫌気性細菌によって分解し，安定化・減量化すると共に，バイオガスエネルギーを生産できる点において，他の如何なる処理プロセスの追随を許さない環境にやさしい優れた廃棄物処理方法であります．本システムにより生産されるバイオガスを化石燃料に代替することによってCO_2を削減できると共に，有限な化石燃料の使用を次世代のために節減することができます．また，発酵残渣は安全な液肥またはコンポストとして，適切な緑農地利用を行なうことにより大地の豊かさが護られると共に，不活性な炭素化合物の形態で土中に埋没することができますので，二重のあり方でCO_2の削減に寄与することができます．メタン発酵法こそ，循環型社会の形成および地球温暖化防止のための役割を確実に果たす機能を備えております．
　本書は，地球環境時代におけるメタン発酵法の重要性を再認識し，原料として，常時，枯渇することのない廃棄物系バイオマスやEU諸国におけるような資源作物からのバイオガスエネルギーの生産のために，メタン発酵法が日本において広く普及し活用されることを目的として，本法の基礎から応用に至る内容を中心に作成さ

れたものであります．

　執筆者は，東北大学大学院工学研究科土木工学専攻環境保全工学研究室において，メタン発酵の研究に従事され，今もなお，ご所属の部署におけるライフワークとして励んでおられる方々，ならびに東北大学にメタン発酵に関する学位論文を提出され学位授与された方々によって構成されております．ことに，佐藤和明博士，安井英斉博士ならびに李玉友博士には，本書の執筆に加えて，編集における幹事として，各章が表記の一貫した理念のもとに有機的に構成されるために，終始心熱い労をおとりいただきました．

　本書が，初めてメタン発酵について学ばれる方々をはじめとして，大学院でメタン発酵に関する研究課題に取り組んでおられる学生の方々，実際のメタン発酵施設の設計・運転操作に携わっておられる技術者の方々，ならびに新技術の開発を鋭意進めておられる研究者の方々のお役に立ち得ますれば，執筆者一同のこの上ない喜びであります．さらに，本書を通じて，循環型社会の形成および地球温暖化防止のために貢献いたせますことが，私達一同の心からの願いであります．

　本書の企画より編集・印刷・出版に至りますまで，技報堂出版株式会社編集部長小巻慎氏には，終始多大なご尽力をいただきましたことを深く感謝いたします．

　最後に，お若き時代に東北大学でメタン発酵の研究を開始され，学生達にメタン発酵の素晴らしさと地球環境保全に対する重要性を御教示下さり，愛と真実をもって御薫陶下さいました今は主の御許に在られます恩師松本順一郎先生に，慎んで本書をお捧げ申し上げます．

2009年5月

執筆者を代表して　野池達也

編集・執筆者

編著者 野池達也 　東北大学 名誉教授
日本大学大学院総合科学研究科 教授
［第 1, 8, 10 章］

編集幹事 佐藤和明 　日本上下水道設計株式会社 技術本部 技術顧問
［第 4, 6, 7 章, 付録 D］

安井英斉 　北九州市立大学国際環境工学部エネルギー循環化学科 教授
［第 2 章, 付録 A, 付録 B, 付録 C］

李　玉友 　東北大学大学院環境科学研究科 准教授
［第 3, 5, 9 章］

執筆者 落　修一 　財団法人下水道新技術推進機構 資源循環研究部 副部長　［6.1〜6.6］

河野孝志 　株式会社タクマ 技術センター 技術開発部開発課　［9.1〜9.4］

佐藤和明 　（前掲）　［1.4.1〜1.4.2, 1.5.2, 4.5〜4.7, 7.1〜7.4, 8.4.5, 付録 D］

渋谷勝利 　清水建設株式会社 技術研究所地球環境技術センター 上席研究員
［5.1〜5.4］

野池達也 　（前掲）　［1.1, 1.4.3〜1.4.5, 1.5.1, 1.5.3〜1.5.6, 8.1〜8.3,
8.4.1〜8.4.4, 10.1〜10.5］

松本明人 　信州大学工学部土木工学科 准教授　［3.5, 4.1〜4.4］

安井英斉 　（前掲）　［2.1〜2.4, 付録 A, 付録 B, 付録 C］

李　玉友 　（前掲）　［1.2〜1.3, 3.1〜3.4, 3.6〜3.9］

（2009 年 4 月現在，五十音順，[ ] 内は編集・執筆担当部分）

目　　次

第1章　メタン発酵の研究と開発の歴史 …………………………………… 1

1.1　地球環境保全および循環型社会の形成におけるメタン発酵の意義　1
1.2　メタンの発見　2
1.3　微生物反応によるメタン生成　3
1.4　プロセスの開発　6
1.5　日本におけるメタン発酵の歴史　11

第2章　メタン発酵プロセスの科学 ………………………………………… 19

2.1　投入有機物の組成分析によるメタン転換率の簡易的推定　19
2.2　メタン発酵プロセスにおける三菌群関与説と二相四段階説の位置づけ　24
2.3　物質変換の概要　26
2.4　関連の物理化学定数　70

第3章　様々なメタン発酵プロセス ………………………………………… 85

3.1　メタン発酵プロセスの分類　85
3.2　完全混合法　87
3.3　嫌気性接触法　91
3.4　嫌気性濾床法　95
3.5　嫌気性流動床法　97
3.6　UASB法とEGSB法　100
3.7　乾式メタン発酵　105
3.8　二相プロセス　109
3.9　その他のメタン発酵プロセス　112

第4章　プロセスの制御因子 ………………………………………………… 117

4.1　温　　度　117
4.2　滞留時間（HRTおよびSRT）　120

4.3 有機物負荷　*121*
4.4 撹拌および混合　*121*
4.5 pH，アルカリ度と揮発性有機酸濃度　*122*
4.6 基質組成（C/N 比）とアンモニア阻害　*123*
4.7 重金属等による阻害と反応の促進　*125*

第 5 章　メタン発酵槽の運転管理　*129*

5.1 メタン発酵プロセスの立上げ　*129*
5.2 槽負荷とバイオガス発生量　*135*
5.3 有機酸の蓄積と酸敗対策　*136*
5.4 安定運転のための管理項目　*138*

第 6 章　廃棄物系バイオマスのメタン発酵　*141*

6.1 下　水　汚　泥　*141*
6.2 生　ご　み　*143*
6.3 家畜排泄物　*146*
6.4 草　木　植　物　*147*
6.5 混　合　物　*149*
6.6 その他の有機物　*152*

第 7 章　バイオガスの有効利用　*155*

7.1 消化ガスの成分と熱量価　*155*
7.2 消化ガスの利用　*156*
7.3 バイオガスの精製　*162*
7.4 コージェネレーション　*168*

第 8 章　メタン発酵に関わる問題点と対応策　*175*

8.1 メタン発酵システムの基本構成と主要問題点の整理　*175*
8.2 高濃度高温メタン発酵による高効率化　*176*
8.3 アンモニア性窒素の蓄積と阻害に対する対応　*177*
8.4 消化液の処理　*178*

第 9 章　水素発酵プロセスの可能性 ································· 189

9.1　嫌気性細菌による水素発酵　*190*
9.2　水素発酵プロセスの効率　*196*
9.3　水素・メタン二相プロセス　*198*
9.4　水素発酵に関わる安全管理　*199*

第 10 章　メタン発酵の課題と展望 ································· 203

10.1　バイオマス・ニッポン総合戦略への期待　*203*
10.2　輸送用燃料としてのバイオガスの二酸化炭素削減力の卓越性　*204*
10.3　LOTUS プロジェクトへの期待　*205*
10.4　日本における普及のための課題　*207*
10.5　機能拡大に対する期待　*208*

＜付　　　録＞

付録 A　メタン発酵の生物学的アプローチ ······················ 217

付 A-1　C 源とエネルギー源の種類に着目した細菌のグルーピング　*217*
付 A-2　電子受容体の種類に着目した細菌のグルーピング　*218*
付 A-3　電子供与体の酸化反応に着目した細菌のグルーピング　*219*
付 A-4　嫌気的環境に生育する微生物の群集構造　*222*
付 A-5　分子生物学的解析の意義　*229*

付録 B　メタン発酵の数学的アプローチ ······················ 233

付 B-1　数学モデルの種類　*233*
付 B-2　数学モデルの作成における留意点　*235*

付録 C　メタン発酵の化学的アプローチ ······················ 247

付 C-1　基質分解と細菌増殖の関係　*247*
付 C-2　菌体の元素組成　*251*
付 C-3　酸化還元反応　*253*
付 C-4　菌体の生成　*255*

付録D　ガス発電システム熱収支計算モデルの詳細……………………… 267

付D-1　発生汚泥量, VS量の季節変動の設定　*267*

付D-2　モデル消化タンクの諸元の決定　*268*

付D-3　返流負荷のモデルへの組込み　*268*

付D-4　モデル消化タンクの加温必要熱量の計算　*269*

付D-5　消化ガス発生量　*270*

付D-6　発電量・廃熱回収量の計算　*271*

索　　引………………………………………………………………… *273*

第1章 メタン発酵の研究と開発の歴史

1.1 地球環境保全および循環型社会の形成におけるメタン発酵の意義

 近年,地球温暖化をはじめとする地球規模の環境問題がクローズアップされ,地球環境にやさしい新しい科学技術の開発の重要性が強く認識されるようになった.
 わが国では,1980年代後半からごみ排出量が急速に伸びてきており,これに伴って産業廃棄物の20%近くを占める下水汚泥等の処分も,埋立処分地が激減していることから深刻な問題となりつつある.従来の都市廃棄物処理技術は,その技術目標を都市や地域環境の保全に主眼を置いていたため,地球規模の環境保全に対する配慮が欠けていたといえる.したがって,21世紀において地球規模の環境低負荷型社会を構築するためには,新たな環境保全技術の開発が緊急の研究課題となっている.人間を取り囲む生態系と調和した知的社会の実現を目指すためには,環境への負荷を最小限とする新たな資源循環技術—新しい地球環境保全技術—の開発が不可欠である[1].現在,これについて,多くの分野において世界各国で精力的な検討が進められている.
 メタン発酵法は,カーボンニュートラルの特性を有し,枯渇することのない下水汚泥,生ごみや家畜排泄物等をはじめとする大量の廃棄物系バイオマスを原料に用いることができる.この点は,他のいかなるバイオエネルギー生産プロセスにも優る特徴であって,地球環境の保全のための重要な意義を有している.
 メタン発酵法は,この他に以下の特徴がある.
①嫌気性細菌の働きによって,バイオマス中の有機物をメタンとしてエネルギー回収することにより,電力ひいては化石燃料の節減につながり,CO_2排出量の削減がもたらされる.
②バイオマス中の有機物は,大部分がガス化されるので,メタン発酵残渣は,減量化され,残渣の処理処分のための施設が小規模ですむ.
③メタン発酵残渣は,コンポスト化されやすく,ウイルス,病原細菌に対する疫

学的安全性が高まる．
④メタン発酵残渣は，良質な液肥またはコンポストとしても利用できる．
⑤大容量を有するメタン発酵槽は，クッションタンク(貯留槽)の機能を有するため，後段のプロセスが余裕を持って運転できる．

このように多くの優れた機能を有するメタン発酵法は，エネルギー回収の利点だけでなく，資源循環によって環境負荷を低減し，地球温暖化の防止ならびに循環型社会形成のための基盤である．メタン発酵法は，経済的な面あるいは定量的な方法だけでは評価できない測り知れないほどの利点を有している．

1.2　メタンの発見

汚濁した湖沼，池および川の沈殿物(底泥)から可燃性のガス(メタンガス)が生成することは，古くから知られている．今から200年以上前の1776年に，イタリアの物理学者Alessandro Voltaは，「小舟に乗り，沼の底泥を棒で掻き混ぜて多くのガスを発生させ，水上置換法で広口瓶に集めて点火すると，青色の光を出して燃えた」と友人のCampi神父に宛てた手紙の中で述べている．

このことを描いた絵(図-1.1)には，Voltaが小舟に乗ってメタンガスを採取する状況(左側)と，広口瓶の中でメタンが燃える状況(右側)が示されている．これは，欧米でメタン生成に関して報告された最初の文献といわれている[2]．また，中国では，古くから「沼気」(沼から発生するガスの意)の言葉があり，メタン発酵が応用されてきた．

図-1.1　Voltaによるメタンの燃焼実験[2]

メタン発酵の研究は，19世紀の後半から注目され始め，その科学的認識は，研究の進展と共に変化してきた．そこで，これに関わる幾つかの重要な発見を次節で述べ，メタン発酵の研究を歴史的に概観する[3]．

1.3 微生物反応によるメタン生成

1.3.1 初期的認識

1868年に，フランスのBechampは，メタンが微生物学的プロセスによって生成することを初めて指摘し，これに関与する生物を*Microzyma cretae*と命名した．その数年後の1875年，Popoffは，腐敗した池の水，干し草，アラビアゴム，ブドウ糖，ある種の脂肪酸塩や他の生産物から自然にメタンが発生すると報告し，40℃がガス発生の最適温度であるとした．

1890年，Van Seusは，繊維素のような物質のメタン発酵が数種の微生物の共同活動によるものであることを初めて報告した．これについてOmelianskiは，繊維素のメタン発酵に関する研究を進め，H_2とCO_2からのメタン生成を初めて示した．そして，1903年にMazeは，メタンを生成する混合液に常に連球状の微生物(*Pseudo sarcina*)が存在することを発見した．

これらの初期的研究により，メタン発酵は，微生物反応であるという認識が確立し，発酵の原料には様々なものがあることと最適温度が存在することが明らかになった．

1.3.2 二段階説と化学的解析の発展

1914年，ThummとReichlは，メタン発酵反応を「酸性ステージ」とそれに続く「アルカリ性ステージ」の2段階に分けられることを報告した．Imhoffは，これらの2つのステージを"putrid"(悪臭を出す)および"odorless"(無臭)と呼び，これを1916年に"acid digestion"(酸生成消化)および"methane digestion"(メタン生成消化)と定義した．これがメタン発酵二段階説の始まりである．そして，1920〜1930年代にBuswell *et al.*によって嫌気性処理およびその化学と微生物の理解が大幅に進められ，有機性排水や農産物残渣の嫌気性処理の可能性が立証されると共に，中間産物としての揮発性脂肪酸の重要性が明らかになった．McCartyは，1960年代に酸生成とメタン生成の二段階説を用いてメタン発酵の考え方を整理すると共に，メタン発酵の汚泥滞留時間には4日以上が必要であることを明らかにした．この二段階説は，1970年代〜1980年代の二相消化(two-phase digestion)の研究に反映された．

一方，メタン発酵反応は，化学的見地からも積極的に研究されてきた．1927年にRudolfが発見した反応は，ガスの発生量は，温度と無関係であり，その発生速

度は，温度の上昇に伴って増加することであった．1930年代においてFairとMooreは，嫌気性処理に中温域と高温域の2つの最適温度域が存在することを立証した．そしてBuswellは，メタン発酵で生成するガス組成は，原料の元素組成で決まると考え，1938年に化学量論に基づく式(*1.1*)を得た．この種のメタン発酵の化学量論式は，他の元素やエネルギー収支も考慮されながら，現在でも様々に工夫されている．また，メタン発酵の反応経路について，1965年にJerisは，ほとんどの有機化合物あるいはその混合物の発酵から生じるメタンは，約70％が酢酸を経由することを明らかにした．

$$C_nH_XO_Y + \left(n - \frac{X}{4} - \frac{Y}{2}\right)H_2O \rightarrow \left(\frac{n}{2} + \frac{X}{8} - \frac{Y}{5}\right)CH_4 + \left(\frac{n}{2} - \frac{X}{8} + 4Y\right)CO_2 \quad (1.1)$$

● 共生酢酸生成細菌の発見と三菌群関与説

1967年，Bryant *et al.* は，それまで純粋培養と考えられていた *Methanobacillus omelianskii* が実はメタン生成細菌 MOH（methanogenic organism utilizes H_2）と非メタン生成細菌のS細菌の混合物であることを発見した[4]．Bryant *et al.* は，このことを基に，S細菌のような水素生成性酢酸生成細菌が嫌気性分解反応の中間代謝産物であるプロピオン酸や酪酸等の分解に関与しているという仮説を立てた．

これに基づいて共生細菌の研究が続けられた結果，1979年にMcInerey *et al.* によるC_4-C_8の脂肪酸を分解する共生酢酸生成細菌 *Syntrophomonas wolfei*，1980年にBooneとBryantによるプロピオン酸を分解する水素生成性酢酸生成細菌 *Syntrophobacter wolinii*，1985年にStiebとSchinkによるC_4-C_{11}の脂肪酸を分解する *Clostridium bryantii*，1986年にRoy *et al.* によるC_4-C_{18}の脂肪酸を分解する *Syntrphomonas sapovorans* がそれぞれ発見された．このように，1980年代において水素生成性共生酢酸生成細菌に関する研究が大きく進歩し，メタン発酵反応においては加水分解・酸生成細菌，メタン生成細菌に加えて，水素生成性共生酢酸生成細菌を合わせた3種類の微生物が重要な役割を果たしていることが認識されたのである．これは三菌群関与説と呼ばれている．

1.3.3 二相四段階説の確立

メタン発酵は，1970年代の後半から酸生成相とメタン生成相の2相に分けて研究されるようになり，それぞれの最適条件や細菌群の諸特性が次第に明らかになってきた．そして，メタン発酵は，図-1.2に示す二相四段階説で説明されるようになった．

これによればメタン発酵における生分解性有機物の分解過程は，大きく分けて

① 固形物をはじめとする高分子有機物からモノマー(糖,アミノ酸や高級脂肪酸)を生成する可溶化・加水分解過程(hydrolysis),
② 加水分解産物であるモノマーから揮発性脂肪酸(酪酸,プロピオン酸,酢酸や蟻酸等)やアルコール等を生成する酸生成過程(acidogenesis),
③ 酪酸やプロピオン酸をはじめとする C_3 以上の脂肪酸から酢酸と水素を生成する酢酸生成過程(acetogenesis),
④ 水素と酢酸等からメタンと二酸化炭素を生成するメタン生成過程(methanogenesis),
という4つの段階からなる.

そして,メタン発酵に関与する主たる微生物には,(a)加水分解・酸発酵に関与する酸生成細菌,(b)プロピオン酸や酪酸等の脂肪酸の分解に関与する水素生成性酢酸生成細菌,(c)糖類や水素から酢酸のみを生成するホモ酢酸生成細菌,(d)これと逆に酢酸を酸化して水素を生成する嫌気的酢酸酸化細菌,(e)メタン生成を行うメタン生成古細菌,等がある.ホモ酢酸生成細菌は,1970～1980年代に盛んに研究された.これらのことは,第2章で詳しく述べる.

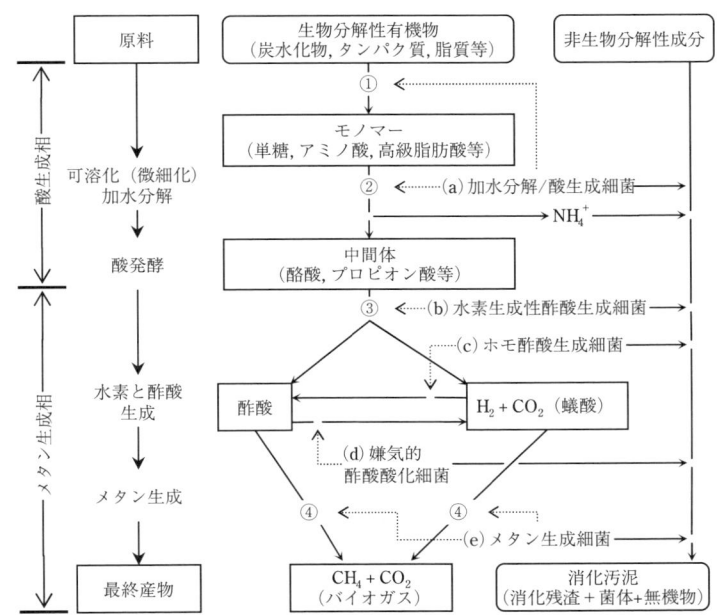

図-1.2 バイオマスのメタン発酵における物質変換の概要(点線:酵素反応,実線:物質の流れ)[5]

なお，1970年代から1990年代にかけてWoeseによって確立された生物分類では，メタン生成細菌は，通常の細菌とは異なる古細菌に属する[6]．しかしながら本書では，特別に示さない限り，読者が名前を呼びやすいようWoese以前の用語であって，なお広く使われている「メタン生成細菌」を呼称に用いた．近年，メタン生成細菌は，代表的な古細菌として幅広い分野で研究されている．地中の2〜5 kmの深さに埋蔵されている天然ガスの大部分は，メタン生成細菌の活動の結果と考えられている．また，新しい種のメタン生成細菌も次々と発見されている．

1.4 プロセスの開発

1.4.1 嫌気性消化プロセスの誕生

19世紀，産業革命による人口の都市への集中によって，ヨーロッパの大都市での衛生状態はかなり劣悪なものであったといわれている．これに対処するために，イギリスのロンドンではコレラの発生を契機に，これまで雨水の排除を専らとしていた下水道を，し尿も含めた汚水を流下できるように改造し，一般市民にこれまで汚水溜めに流していた水洗便所排水を下水道へ流すように指導したという経緯がある．しかし，これは，流下先のテムズ川に著しい汚濁を引き起こすこととなり，以降，下水道の技術は，遮集管の建設，下水処理の導入へと発展していく[7]．

下水処理の歴史の初期には，灌漑畑など種々の形態のものがあったが，一般的には，沈殿処理が採用された．初期の沈殿池の操作は回分式であり，沈殿上澄水が放流された後，汚泥の天日乾燥が行われた．そのうちに，沈殿池で長く水が滞留してアルカリ性の状態で嫌気性分解を受けた汚泥ほど脱水乾燥特性が優れていて，臭気も低いということが認識されるようになった．このように2〜10日間の長時間の貯留によって下水を処理するプロセスは，今もなお代表的な浄化槽の処理方式として世界的に使われている[8]．

19世紀末から20世紀初頭にかけて，その後の下水処理の主流となる散水濾床法や活性汚泥法といった新たな生物処理プロセスが開発された．当時，この生物処理に対しては，長時間滞留させた下水より，新鮮な下水の方が処理しやすいという理解が広まっていた．そこで，下水を短時間で沈殿する沈殿室と汚泥を長時間滞留させる消化室を分ける形の技術が開発された．イギリスのTravisは，1903年にトラビスタンクと名付けられた二階層の施設をハンプトンに建設し，ドイツではImhoffが1906年にレックリングハウゼン下水処理場でイムホフタンクを建設した．

トラビスタンク(**図-1.3**)は，下水の一部を消化室に導入する構造になっていたほか，汚泥室の汚泥も少なくとも14 d毎に引き抜くこととなっていた．これに対して，イムホフタンク(**図-1.4**)は消化室の滞留日数を60 dとしており，これにより初めて本格的な嫌気性汚泥消化を実施することができたといえる[9]．

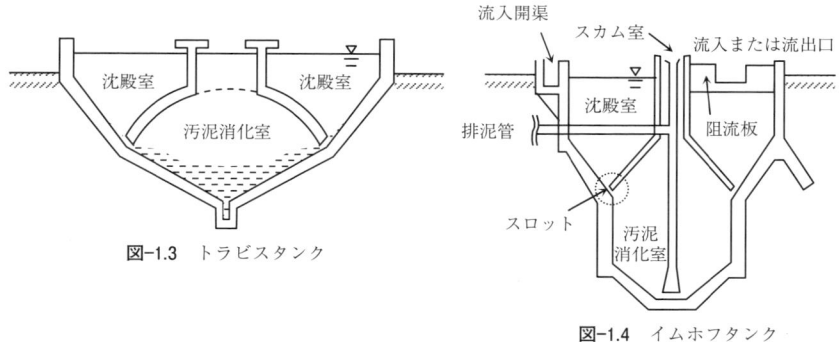

図-1.3　トラビスタンク

図-1.4　イムホフタンク

1.4.2　分離型消化タンクと加温技術の導入

沈殿池の汚泥を単独で嫌気性消化した初期の事例として，イギリスの技術者WatsonとO'Shaughnessyによって1909年に造られたバーミンガムの施設がある．これは開放式の汚泥貯留型のもので，ここでは生汚泥と消化汚泥が混合して処理された．消化の進行に伴い汚泥の臭気が無くなり，脱水乾燥性が向上することが再確認され，消化汚泥の種付け(種汚泥)の概念も確立された[10]．

1920年代には，下水と汚泥の処理を分け，汚泥だけを処理する分離型消化タンクが建造され始め，現代の消化タンクの原型となった[11]．1923年には，アメリカではテキサス州ブラウンズビルに初めての分離型消化タンクが建設された．また，発生する消化ガス(バイオガス)を熱源として汚泥を加温し，消化反応を促進する技術も採用されるようになった．これは1925年にルール水組合のエッセンレリングハウゼンの施設で採用され，1926年にはウィスコンシン州アンティゴにDorr社によって現代的なガスホルダと加温装置を設けた消化タンクが建設された．

1930年代には，嫌気性消化の反応温度について，室内実験による研究から実消化タンク施設による実証実験にわたった幅広い検討が欧米で進められた．50℃を超える高温消化の温度領域についてもこの時期に多くのデータが収集され，**図-1.5**に示すような中温域および高温域の2つのゾーンに最適な消化温度範囲があることが明らかとなった．このようにして中温消化(mesophilic digestion)と高温消化

(thermophilic digestion)の概念が確立すると共に，高温消化によるいっそうの消化日数の短縮効果が認知された[12),13)]．

1.4.3 連続撹拌による高率消化

下水汚泥を対象とした嫌気性消化においては，加温と共に槽内の撹拌を行う「高率消化」と，撹拌を行わない「標準消化」がある．高率消化では，加温・撹拌を行うことにより生物反応による消化を促進させる方式で，消化タンク内での消化汚泥の濃縮・脱離液の分離は

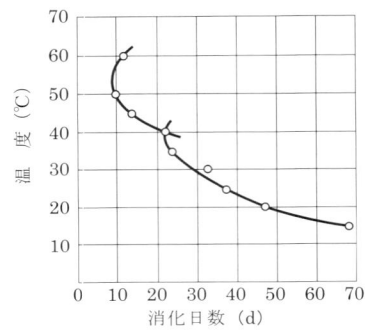

図-1.5 消化温度と最適消化日数の検討結果[13)]

行わないのに対し，標準消化では，同一の消化タンク内で消化・濃縮・脱離液の分離を同時に行うものである．1954年までに建造された消化タンクには，撹拌装置が無く，液はスカム，上澄液，消化汚泥，濃縮消化汚泥に層別されていた．そのため，リアクターで有効に働く容積が少なく，しかも供給された汚泥と微生物との混合接触が不充分なので，消化速度は遅く，長い滞留時間が必要であった．Morganは，1954年にこの問題を解決するため，消化ガスの返送による消化タンクの連続撹拌を行い，VS負荷を4.5％まで高め，滞留時間を9dまで低減できることを示した[14)]．これが高率消化槽(high-rate digester)の始まりである．

撹拌の効果に関して，図-1.6に標準消化（無撹拌）と高率消化（撹拌）での有機物(volatile solids：VS)の分解率の比較を示した実験結果を示す[15)]．図から明らかなように，撹拌を行う高率消化で有機物の分解率は大きく向上する．また，撹拌時間を10 min/d～24 h/dの間で変化させたし尿の二段消化の実験結果によると，1 h/d以上の撹拌で良好なガス発生が行われることが示された[16)]．

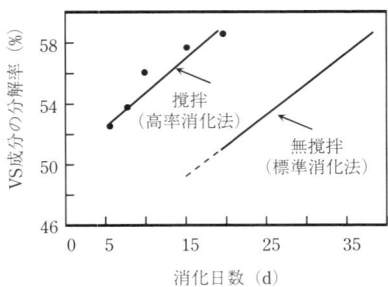

図-1.6 撹拌の有無による有機物(VS)の分解率の比較

一方，下水汚泥消化と後続の脱水処理のシステム機能を重視する二段消化のプロセスもある．この第1槽は，完全混合型の高率消化タンク（標準滞留時間20 d）として働き，第2槽は，撹拌無しの静置消化汚泥濃縮槽（標準滞留時間10 d）として

機能する．わが国で稼働している下水汚泥メタン発酵施設のほとんどは，高率消化タンクまたは二段消化タンクのいずれかである[17),18)]．近年，余剰汚泥の混合投入や汚泥性状の変化等により第2槽（二次タンク）で濃縮性が期待できない場合があり，そのようなケースでは従来の二次タンクを第1槽（一次タンク）と同様，撹拌と加温を行い生物反応槽として使用し，一段高率消化（単段消化）として運転することも行われている[19)]．また最初から，機械濃縮等により汚泥消化タンクへの投入汚泥濃度を高く維持して消化を行う高濃度消化を単段消化で行う例も増えてきている．

1.4.4 メタン発酵槽の工夫

下水汚泥の消化タンク（メタン発酵槽）の形状は，大きく分けて，直径の大きい円筒形，高さの高い卵形，その中間的なものがある．図-1.7 に嫌気性消化タンクの模式図をそれぞれ示した．

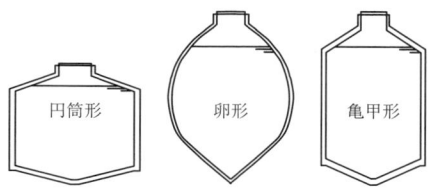

図-1.7 嫌気性消化タンクの模式図

円筒形消化タンクと卵形消化タンクの2種類が生まれた理由は，汚泥消化技術を率いてきたアメリカとドイツの取組みの差異によるものと考えられる．アメリカでは，平らな底版を有する円筒型の消化タンクが建造されており，タンクの上部にスカム破砕機が設置され，汚泥掻寄せ機が底部にある．この原型は，Dorr 社が開発した．その後，底版に少しスロープがつけられ，汚泥掻寄せ機がないものが造られた．これに対して，ドイツの消化タンクは，球の変形や卵形で，上部と下部は円錐状である．下部の底版勾配は 45 度以上にとる．この形は，比表面積が小さく放熱が少ない特徴がある．また，上部の面積が小さいので，スカムの障害も起こりにくく，汚泥も引抜きしやすい．汚泥の上下方向の撹拌もポンプやガスの注入によって充分に行われるという利点がある[20)]．

わが国では，施工しやすい構造で経済性に優れた円筒形が使用されてきたが，近年，特に 1980 年代以降は撹拌性に優れた卵形消化タンクが普及してきている[21),22)]．亀甲形消化タンクは，円筒形消化タンクの経済性と卵形消化タンクの撹拌性を備えているとされている．

1.4.5 生ごみのメタン発酵

生ごみのメタン発酵に関する最初の報告は，1930年代まで遡る．本格的な基礎

検討の始まりは，1960年代の後半にカリフォルニア大学のGoluekeが行った5年に及ぶ研究と，その後にイリノイ大学のPfefferが進めた生ごみのメタン発酵によるエネルギー回収可能性に関する実験的検討といわれている．

その後，アメリカのエネルギー省は，1978年から1985年まで「生ごみのメタン転換」（RefCoM：refuse conversion to methane）の実証研究をWaste Management社に委託し，フロリダ固形廃棄物減量センターでパイロットプラント実験が行われた．わが国においては，1980年代に当時の通商産業省によるスターダスト研究プロジェクトの中で，都市ごみのメタン発酵パイロットプラント実験が実施された．しかし，この研究では，メタン発酵槽への投入TS濃度（総固形分濃度）は，8％以下の値で設定されたため，エネルギー回収や排水処理の経済性が低く，また分別技術体制の未熟さによって，埋め立てや焼却等の従来技術と競合できなかった．一方，ヨーロッパでは，EC委員会（CEC）は1978年に環境とエネルギー問題の両立を目指すべく，代替エネルギー源の開発に関する研究開発を支援することを決定し，1979〜1983年の5年間にメタン発酵を中心とした多くの研究プロジェクトを進行させた．

以来，西ヨーロッパを中心に，有機廃棄物のメタン発酵に関する積極的な技術開発が進み，DRANCO（ベルギー），Valorga（フランス），BTA（ドイツ），BIOHELM（ドイツ），Biocel（オランダ），KOMPOGAS（スイス），Waasa（フィンランド），BIMA（オーストリア）等のプロセスをはじめ，20種類以上の技術が実用化された．これら新技術の主な特徴は，高濃度消化または乾式消化である．いずれも，従来の下水汚泥の嫌気性消化プロセスで全く想定されていないほどの高い固形物濃度（TS濃度10％以上）で固形物が投入される．また，生ごみ等の固形廃棄物をできるだけ水で希釈しないという発想も重要と考えられている．

わが国においては，ヨーロッパに10年ほど遅れて，1990年代の後半から生ごみメタン発酵プロセスが実用化された．2004年の時点で，生ごみまたは食品廃棄物の単独メタン発酵施設の建設契約は，15件以上に及ぶ．これらの多くは，高濃度（投入TS濃度10％以上），高温発酵の処理が採用されている．一般的に生ごみの分解率は70〜80％に達し，バイオガス生成量も生ごみ1t（湿重量）当り100〜160 m^3 になる．生ごみのメタン発酵は，減量化，エネルギー生産効果が大きいため，次第に普及していくものと期待される[23]．

1.5　日本におけるメタン発酵の歴史

1.5.1　普及の始まり

　前述のイムホフタンクは，下水の沈殿分離と汚泥の消化を同一のタンク内で進めるので，消化効率に制限がある．そこで効率を高めるために，消化室と分離室を分離し，沈殿した汚泥をメタン発酵に適した構造の槽で処理する考えが生まれた．この槽は，嫌気性消化タンクあるいはメタン発酵槽と呼ばれている．わが国では，昭和初期から下水汚泥の処理にメタン発酵が普及するようになり，東京，大阪，京都，名古屋等の大都市に嫌気性消化施設が建設された．下水汚泥以外にも，汲取りし尿，畜舎排水，工場排水，生ごみ等にも応用され，成果が上がっている[24]．

1.5.2　下水汚泥処理

　わが国の近代式下水道は，明治の初期に招聘した外国人技術者の指導によって建設が着手された．しかし，当時の下水道の整備は，富国強兵第一義の中で常に後回しにされ，事業は限定的であった．また，当時はし尿が貴重な肥料として積極的に農業に還元されていた事情もあり，こうしたことも下水道の普及が進まなかった理由と考えられている．

　このような中でも，一部の都市では着々と下水道事業が進められ，当時の東京市で1923年（大正12年）に日本で初めてとなる散水濾床法による三河島汚水処分工場（下水処理場）が建設された．また，活性汚泥法についても，名古屋市，大阪市，東京市において実験プラントによる処理実験が行われ，1930年（昭和5年）に名古屋市の堀留と熱田の両処理場において活性汚泥法が実用化された．活性汚泥法は，20世紀の初頭にイギリスで開発され，アメリカで実用化された当時としては画期的な下水処理法であったが，わが国においてもかなり早い時期に最新の技術が導入されていたことがわかる[25]．

　活性汚泥法は，良好な処理水質が得られる優れた排水処理プロセスであるが，発生する汚泥量が多いというのが難点とされていた．この問題を嫌気性消化法の導入と共に解決したのが，当時名古屋市水道部長であった池田篤三郎博士であった[26]．名古屋市では，1932年（昭和7年）に汚泥処理専用の天白汚泥処理場を建設し，堀留等4箇所の処理場から圧送される汚泥を天日乾燥床と消化タンクの併用により処理した．そしてこの汚泥は，さらに火力乾燥され，「名古屋産活性汚泥肥料」のブラ

ンドで広く販売された[27]．わが国で初めて建設された消化タンクは，覆蓋のある円形タンクで，いわゆる汚泥掻寄せ機のある加温式消化タンクである．天白汚泥処理場の消化タンクの概形は**図-1.8**のようである．

これに続いて，豊橋市，岐阜市（無加温式の長方形タンク）と京都市で消化タンクが建設された．また，この頃は消化技術がし尿処理にも適用され，し尿の衛生学的処理に先鞭をつけることとなった．その後，物資が不足する戦時下の時代を迎え，消化タンクから発生する消化ガスは，ガソリン代替の自動車用燃料として注目されることとなった．京都市では，鳥羽処理場において日量 1,300 m³ の余剰消化ガスを対象として炭酸ガスを除去した後，150 気圧に圧縮してガスボンベに充填する施設を 1942 年（昭和 17 年）から運転した[28]．

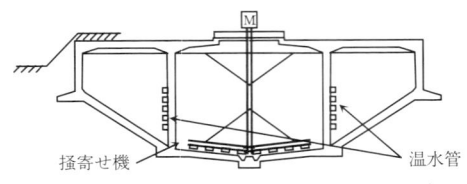

図-1.8 天白汚泥処理場の消化タンクの概形[27]

戦後復興の時代を迎え，化学肥料の生産が順調に進み，これが農業に普及し始めると，急激にし尿の農村還元の率が低下し，し尿が都市に溢れることとなった．これに対しては下水道の整備が基本的な解決策であったが，それには多大な時間が要すると見込まれた．そこで，し尿処理施設の建設が急がれることとなり，主要な処理プロセスとして嫌気性消化タンクが数多く建設された．

その後，1960 年代からの高度成長期，また 1970 年代に顕在化した公害と環境問題を発端として下水道の建設の加速期を迎えるのであるが，下水道施設を有する都市であっても，下水道未普及の地区のし尿処理問題は長らく尾を引くこととなった．1980 年時点の下水汚泥の嫌気性消化技術を総覧した資料によれば，当時の下水処理場数 480 箇所のうち，消化タンクを有する処理場は 180 箇所であった[19]．この消化タンク施設を有する処理場箇所の約 1/3 は，下水汚泥とし尿の合併処理を行っており，年間の下水汚泥投入量 15,000 千 m³ に対し，し尿投入量は，1,500 千 m³ と見積もられていた．このように，わが国の下水汚泥の嫌気性消化処理では，ほとんどの処理場でし尿との合併処理を当初の形態としていたと見ることができ，これがわが国の下水汚泥の嫌気性消化技術の特色でもあった．

1.5.3 し尿処理

わが国では古来，汲取りし尿を唯一の肥料として農家に有償で汲み取らせていた．

そのため，便所の構造は，汲取り式で溝渠に放出しなかったので，便所の水洗化や下水道の発達が遅れる原因になった．第二次世界大戦後，化学肥料が主流になり，農家による汲取りし尿の下肥としての施用は次第に行われなくなった．また，明治末期からの公衆衛生学の進歩によって，わが国での寄生虫病や消化器系伝染病の原因がその下肥施用であることが明らかにされ，し尿処理の適正化の必要性に迫られるようになった．1950年には，当時の経済安定本部資源調査会がし尿の衛生学的処理利用に関する勧告を出し，汲取りし尿を下水汚泥の処理に使われてきた嫌気性消化処理と同じ方法で処理し，脱離液や消化汚泥を肥料として使うことを奨めた．しかし，化学肥料の増産や普及が進み，肥料としてのし尿処理物の需要が見込めなくなったので，脱離液を希釈して活性汚泥法や散水濾床法等で二次処理し，水域に放流する方式が普及するようになった．

し尿処理技術には，わが国で独自に開発されたものが多く，わが国のみならず世界の水処理と廃棄物処理技術の進歩に大きく貢献してきている．わが国のし尿処理は，嫌気性消化法の普及，高度処理の導入，膜分離技術の導入，さらに新世代型メタン発酵技術の開発，LCA評価手法の導入等，常に時代を先取りして新技術を採用してきた実績があった．日本環境衛生工業会の資料によれば，1953〜1975年までの20年以上にわたり，嫌気性消化法がし尿処理の主流技術であった[29]．その後は，放流水水質基準が厳しくなると共に，窒素除去（硝化・脱窒素）が必須条件となり，生物学的脱窒素法によるし尿（BOD/Nが3以下）処理が行われるようになった．

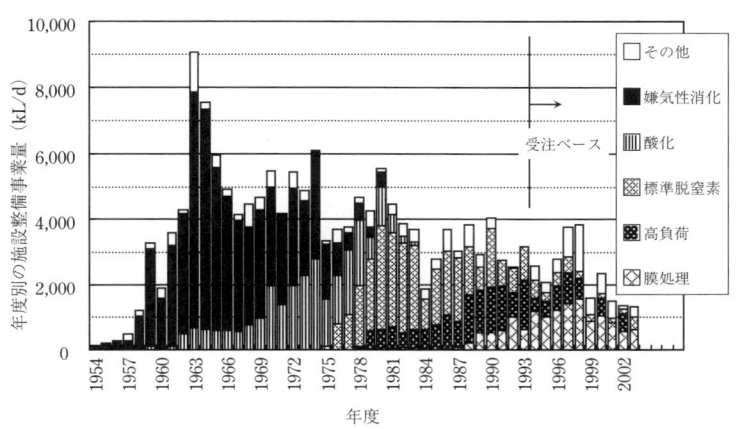

図-1.9 し尿処理施設の事業量推移，処理方式の変遷および膜処理の採用状況

そのため，無希釈高負荷脱窒素法，膜分離型高負荷脱窒素法等の新しい技術が次々と確立され，これらの新方式のし尿処理施設が，嫌気性消化法に代わって建設されるようになった[30]．し尿処理施設の事業量推移と処理方式の変遷を，**図-1.9**に示した．

1.5.4　工場排水処理

下水汚泥の処理に適用されるようになったメタン発酵法は，食品工場，発酵工場等の排水処理で生成した汚泥の処理にも応用できるものとして，欧米では種々の工場排水処理からの汚泥の処理に適用された．わが国では，工場排水処理施設全般の普及が遅れたこと，また，メタン発酵法に対する認識が伴わず，多くは薬品凝集等による直接脱水法が主流を占めてきた経緯がある[24),30]．しかし，工場排水の中には，アルコール蒸留排液，ビール工場排水，大豆加工蒸留排液，製麺排液，パルプ排液等のようにきわめて有機物濃度の高いものがあり，それらを好気性処理すると多大の曝気電力を要するうえ，処理で多量の汚泥が排出される．そのため，濃厚排液を分別して一次処理し安定化を図ると共に，メタンガスを回収するためにメタン発酵法が適用され始めた．これについて，嫌気性濾床法，嫌気性流動床法やUASB法等の新世代型高速メタン発酵プロセスがヨーロッパより技術導入され，現在では，ビール工場等の食品工場排水の処理およびエネルギー回収のためにUASB法が多く普及している．

1.5.5　汚泥再生処理センターによるし尿・生ごみの混合処理

1990年代の後半から，循環型社会の形成に対応する廃棄物処理システムとして，当時の厚生省により，し尿処理施設は，地域の「汚泥再生処理センター」として新たに位置づけられ，メタン発酵・堆肥化等を含めた資源循環型システムの開発が求められるようになった．そのため，従来のし尿単独のメタン発酵法のあり方を一新した新しいメタン発酵技術を導入する必要があった．これについて，国内の環境プラントメーカー19社は，この新しい技術開発の課題に挑戦し，「汚泥再生処理センター事業」によって生ごみのメタン発酵プラントの建設が1997年から始まった．この事業では，生ごみとし尿処理場汚泥との混合高速メタン発酵処理が推進されており，2003年度でメビウスシステム10施設（高温メタン発酵），REMシステム3施設（中温メタン発酵）が契約，発注された．2006年度の時点では，これら施設は16件に増えている．このフローの代表例を**図-1.10**に示した．

また，図-1.11 は，メビウスシステムの実証フローを模式的に説明したものである．メタン発酵によって得られたバイオガスは，熱源と発電の2つに利用される．生ごみの量が多い（7.0 t/d 以上）プラントでは，発電・コージェネレーションが行われており，逆に生ごみが少ないケースでは，熱利用だけのプラントが多いようである．バイオガス発電（消化ガス発電）は，これまでガスエンジンが主流であったが，マイクロガスタービンを採用する例も 2002 年頃より見受けられるようになった．これまでの運転実績で得られた知見では，バイオガスは 60〜65 % のメタンを含み，ガスエンジンの発電効率は 24〜30 % である[31]．

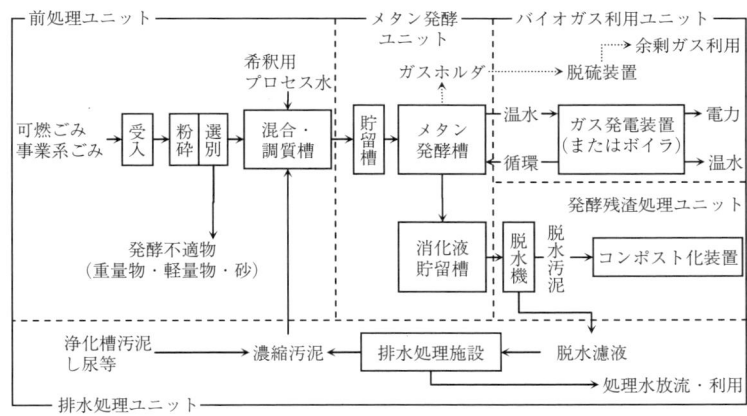

図-1.10 汚泥再生処理センターで用いられる高速メタン発酵システムの例

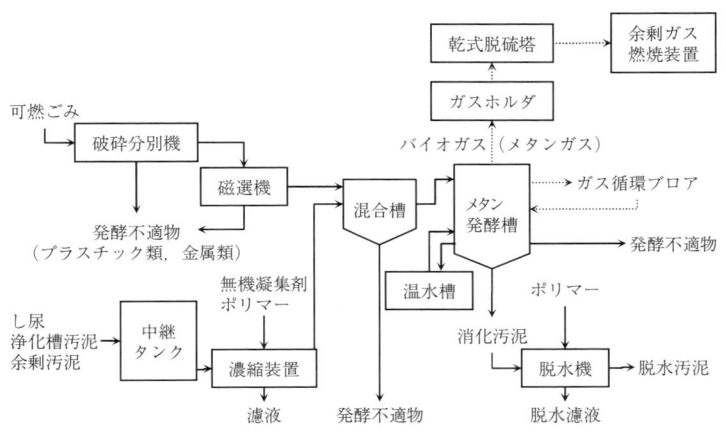

図-1.11 メビウスシステムの実証フロー

1.5.6　家畜排泄物処理

　家畜排泄物のメタン発酵の歴史は比較的に長く，これまで2回のブームがあった．最初のブームは，昭和30年代に農家の生活改良普及事業の一環として行われた家畜糞尿からのバイオガス生産である．農家は，メタン発酵槽を設置して，炊事等の生活用燃料にバイオガスを利用し，消化液は肥料として利用していた．残念ながら，これは，プロパンガスの普及および作業効率や利便性の追求によって農家においてバイオガス利用のメリットが減少したことで，その取組みは次第に少なくなった．しかしながら，1973年と1979年の2度のオイルショックによる影響を受け，石油のほとんどを輸入に頼っているわが国にとって，エネルギー問題は深刻だったため，代替エネルギー生産技術としてメタン発酵が再注目された．農林水産省が1981年度に行った調査では，全国の農村地域では34件のメタン発酵装置が運転されていた．

　その後，1998年に京都府八木町（現 南丹市）でバイオエコロジーセンターが建設された頃から，家畜排泄物処理のための新世代型メタン発酵施設（バイオガスプラント）が注目を浴びるようになった．特に，デンマークやドイツの先進的事例と技術も参考になったため，最近は，家畜排泄物を集約処理するセンター方式のメタン発酵施設が北海道，南九州や東北地方等で多く建設されるようになっている．新エネルギー・産業技術総合開発機構（NEDO）の調査によれば，2005年の時点で畜産系バイオマスのエネルギー利用事例として，メタン発酵施設は70例（発電あり42例，発電なし28例）が報告され，その多くは2000年以降から稼働したものである[32]．

●（第1章）引用・参考文献

1) 野池達也（2000）．"地球環境の保全に対する嫌気性消化法の重要性"，土木学会論文集，No.657, VII-16, pp.1–12.
2) McCarty P. L.（1981）"One Hundred Years of Anaerobic Treatment, Anaerobic Digestion", Elsevier Biomedical Press, p.7.
3) Anaerobic Fermentations. State of Illinois（1939）. Bull. No.32, pp.1–193, Dept. of Registration and Education, Div. of the State Water Survey, Urbana, IL, USA.
4) Bryant M. P., Wolin E. A., Wolin M. J. and Wolfe B. S.（1967）. "*Methanobacillus omelianskii*, a Symbiotic Association of Two Species of Bacteria", *Arch. Microbiol*., Vol.59, pp.20–31.
5) 田口貴祥（2005）．オゾン酸化処理を導入した余剰活性汚泥のメタン発酵特性，東北大学卒業論文，p.5.
6) Woese C., Kandler O. and Wheelis M.（1990）. "Towards a Natural System of Organisms：Proposal for the Domains Archaea, Bacteria and Eucarya.", *Proc. Natl. Acad. Sci. USA*, Vol.87, No.12, pp.4576–4579.
7) 杉木昭典（1974）．"水質汚濁—現象と防止対策—"，技報堂出版，p.83.
8) Rödiger H.,（1967）. "Die Anaerobe Alkalische Schlammfaulung", R. Oldenbourg, München, p.1.
9) 前掲8）．pp.2–4.

10) Stanbridge H. H.（1976）."History of Sewage Treatment in Britain", The Institute of Water Pollution Control, Maidstone, Kent, Vol.10. Sludge Digestion, p.7，下水道新技術推進機構（2000），訳：齋藤健次郎，"英国における下水処理の歴史"，p.517.
11) 前掲 8），p.11.
12) 佐藤和明（1998）."高温嫌気性消化の現状と課題"，水環境学会誌，Vol.21, No.10, pp.626-629.
13) 日本下水道協会（1974）．"下水処理場の維持管理—WPCF マニュアル［Ⅲ］"，p.38.
14) Morgan P. F.（1954）."Studies of accelerated digestion of sewage sludge", *Sewage and Industrial Wastes*, Vol.26, pp.462-476.
15) Sawyer C. N.（1958）."An Evaluation of High-rate Digestion", *Biological Treatment of Sewage and Industrial Wastes*, Vol.2, pp.48-60, Reinhold, N. Y.
16) 野池達也，野村幸弘，内田浩二（1981）."し尿の嫌気性消化におよぼす撹拌の影響"，土木学会第 36 回年次学術講演会講演概要集第 2 部，pp.85-86.
17) 益田信雄，佐野寛（1984）."メタン醗酵の基礎と応用（1）"，燃料及び燃焼，Vol.51, No.1, pp.1-8.
18) 野中八郎（1967）."下水処理プロセスとプラントの設計"，日本下水道協会，pp.181-182.
19) 佐藤和明（1984）."下水汚泥の嫌気性消化処理技術"，下水道協会誌，Vol.21, No.243, pp.59-66.
20) 岩井重久，申丘澈，名取眞（1968）."下・廃水汚泥の処理"，コロナ社，pp.94-97.
21) 日本下水道協会（2001）."汚泥消化，下水道施設計画・設計指針と解説 後編 – 2001 年版 –"，pp.381-411，日本下水道協会．
22) 下水道新技術推進機構（2007）."汚泥消化タンクの改築・修繕技術資料"，2007 年 3 月，下水道新技術推進機構．
23) 李玉友，水野修，舩石圭介，山下耕司（2003）."生ごみの高速メタン発酵システム"，月刊 ECO INDUSTRY, Vol.8, No.6, pp.5-19.
24) 本多淳裕（1981）."廃棄物のメタン醗酵—理論と実用化技術"，サイエンテイスト社，pp.10-14.
25) 日本下水道協会（2004），"日本の下水道（平成 16 年）"，pp.3-4，監修：国土交通省 都市・地域整備局下水道部．
26) 池田篤三郎（1934）."下水汚泥処理について"，土木学会誌，Vol.20, No.12, pp.1583-1618.
27) 日本下水道協会（1988）．日本下水道史—技術編—，pp.131-132.
28) 前掲 27），p.151.
29) 李玉友（2006）."し尿・汚泥処理における膜分離技術の応用"，環境技術，Vol.47, No.3, pp.174-181.
30) 野池達也（2006）."バイオマス・ニッポン総合戦略の推進に対するメタン発酵の役割"，バイオマス利用中央研修会テキスト，地域資源技術循環センター．
31) 李玉友（2004）."メタン回収技術の応用現状と展望"，水環境学会誌，Vol.27, No.10, pp.622-626.
32) 新エネルギー・産業技術総合開発機構（2005）．バイオマスエネルギー導入ガイドブック．

第2章 メタン発酵プロセスの科学

　メタン発酵プロセスを実務に利用する場合，たいていは検討事項の筆頭が投入有機物のメタン転換率，有機固形物の分解率やバイオガスの発生量である．これらの値は，メタン発酵プロセスが適切な負荷で運転されている限り，投入原料の組成でおおまかに決まる．そこで，2.1で投入原料組成に基づいて簡易的にメタン転換率を推定する手法を紹介し，プロセスのおおまかな理解を助けることにする．これらの簡易的推定手法は，計算が容易なうえ，一定の精度を有するため大変有用である．ただし，これには反応の促進・阻害や微生物同士の競争・協同をはじめとする詳細なプロセス構造は反映されていない．これは，第1章で触れたメタン発酵の最新の知見である三菌群関与説と二相四段階説に基づき，2.2以降で詳細に説明する．

2.1 投入有機物の組成分析によるメタン転換率の簡易的推定

2.1.1 元素組成の利用

　メタン発酵プロセスに投入される有機物の組成に従って，生成したバイオガスの組成も多少異なる．ここで，以下に記した仮定が妥当である時，投入有機物とバイオガスの発生量やメタン含有率を簡易的に関連づけることができる．

①生物分解される成分の元素組成は，投入有機物の元素組成と等しい．
②生物分解される成分ならびに投入有機物は，$C_nH_XO_YN_Z$ で表される．
③メタン発酵プロセスで増殖した菌体の量は，無視できるほど少ない．
④投入有機物の分解産物は，メタン，CO_2 とアンモニウムだけである．
⑤メタン発酵プロセスで生成したアンモニウムイオン（NH_4^+）は，すべて重炭酸イオン（HCO_3^-）と化学的に平衡する．

　この仮定によって，投入有機物（$C_nH_XO_YN_Z$）の分解反応は式(2.1)のように簡潔に表される．複雑なプロセス反応を直接的に実務に適用することは現実問題としてかなり難しい作業になるが，式(2.1)を使えば，概算にとどまるもののメタン含有率やアルカリ度を推定することは可能である．この利点によって，式(2.1)は実務で広く用いられている[1]．

$$C_nH_XO_YN_Z + \frac{1}{4}(4n - X + 2Y + 7Z)H_2O \rightarrow$$
$$\frac{1}{8}(4n + X - 2Y + 3Z)CH_4 + \frac{1}{8}(4n - X + 2Y - 5Z)CO_2 \quad (2.1)$$
$$+ (Z)NH_4^+ + (Z)HCO_3^-$$

式(2.1)を基に，メタン発酵プロセスで処理されることが多い代表的な有機固形物について，有機物(VS)当りのバイオガス発生倍率とメタン含有率を**表-2.1**にまとめた[2]。

表-2.1 メタン発酵プロセスにおける様々な有機固形物の化学量論

有機固形物	式(2.1)による反応	バイオガス		
		ガス発生倍率	メタン濃度	生成メタン
炭水化物	$(C_6H_{10}O_5)_m + mH_2O \rightarrow$ $3mCH_4 + 3mCO_2$	0.830	50%	0.415
タンパク質	$C_{16}H_{24}O_5N_4 + 14.5H_2O \rightarrow$ $8.25CH_4 + 3.75CO_2 + 4NH_4HCO_3$	0.764	69%	0.527
脂質	$C_{50}H_{90}O_6 + 24.5H_2O \rightarrow$ $34.75CH_4 + 15.25CO_2$	1.425	70%	0.98
リグニン	$(-CH_2-)_m + 0.5mH_2O \rightarrow$ $0.75mCH_4 + 0.25mCO_2$	1.600	75%	1.200
調理くず	$C_{17}H_{29}O_{10}N + 6.5H_2O \rightarrow$ $9.25CH_4 + 6.75CO_2 + NH_4HCO_3$	0.880	58%	0.510
乳牛排泄物	$C_{22}H_{31}O_{11}N + 10.5H_2O \rightarrow$ $11.75CH_4 + 9.25CO_2 + NH_4HCO_3$	0.970	56%	0.543
生ごみ	$C_{46}H_{73}O_{31}N + 14H_2O \rightarrow$ $24CH_4 + 21CO_2 + NH_4HCO_3$	0.887	53%	0.470
紙ごみ	$C_{266}H_{434}O_{210}N + 54.25H_2O \rightarrow$ $134.375CH_4 + 130.625CO_2 + NH_4HCO_3$	0.832	51%	0.424
下水汚泥（混合物）	$C_{10}H_{19}O_3N + 5.5H_2O \rightarrow$ $6.25CH_4 + 2.75CO_2 + NH_4HCO_3$	1.003	69%	0.690
余剰汚泥	$C_5H_7O_2N + 4H_2O \rightarrow$ $2.5CH_4 + 1.5CO_2 + NH_4HCO_3$	0.793	63%	0.500
最初沈殿池汚泥	$C_{22}H_{39}O_{10}N + 9H_2O \rightarrow$ $13CH_4 + 8CO_2 + NH_4HCO_3$	0.986	62%	0.611
し尿汚泥	$C_7H_{12}O_4N + 3.75H_2O \rightarrow$ $3.625CH_4 + 2.375CO_2 + NH_4HCO_3$	0.772	60%	0.463

単位：ガス発生倍率(NL/g-分解VS)，メタン濃度($NL-CH_4/NL$-バイオガス)，生成メタン($NL-CH_4/g$-分解VS)

2.1.2　COD収支の利用

化学量論に従ってCODとメタンの関係を考えると，メタン生成量をたやすく計算できる．メタン1 mol(22.4 L)を酸化するには，式(2.2)のように2 molの酸素(64 g)が必要になる．64 gの酸素が22.4 LのメタンのCODに等しいので，1 gのCODは0.35 Lのメタンと等価と考えることができる(0.35 = 22.4 ÷ 64)．つまり，

1 g の COD がメタン発酵プロセスで分解された場合，0.35 L のメタンが生成するとみなせるのである．

$$CH_4 + 2O_2 \rightarrow CO_2 + 2H_2O \tag{2.2}$$

アセトアルデヒドやベンゼンのようなある種の化学物質を除いて，重クロム酸カリウムを酸化剤に用いて測定した化学的酸素要求量(COD_{Cr})と元素組成から計算した理論的酸素要求量(COD, ThOD)は，かなり近い値を示す[3]．そのため，メタン発酵プロセスで処理対象とする有機物のほとんどは，COD_{Cr} の値を COD に近似してかまわない．

そこで，システムに投入する COD_{Cr} の量とシステムから汚泥として排出された COD_{Cr} の量がそれぞれ把握されていれば，これらを利用して生成するメタンガスの量をかなり高い精度で推定できる．この計算例を以下に示した．

① 投入の COD_{Cr} 量： 1,000 kg/d
② 汚泥として排出された COD_{Cr} 量： 150 kg/d
③ ∴ メタンに転換した COD_{Cr} 量： 850 kg/d （= 1,000 − 150）
④ ∴ メタンガスの発生量： 297.5 Nm^3/d （= 850 × 0.35 Nm^3/kg − COD_{Cr}）

また，バイオガスのメタン濃度が測定されていて，これが 60 % であった時は，バイオガスの発生量は，297.5 Nm^3/d を 60 % で除して 495.8 Nm^3/d と求められる．

一方，実際に装置を運転すると，投入有機物の濃度・組成が大きく変動し，収支の把握に労力がかかることに気づく場合が多い．しかしながら，メタン発酵槽の汚泥滞留時間はかなり長いので，排出汚泥やバイオガスの組成・量は，比較的正確に求められる．これに着目すると，上の COD_{Cr} 収支を利用して，投入有機物の組成・量を逆算して推定できる．これらのアプローチは，実務できわめて有用である．

2.1.3 VS 成分の利用

メタン発酵プロセスの運転や設計では，原料が化学分析されず，投入物の種類（例えば，生ごみ）を基に検討しなければならないことも多い．投入物の種類ごとに VS 成分（有機物）の分解率やメタン濃度が予め把握されていれば，これを用いてバイオガスの発生量を計算できる．

表-2.2 は，様々な VS 成分の分解率とバイオガス中のメタン濃度をまとめたものである[4]．また，**表-6.4**〜**表-6.7** ならびに **表-6.9** にも，VS 成分の分解率，バイオガス発生倍率やメタン濃度等を整理しているので，必要に応じて参照されたい．

表-2.2　様々な有機固形物(VS)成分の分解率

有機固形物	分解率の典型的な範囲	メタン濃度	生成メタン
豚排泄物	0.45〜0.55	約65%	約0.650
豚排泄物(分離液)	0.50	約65%	約0.650
乳牛排泄物	0.25〜0.35	約60%	約0.500
肉牛排泄物	–	約60%	約0.500
鶏糞	0.43〜0.53	–	–
生ごみ・食品残渣	0.75〜0.85	約60%	約0.500

単位：分解率(分解VS/投入VS)，メタン濃度(NL–CH_4/N–バイオガス)，生成メタン(NL–CH_4/g–分解VS)

豚排泄物が7％のVS濃度である時，これを1,000 L/dで処理した場合のバイオガス発生量を上の**表-2.2**に従って計算してみる．これは，以下の手順で推定できる．

① 投入の豚排泄物VS量：　　　　　　　　70 kg/d　　（1,000×7％）
② VS成分の分解率：　　　　　　　　　　50 ％　　　（0.45〜0.55の平均）
③ ∴分解VS成分からのメタン転換量：　22.75 Nm^3/d　（=70×50％×0.650）
④ ∴バイオガス発生量：　　　　　　　　35 Nm^3/d　　（=22.75÷65％）

2.1.4　VS成分とCODの換算

メタン発酵を行う原料が試料として採取され，VS濃度やCOD_{Cr}濃度等が分析できる場合には，これを基にメタンガスの発生量を推定することができる．不足のデータは，文献を参照して求める．**表-2.3**は，幾つかの原料の分析値である[5]．ここで1,000 kg-湿重/dの調理くずの処理を例に，発生量を推定してみる．

表-2.3　様々な有機固形物の化学分析値

有機固形物	含水率	COD_{Cr}	全窒素	VS/TS比
調理くず	73.4	480,000	12,200	95.4
生ごみ	82.3	215,000	4,260	93.5
水産加工残渣	74.7	380,000	165,000	91.7
牛排泄物	66.2	300,000	8,630	84.9
豚排泄物	74.7	310,000	9,470	78.8

単位：含水率(%)，COD_{Cr}(mg/kg-湿重)，全窒素(mg/kg-湿重)，VS/TS比(%)

① 投入の調理くずVS成分の分解率を調査：83 ％　（**表-6.4**の人工生ごみ，中温，発酵日数30 dを参照）
② 調理くずのCOD_{Cr}量：　　　　　　　480 kg/d　（=480,000÷10^6×1,000）
③ COD_{Cr}からのメタン転換率：　　　　83 ％　（≈VS成分の分解率）
④ ∴メタンに転換したCOD_{Cr}：　　　　398.4 kg/d　（=480×83％）
⑤ ∴メタンガス発生量：　　　　　　　　139.4 Nm^3/d　（398.4×0.35 Nm^3/kg-COD_{Cr}）

2.1.5 活性汚泥モデルの利用

活性汚泥モデルを使うと，下水処理施設をはじめとする活性汚泥処理プロセスの余剰汚泥組成を生物分解特性に従って分類できる．これは，①遅加水分解性成分（生物分解可能な高分子 X_S），②菌体成分（細菌 X_H）と③不活性成分（細菌の残渣を含む X_I）の3種類が代表である．余剰汚泥は，嫌気性消化プロセスの原料なので，この分類を利用してメタン転換率や消化率を表そうとする排水処理～汚泥処理の一貫的な総合評価 (plant-wide modelling) の検討が最近は急速に進んでいる [6]～[9]．上で示した成分のうち，X_S と X_H は，**付B-2.4** で述べる反応速度試験のレスピログラムによってそれぞれ定量できる．

図-2.1 は，好気条件（活性汚泥モデル）で認められる X_S（領域 A_1）と X_H（領域 A_2）が嫌気性消化の条件でも出現していることを示したものである [10]．好気条件と嫌気条件で化学量論パラメータ（菌体の収率 Y）が違うため両条件で領域の面積は異なるが，式 (2.3) において適切な Y と f_I（菌体中の不活性成分）を代入すると，いずれの条件からでも余剰汚泥の X_S と X_H の存在比率が求められる [11],[12]．

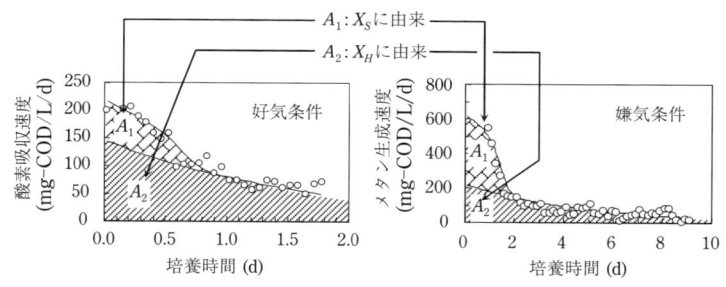

図-2.1 余剰汚泥の分解パターン

$$\begin{cases} A_1 \text{の面積} = (1-Y) \times X_S \text{濃度} \\ A_2 \text{の面積} = (1-Y) \times (1-f_I) \times X_H \text{濃度} \end{cases} \qquad (2.3)$$

ここで，Y = 0.67 g–COD/g–COD（好気条件：活性汚泥モデルの代表値），0.107 g–COD/g–COD（嫌気条件：熱力学的計算値），f_I = 0.08 g–COD/g–COD

そして，X_I は元の余剰汚泥から X_S と X_H を差し引いたものであり，これが嫌気性消化プロセスから排出される消化汚泥の主成分である．これらの割合は，下水処理施設や時期で異なるので，メタン転換率や消化率もこれに対応して変わる．この例を**図-2.2** に示した [12]．

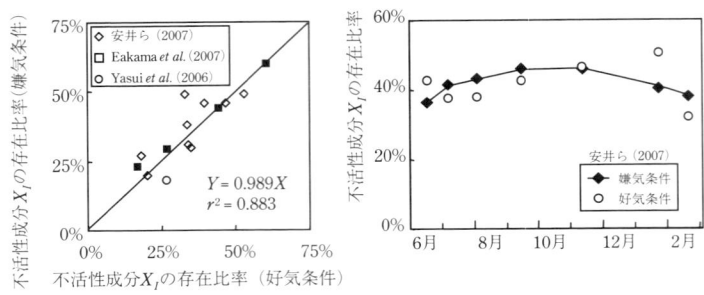

図-2.2 余剰汚泥中の X_I の存在比率

なお，レスピログラムのカーブパターンは，速度式の種類と動力学パラメータの値で決まる．X_S は Contois 式，X_H は一次反応型の速度式で，それぞれ反応する．このカーブパターンに着目して，速度式の種類と動力学パラメータ（例えば，自己消化速度や加水分解速度）を算出できる．これについては付B-2.4 の図-B.6，図-B.7 を参照されたい．

2.2　メタン発酵プロセスにおける三菌群関与説と二相四段階説の位置づけ

　嫌気性微生物の反応を我々の生活に利用する例は，発酵食品や化学物質の製造をはじめとしてきわめて多い．排水・汚泥処理の分野で最も多く使われているものは，メタン発酵プロセスであり，下水汚泥の嫌気性消化処理はその代表である．

　排水・汚泥処理におけるメタン発酵プロセスは，品質を厳密に管理した原料を用いる工場ではなく，雑多な組成の有機排水や固形物を処理する施設で使われる．このため，排水・汚泥処理のメタン発酵プロセスは，きわめて複雑な反応で進むことが特徴であり，関連の微生物反応や物理化学反応を的確に把握しないと，プロセスを充分に理解できない．しかも，これら反応の種類はきわめて多いうえ，専門家によって解釈の重みが異なることもあるので，初学者は容易に混乱してしまう．この問題は，1997 年に仙台で開催された嫌気性消化国際学会で取り上げられ，メタン発酵プロセスを考えるための基盤づくりが必須であることが認識された．これを取りまとめるタスクグループが嫌気性消化国際学会の上部組織である国際水協会（International Water Association；IWA）のもとで 1998 年に発足し，4 年間にわたる検討を経て三菌群関与説と二相四段階説に関わる既往の解釈が取捨選択―再評価さ

れ，土台となる反応とその組合せが整理された．この成果が 2002 年に発表された嫌気性消化モデル（Anaerobic Digestion Model No.1：ADM1）である[13]．

基本的に，ADM1 は第1章で説明した三菌群関与説で想定された細菌の種類（加水分解・酸生成細菌，水素生成性共生酢酸生成細菌とメタン生成細菌）を基に，二相四段階説の反応を化学工学的に表現し直したものである．このことによって，今まで定性的にしか説明できなかった二相四段階説を計算によって表すことができるようになった．**図-2.3** は，メタン発酵プロセスにおける代表的な有機性 COD 成分の生物分解反応を ADM1 によって表したものである．ADM1 は，図の左に番号付けしたように，有機物がメタンに分解される反応を 5 段階で進むとみなす．これは，二相四段階説のうち可溶化反応を，微細化（物理的反応が主体）と加水分解（生物学的反応が主体）の 2 つにさらに区別したためである．

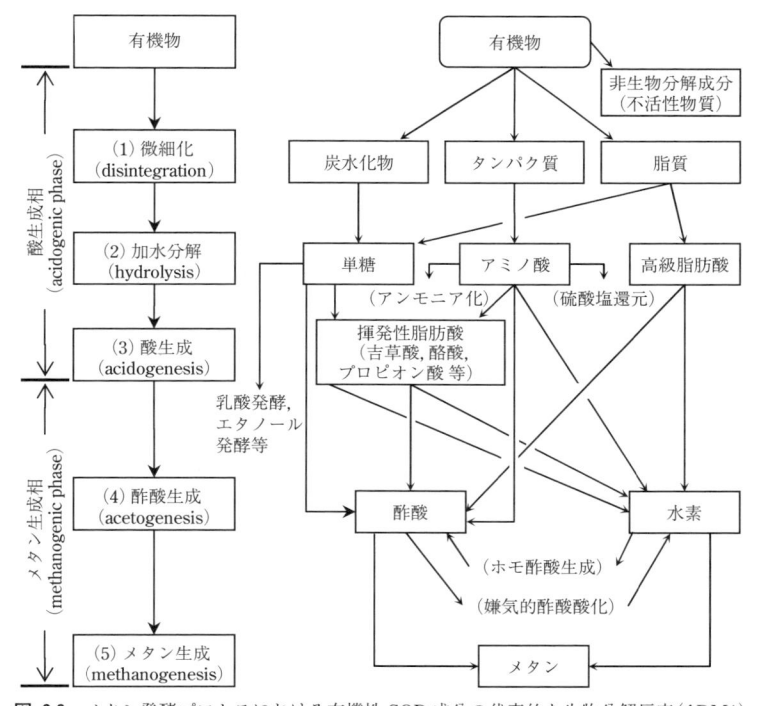

図-2.3 メタン発酵プロセスにおける有機性 COD 成分の代表的な生物分解反応（ADM1）

メタン発酵プロセスでは，酸生成細菌やメタン生成細菌をはじめとする多様な細菌群の働きにより有機物が嫌気条件下で生物学的に分解される[14]．二相四段階説

によれば，リアクターに投入された有機物は，微細化を伴いながらある種の細菌によって加水分解を受け，比較的分子量の小さい成分に変化する．これらは有機酸発酵反応を通してさらに酢酸や分子状水素に分解され，最終的にメタン生成細菌によって二酸化炭素とメタンに転換される．それぞれの過程は異なる種類の細菌群が関わるため，運転条件によってはプロセスの進行を律速する段階が生じる．代表的な律速段階は，メタン発酵プロセスの最初の反応である固形物の加水分解（可溶化）や，水素分圧が高い条件下で脂肪酸が酢酸に酸化される反応である[15),16)]．このような複雑な現象を整理するために，ADM1 の構造は，IWA の別のタスクグループが開発した活性汚泥モデル（Activated Sludge Model：ASM）と同様に階層化されている[17)]．これは，①幾つかの素プロセス（微細化反応の素プロセス，加水分解反応の素プロセス…），②素プロセスにおける原料と産物の化学量論関係（例えば，酢酸→メタン＋二酸化炭素＋菌体…），③素プロセスの反応速度式（例えば，基質濃度の一次反応），というモジュールで成り立ち，一見して複雑な反応であっても，素プロセスの組合せでわかりやすく整理できる．この使い方は**付録B**で詳述するので参照されたい．

2.3　物質変換の概要

　メタン発酵プロセスを理解する土台となる三菌群関与説と二相四段階説は，今後広く応用されていくと考えられるため，本節ではこれを骨格としてプロセスにおける物質変換を説明する．これまで述べたとおり，有機性 COD 成分の生物分解反応は，以下の5種類の素プロセスから成り立つ．
(1) 微細化反応（disintegration）：固形物の微細化反応による溶解性の生物分解性高分子成分（炭水化物，タンパク質，脂質）と非生物分解性成分（不活性物質）の生成
(2) 加水分解反応（hydrolysis）：溶解性の生物分解性高分子有機物の加水分解によるモノマー（単糖，アミノ酸，脂肪酸）の生成
(3) 酸生成反応（acidogenesis）：加水分解産物であるモノマーから揮発性脂肪酸（吉草酸，酪酸，プロピオン酸等の有機酸）や水素ガスの生成，ならびにそれに伴う細菌群の増殖
(4) 酢酸生成反応（acetogenesis）：単糖類や揮発性脂肪酸からの酢酸や水素ガスの生成，ならびにそれに伴う細菌群の増殖

(5) メタン生成反応(methanogenesis)：酢酸や水素ガスからのメタンの生成，ならびにそれに伴う細菌群の増殖

　排水・汚泥処理の分野では，(1)から(3)の3段階を併せて酸生成相(acidogenic phase)，(4)と(5)の2段階を併せてメタン生成相(methanogenic phase)と呼ぶことが多い．前述の図-2.3は，(3)から(5)の反応で増殖する菌体を省略しているが，一般的には，嫌気性処理において有機物がメタンまで分解すると，COD換算で生物分解性成分のおよそ10％が菌体になる．

　タンパク質の構成元素である窒素は，アミノ酸の分解に伴いアンモニウムイオン(NH_4^+)として液相に放出される．含硫アミノ酸の場合，硫黄は，主に異化的硫酸塩還元反応によって硫化物イオン(S^{2-})として液相に放出される．この硫化物は，液相に存在する2価の金属イオン(例えば，Fe^{2+})と直ちに結合して難溶性の固形物になる．また，硫化物は，原水中の硫酸イオンが硫酸塩還元細菌の電子受容体に使われて，その還元産物として生成することもある．有機物に含まれているリンは，菌体に同化される分を除いてリン酸イオン(PO_4^{3+})として液相に放出され，一部は液相のカルシウムやマグネシウム等のカチオンと結合して非生物性の固形物になる[18)～20)]．しかしながら，硫酸塩還元反応や無機物の析出反応は，きわめて複雑なので，まだ充分に化学工学的に整理されていない．

2.3.1　微細化反応

　微細化反応は，微生物(細菌)が分泌した酵素や液の撹拌によって大きいサイズの固形物の強度が低下し，コロイド性・溶解性の高分子成分になる物理的な現象と定義される．

　ある種の原生動物と異なり，メタン発酵の主役を担う細菌は，溶解性成分しか摂取できない．このため，プロセスをモデル化する際には，固形物から溶解性成分の生成が起きることを反応の最初に考えなければならない．また，微細化以降の段階では，単糖や酢酸等の個々の溶解性成分を基に化学的な視点から考察しなければならない場合もある．そこで，一連の反応で最初の場である微細化反応に着目し，これを様々な化合物から構成される投入の有機性固形物(composites)が複数の成分に置き換わる素プロセスと位置づけると，以降の考察が容易になる．これがADM1で工夫された特徴の一つである．また，このように仮定すれば，有機物を

　①炭水化物，タンパク質，脂質……のように細菌に利用される成分，

　②細菌に分解されない不活性な成分，

の2種類に分けることもできる．つまり，ADM1の微細化段階は，固形物のサイズが小さくなる物理反応に加えて，複雑な組成の混合物を比較的に単純な成分へ振り分ける場として定義されている．

各成分の定量について，物質収支に基づいた求め方を模式的に**図-2.4**に図示した．投入有機物の全量は，COD分析をはじめとする全体の濃度が測定可能な方法によって把握される．各成分の化学的な内訳は，別途の化学分析で求められる（例えば，タンパク質の比色分析）．物質の生物分解度合いは，生物試験（例えば，充分に長い時間をかけた回分的培養試験）を行うことで求められる．嫌気性の微生物反応では，菌体の収率はかなり低く無視できることが多いので，生物試験後の各成分濃度を化学分析し，試験前と比べれば生物分解性と非生物分解性の比率をおおまかに推定できる．

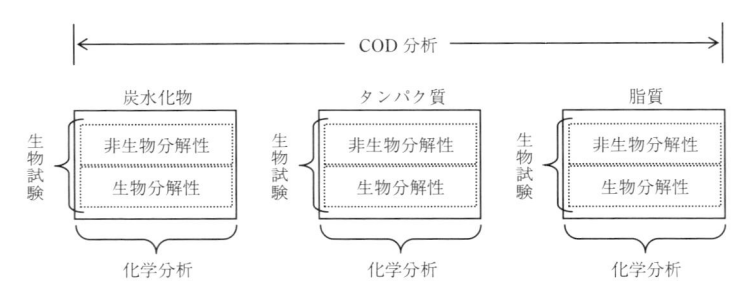

図-2.4 化学的組成・生物分解性に着目した有機物の区別

微細化の反応速度を r_{dis} と置くと，各成分の生成は，**図-2.5**のように表される．ここで，$f_{ch,xc}$, $f_{pr,xc}$, $f_{li,xc}$, $f_{xI,xc}$ と $f_{sI,xc}$ は，有機性固形物（X_C）から炭水化物，タンパク質，脂質，不活性成分（固形物），不活性成分（溶解性）の各成分がそれぞれ生成する比率を示す．物質収支が成り立つので，$1 = f_{ch,xc} + f_{pr,xc} + f_{li,xc} + f_{xI,xc} + f_{sI,xc}$ になる．

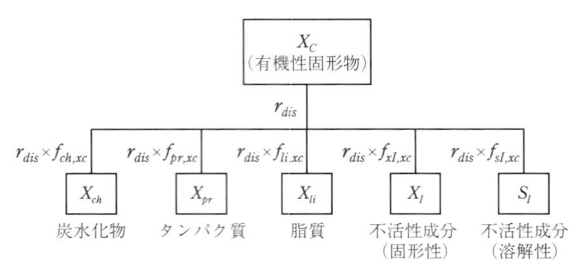

図-2.5 微細化反応による各成分の生成（r:反応速度，f:成分の比率）

2.3 物質変換の概要

表-2.4 固形の混合物の微細化反応で生成する成分の比率(COD/COD)

炭水化物 (X_{ch})	タンパク質 (X_{pr})*	脂質 (X_{li})	固形性不活性成分 (X_I)**	溶解性不活性成分 (S_I)
$f_{ch,xc} = 0.20$	$f_{pr,xc} = 0.20$	$f_{li,xc} = 0.25$	$f_{ch,xc} = 0.25$	$f_{ch,xc} = 0.10$

＊：X_{pr}の窒素含有率 = 0.01 g-N/g-COD，＊＊：X_Iの窒素含有率 = 0.002 g-N/g-COD

各成分の生成比率は，対象とするX_Cの組成で全く異なる．ADM1では一般的な有機性固形物の組成として**表-2.4**のような値が与えられているが，実際は固形物の種類で大きく異なるので，検討に当たっては個々に分析して求める必要がある[13]．なお，ここで示す非生物分解性成分(X_I, S_I)は，細菌で全く分解できない物質以外に，分解速度がきわめて遅く実際のシステムで濃度が実質的に変化しない物質も含まれる．各成分は互いに異なる種類なので，これらを状態変数(state variable)と呼ぶ．これに対し，状態変数の集合である有機性固形物は，合成変数(composite variable)と呼ばれる．したがって，SSやBOD$_5$は，合成変数の一種である．

微細化反応の速度式は，対象の物質や運転条件でかなり異なることが予想される．例えば，微細化が固形物の濃度に比例する場合は，速度式は固形物濃度の一次反応になる．しかしながら固形物の表面積があまり変化せず，一定の速度で物質が液相に放出される場合は，速度式はゼロ次反応(r_{dis} = 一定)になるし，一方で微細化によって固形物の表面積が一時的に増える場合は，反応速度は徐々に上昇した後で次第に低下するパターンを示して全く別の速度式になる[21),22)]．これらの速度式による反応速度の違いを模式的に示すと，**図-2.6**のようになる．**図-2.7**は，これらをグラフに描き表したもので

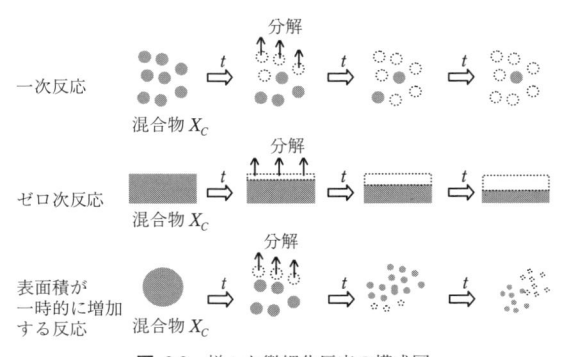

図-2.6 様々な微細化反応の模式図

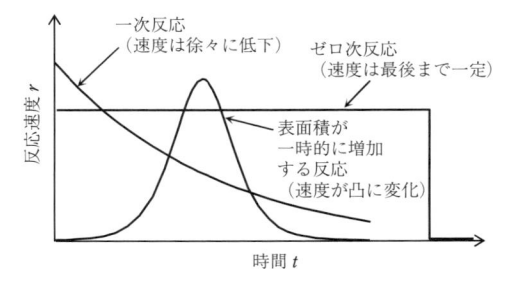

図-2.7 様々な微細化反応の理論的なグラフ(回分条件)

ある.

微細化反応の速度式は，式(2.4)に示すように固形物濃度の一次反応と仮定されることが多い．たいていの微細化反応は，これで簡略化できるようであるが，プロセスの反応を精密に解析する場合には，この式の構造を変える工夫も必要となる[23]．

$$r_{dis} = k_{dis} X_C \tag{2.4}$$

ここで，r：反応速度(g-COD/L/d)，dis：微細化段階を指す添字，k：速度定数(d^{-1})，X_C：固形物濃度(g-COD/L)

式(2.4)の速度定数k_{dis}の値は，家畜排泄物と油脂の混合物：$0.24\,d^{-1}$(55℃)，食肉解体残渣：$0.70\,d^{-1}$(35℃)，最初沈殿池汚泥：$0.25\,d^{-1}$(35℃)，$0.4\,d^{-1}$(55℃)，豚排泄物：$0.096\,d^{-1}$(28℃)，牛排泄物：$0.13\,d^{-1}$(6℃)，食品残渣：$0.41\,d^{-1}$(37℃)が報告されている[13]．

これらを基に，微細化反応における速度定数の代表値が**表-2.5**のように整理されている[13]．この値は，対象の有機物で1/3～3倍ほどの差があるという．

表-2.5 ADM1における固形物微細化反応の代表的な速度定数

		高負荷の中温条件 (35℃)*	低負荷の中温条件 (35℃)**	低負荷の高温条件 (55℃)**
固形物	k_{dis}	$0.40\,d^{-1}$	$0.50\,d^{-1}$	$1.0\,d^{-1}$

*：UASBプロセス等，**：固形物の嫌気性消化プロセス

2.3.2 加水分解反応

原料の加水分解反応だけでは，いずれの構成成分も酸化・還元されないので，この段階では細菌は増殖のエネルギーを得ることはできない．したがって，この加水分解反応では細菌は増殖しない．細菌は，これ以降の段階である酸生成相やメタン生成相における酸化還元反応で化学エネルギー(Gibbsエネルギー)を得て増殖する．

ある種の細菌は，酵素を細胞外に分泌して固形性の炭水化物，タンパク質，脂肪の高分子成分をそれぞれその構成モノマーである単糖，アミノ酸，トリグリセロールや高級脂肪酸に加水分解する能力を有する．加水分解の産物は，加水分解を行った細菌あるいは別の細菌によって代謝される[24],[25]．これらは増殖反応を通して，揮発性脂肪酸(蟻酸，酢酸，プロピオン酸，酪酸，吉草酸等)，水素や二酸化炭素等になる．また，一定の条件下では，糖から乳酸やアルコール(エタノールやブタノー

ル等）が生成する場合もある．

このように加水分解は，きわめて複雑な反応であるため，排水・汚泥処理の分野では，加水分解反応や酸生成反応に関与する細菌群を一括して酸生成細菌と総称する．したがって，このグループには様々な種の細菌が含まれ，多様な生理特性がある．嫌気条件でしか生息できない偏性嫌気性細菌（obligate anaerobic bacteria）には，*Butyrivibrio*，*Clostridium*，*Eubacterium*，*Fibrobacter*，*Fusobacterium*，*Peptococcus*，*Ruminococcus*，*Selenomonas* 等が知られている．また，偏性好気性細菌（obligate aerobic bacteria）や通性嫌気性の細菌（facultative anaerobic bacteria）である *Bacillus*，*Lactobacillus*，*Micrococcus*，*Staphylococcus*，*Streptococcus* 等も加水分解と酸生成を行う．

加水分解反応には，以下の2種類があると考えられている．実際のシステムでは両方が起きているが，たいていは①の反応が主体とみなされている．
①細菌が固形物に付着し，固形物の近傍で加水分解酵素を産生（細胞外酵素）して基質を得る反応（この場合，酵素を分泌する細菌だけが基質を得ることができる）．
②細菌が加水分解酵素を液相に分泌し，これらが固形物や溶解性成分を分解する反応（この場合，酵素を分泌する細菌以外も基質を得ることができる）．

複雑な加水分解反応を簡略に表すために，微細化反応と同様に，ADM1では有機物の構成成分を炭水化物，タンパク質ならびに脂質の3種類に単純化し，それぞれの分解速度を濃度に従う一次反応としている．この反応の模式図を**図-2.8**に示した．加水分解反応は酸化・還元反応でないので，物質のCODは変化しない．このため，原料のCODと産物のCODは等しい．

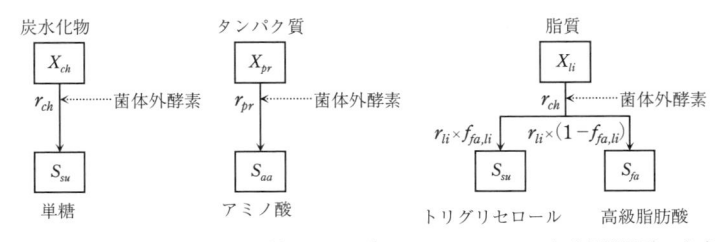

図-2.8 加水分解反応による単糖，アミノ酸，トリグリセロールと高級脂肪酸の生成

炭水化物とタンパク質は，様々な種類の細胞外酵素によって加水分解され，それぞれ単糖とアミノ酸になる．脂質からはトリグリセロールと高級脂肪酸（long-chain fatty acids；LCFA）が生成する．生成する高級脂肪酸のCOD比率 $(1-f_{fa,li})$ は

脂肪酸の炭素数が多い脂質ほど高くなるが，これは化学分析で調べることができる．一般的な脂質から生成する高級脂肪酸の $f_{fa,li}$ は 0.95 とみなしてかまわない[13]．残りの 5 % であるトリグリセロールは，ADM1 は単糖（S_{su}）と同じ反応で分解されるものとみなしている[13]．これは，トリグリセロールが単糖と同じように細胞の解糖系（gycolysis）で分解されることによる．

加水分解の反応速度を表すには，一次反応式以外に Contois 式を用いることもある[26]．これは，生物分解性成分と細菌の濃度比を反応に考慮した経験式であり，生物分解成分濃度が微生物濃度に対して充分に高い条件でゼロ次反応，生物分解成分濃度が低い条件で一次反応を示す．Contois 式は，活性汚泥処理プロセスにおける遅加水分解性成分の反応（活性汚泥モデル）や，コンポストの進行を表す時にも使われる[27],[28]．一次反応と Contois 型の速度式の違いを模式的に示すと，図-2.9 のようになる．

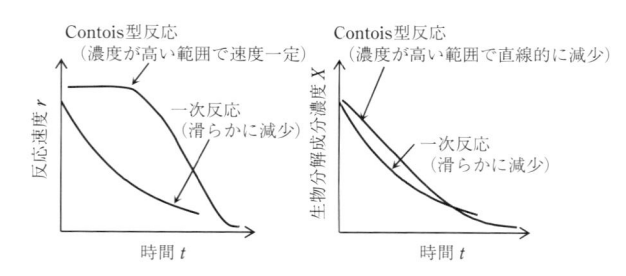

図-2.9　回分条件における一次反応と Contois 反応の比較

炭水化物，タンパク質ならびに脂質の一次反応速度式を式（2.5）～式（2.7）にそれぞれ示した．

$$r_{ch} = k_{hyd,ch} X_{ch} \tag{2.5}$$

$$r_{pr} = k_{hyd,pr} X_{pr} \tag{2.6}$$

$$r_{li} = k_{hyd,li} X_{li} \tag{2.7}$$

ここで，r：反応速度（g-COD/L/d），k：反応速度定数（d^{-1}），X_{ch}：炭水化物濃度（g-COD/L），X_{pr}：タンパク質濃度（g-COD/L），X_{li}：脂質濃度（g-COD/L），また添字は，ch：炭水化物，pr：タンパク質，li：脂質，hyd：加水分解段階．

これらの速度定数の値は，おおむね以下の範囲が報告されている．

(1) 炭水化物の加水分解速度定数 $k_{hyd,ch}$：

　　家畜排泄物と油脂の混合物：1.0 d^{-1}（55 ℃），最初沈殿池汚泥：0.21～1.94 d^{-1}（35 ℃），豚排泄物：0.28 d^{-1}（35 ℃），廃乳：0.13 d^{-1}（35 ℃），ラクトース：106 d^{-1}（35 ℃），セルロース：0.150 d^{-1}（35 ℃）

(2) タンパク質の加水分解速度定数 $k_{hyd,pr}$:

家畜排泄物と油脂の混合物:1.0 d^{-1}(55℃), 食肉解体残渣:0.29 d^{-1}(33℃), 最初沈殿池汚泥:0.0096〜0.58 d^{-1}(35℃), 豚排泄物:0.68 d^{-1}(35℃), 廃乳:0.24 d^{-1}(35℃), ゼラチン:2.7 d^{-1}, タンパク質混合物:0.12 d^{-1}(35℃), 水産加工残渣:0.1〜0.5 d^{-1}(33℃)

(3) 脂質の加水分解速度定数 $k_{hyd,li}$:

食肉解体残渣:0.12 d^{-1}(33℃), 最初沈殿池汚泥:0.0096〜0.17 d^{-1}(35℃)

Contois 式は,式(2.8)の速度式で表される.これは,最大比反応速度 k と速度定数 K の2つの動力学定数ならびに基質濃度 S と微生物濃度 X の2つの状態変数で構成される.

$$r = k \frac{S/X}{K + S/X} X \tag{2.8}$$

ここで,r:反応速度(g-COD/L/d),k:最大比反応速度(d^{-1}),K:速度定数(-),S:基質濃度(g-COD/L),X:微生物濃度(g-COD/L)

これらを基に加水分解速度定数(一次反応)の代表値が**表-2.6**のように整理されている[13].これは,対象の有機物で1/2〜2倍ほどの差があるという.

表-2.6 ADM1における炭水化物,タンパク質と脂質の加水分解速度パラメータ

		高負荷の中温条件 (35℃)*	低負荷の中温条件 (35℃)**	低負荷の高温条件 (55℃)**
炭水化物	$k_{hyd,ch}$	0.25 d^{-1}	10 d^{-1}	10 d^{-1}
タンパク質	$k_{hyd,pr}$	0.20 d^{-1}	10 d^{-1}	10 d^{-1}
脂質	$k_{hyd,li}$	0.10 d^{-1}	10 d^{-1}	10 d^{-1}

*:UASBプロセス等,**:固形物の嫌気性消化プロセス

2.3.3 酸生成反応

酸生成反応は,分解対象となる有機物の種類のみならず,環境条件や細菌の種類で大きく異なる.酸生成反応は,基本的に発酵であり,細菌の増殖を伴う.本項では,酸生成反応を炭水化物,タンパク質,脂質に分けて,それぞれの反応を述べる.

(1) 炭水化物

炭水化物の高分子であるセルロース,ヘミセルロースやデンプン等は,細胞外酵素によりセロビオース,グルコース,マルトース等の低分子糖類に加水分解された後,酸発酵を受ける.

嫌気条件でセルロースを分解する細菌の種類はかなり多く，*Acetivibrio*，*Cellulomonas*，*Clostridium*，*Ruminococcus*，*Spirochaeta* 等がある．また，ヘキソースを分解する細菌の種類は，*Clostridium*，*Lactobacillus*，*Propionibacterium*，*Ruminococcus*，*Thermoanaerobium*，*Sarcina* 等である．このうち，*Propionibacterium* はプロピオン酸を生成する細菌（プロピオン酸生成細菌）であり，他はエタノールや乳酸を生成する能力を有する．細菌によっては50～65℃を至適増殖温度とするものもある．

グルコースを例として，代表的な発酵産物を表-2.7に示した[29),30)]．これらの代表的な代謝経路は図-2.10のように表される．グルコースは，初めに解糖系によってピルビン酸に酸化される．この時に NAD^+ がグルコースの[H]によって還元されて NADH と H^+ が生成する．そして，NADH を NAD^+ に再生するために，電子受容体となる有機物が NAD^+ の[H]を受け取り，各種の還元産物が生成する．これら生化学的酸化還元反応は，付A-3で補足説明する．

表-2.7 グルコースの代表的な発酵生成物

発酵の種類	生成物 (電子受容体の還元産物)	反応	生成 ATP (mol/mol)*
ホモ乳酸発酵	乳酸	$C_6H_{12}O_6 \rightarrow 2CH_3CHOHCOOH$	2
ヘテロ乳酸発酵	乳酸，エタノール，CO_2	$C_6H_{12}O_6 \rightarrow CH_3CHOHCOOH + C_2H_5OH + CO_2$	1
エタノール発酵	エタノール，CO_2	$C_6H_{12}O_6 \rightarrow 2CH_3CH_2OH + 2CO_2$	$1^{a)} \sim 2^{b)}$
酢酸発酵	酢酸，CO_2，H_2	$C_6H_{12}O_6 + 2H_2O \rightarrow 2CH_3COOH + 2CO_2 + 4H_2$	4
酪酸発酵	酪酸，CO_2，H_2	$C_6H_{12}O_6 \rightarrow CH_3CH_2CH_2COOH + 2CO_2 + 2H_2$	3
プロピオン酸発酵	プロピオン酸，酢酸，CO_2，H_2O	$C_6H_{12}O_6 \rightarrow 4/3CH_3CH_2COOH + 2/3CH_3COOH + 2/3CO_2 + 2/3H_2O$	$8/3^{c)}$

a)：Enter-Doudoroff 経路，b)：Emden-Meyerhof-Parnas 経路，c)：コハク酸-プロピオン酸経路
*：最適条件における生成効率

図-2.10で図示したように，乳酸発酵では，ピルビン酸に[H]が受け渡されて乳酸が還元産物として生成する．同様にエタノール発酵では，ピルビン酸から CO_2 が除去された後，中間体のアセトアルデヒドに[H]が受け渡されてエタノールが生成する．

一方，酢酸発酵では，[H]は有機物に受け渡されることなく，脱水素酵素（ヒドロゲナーゼ）の働きによって水素ガス（H_2）として排出される．酪酸発酵も酢酸発酵と同じく，水素を生成する反応である．また，プロピオン酸が生成する発酵では，ピルビン酸がオキザロ酢酸……コハク酸に還元される過程で[H]を受け取るが，この反応では，グルコースからピルビン酸が生成する際に生じる[H]の2倍が移動する．

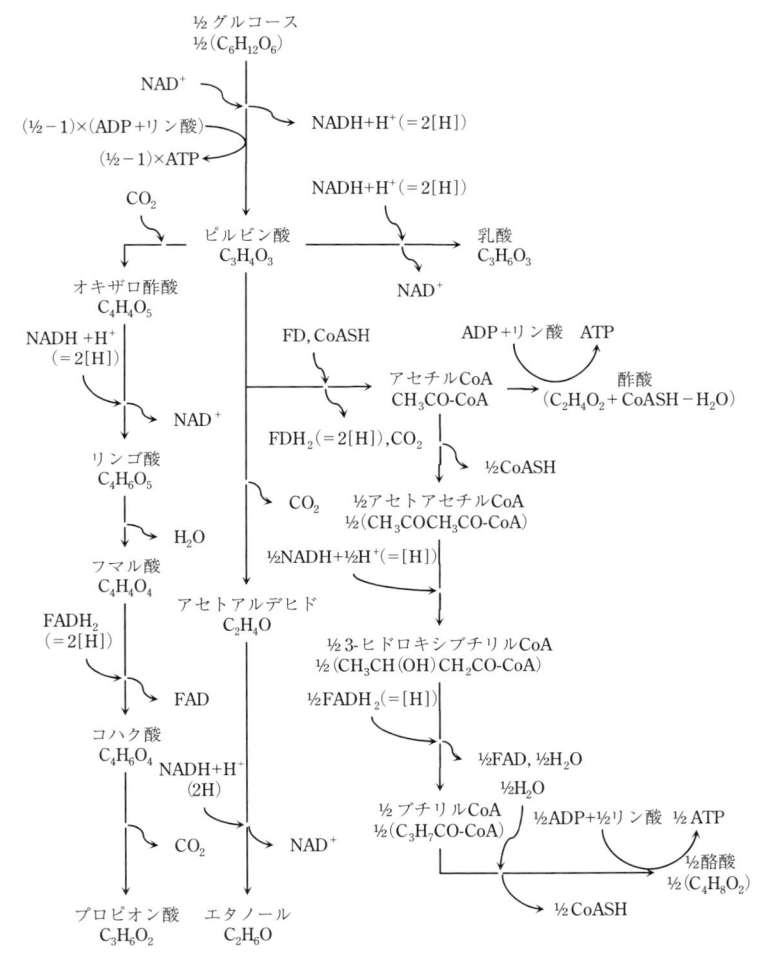

図-2.10 細菌によるグルコースの代表的な発酵反応
(CoASH：補酵素A，NAD^+，FAD，FD：酸化還元の補酵素)

つまり，グルコースがプロピオン酸に分解する反応では，酢酸発酵とは逆に，水素 (H_2) の消費が伴うのである．

しかしながら，通常のメタン発酵リアクターでは原料となる水素ガスの濃度が低いため，グルコースからプロピオン酸だけが生成する反応は起こりにくい．そのうえ，プロピオン酸だけを最終産物とする細菌も発見されていない[31),32)]．そのため，ADM1で単糖からプロピオン酸が生成する反応は，[H]が酢酸の生成に使われるコ

ハク酸-プロピオン酸経路を通して，$C_6H_{12}O_6 \rightarrow 4/3\ CH_3CH_2COOH + 2/3\ CH_3COOH + 2/3\ CO_2 + 2/3\ H_2O$ のように進むと仮定されている[13]．

また，ある種の *Clostridium* が酪酸発酵を行う場合は，酪酸，CO_2 と H_2 の他に，酢酸をはじめとした他の有機物も必ず生成する[33]．一方，反芻動物のルーメンに生息する微生物群は，セルロースの加水分解によって生成したグルコースから乳酸，酢酸，酪酸とプロピオン酸等を生成する[34]．このように，実際の炭水化物の酸生成反応では，様々な種類の有機物が同時に生成する場合がほとんどと考えてよい．

しかしながら，生成する有機物は細菌の種類の他に環境条件(pH，温度，水素分圧等)の影響を受けるため，これらの種類や濃度を的確に予測することはかなり難しい問題である．最近になって，これらの環境条件を熱力学的に考慮して，生成物の種類・濃度を計算する反応モデルが検討され始めてきた．この代表に，MCFモデル(Mixed Culture Fermentation model)と呼ばれるものがある[35],[36]．MCFモデルは，グルコースの嫌気的分解産物を計算する際に，水素分圧，電子受容体，C源の濃度とpHの環境条件から微生物が増殖に利用可能なGibbsエネルギーの理論量をまず求め，次に，細胞内外のプロトン濃度勾配(ATP生成効率に影響する)を考慮しながら，反応で生成したATPを基に菌体の収率や各種産物の種類・転換率を計算するものである．現時点では予測性能はまだ充分でないが，今後の発展が期待される[37]．これによるグルコースの嫌気的分解産物を計算した結果の一例を**図-2.11**に示した[36]．

(2) タンパク質

タンパク質は，細胞外酵素のプロテアーゼによってアミノ酸に加水分解された後，最終的に酢酸等の有機酸に発酵される．タンパク質を分解する能力を有する細菌には，

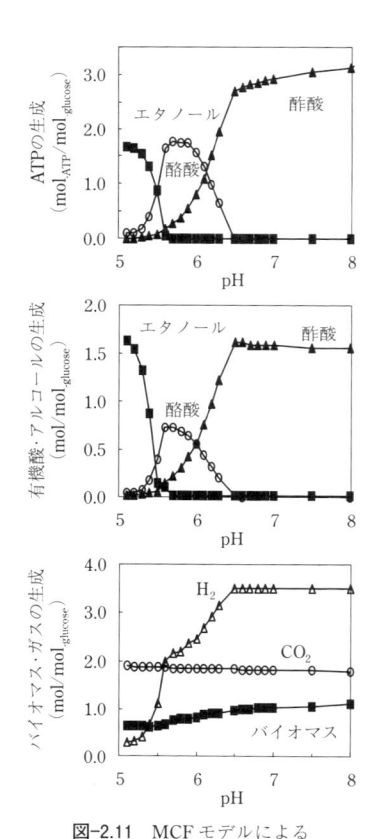

図-2.11 MCFモデルによるグルコースの嫌気的分解産物の計算結果の一例[36]
(リアクターの希釈率 = 0.125 d^{-1}，運転温度 = 30℃，N_2ガス曝気量 = 80L/mol/h)

Clostridium, *Peptococcus*, *Bacillus* 等がある．アミノ酸の分解（発酵）には，次の2種類がある．

　①共役発酵［スティックランド反応（stickland reaction）］
　②単独発酵

　スティックランド反応は，2種類のアミノ酸が対となって反応して揮発性脂肪酸が生成する反応である．この反応では，一方のアミノ酸が電子供与体として酸化され，他方のアミノ酸が電子受容体として還元される．

　この例としてアラニン（電子供与体）とグリシン（電子受容体）の反応を**図-2.12**に図示した．炭素数が3であるアラニンは，電子供与体として酸化され，炭素数が2の脂肪酸（酢酸），CO_2，アンモニア，ATPと4［H］が生成する．一方の電子受容体であるグリシンは，そのままの炭素数で酢酸になる際に4［H］を受け取る．これによってNADHに還元されたNAD^+が元に戻り，再び［H］を取ってアラニンを酸化できるようになる．

酸化　　　　　　　還元

アラニン（電子供与体）　　　　グリシン（電子受容体）
　　（$C_3H_7O_2N$）　　　　　　　　（$2C_2H_5O_2N$）

H_2O ＼　　／→ NADH+H^+(=2［H］)
NAD^+ ／　　＼→ NH_3

　　　　　ピルビン酸
　　　　　（$C_3H_4O_3$）

CoASH ＼　　／→ NADH+H^+(=2［H］)
NAD^+ ／　　＼→ CO_2

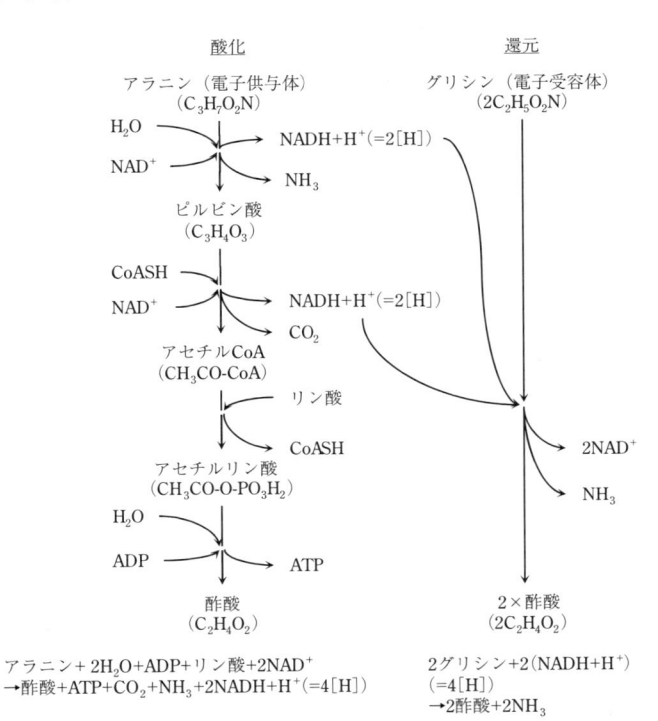

　　　　アセチルCoA
　　　（CH_3CO-CoA）

　　　　＼→ リン酸
　　　　／← CoASH

　　　アセチルリン酸
　　（CH_3CO-O-PO_3H_2）

H_2O ＼　　　　　　　　　　　　　　→ $2NAD^+$
ADP ／→ ATP　　　　　　　　　　　→ NH_3

　　　酢酸　　　　　　　　　　　2×酢酸
　（$C_2H_4O_2$）　　　　　　　　（$2C_2H_4O_2$）

アラニン+$2H_2O$+ADP+リン酸+$2NAD^+$　　　2グリシン+2(NADH+H^+)
→酢酸+ATP+CO_2+NH_3+2NADH+H^+(=4［H］)　　（=4［H］）
　　　　　　　　　　　　　　　　　　　　　　→2酢酸+$2NH_3$

図-2.12　スティックランド反応の例（アラニンとグリシンの反応）
（CoASH：補酵素A，NAD^+：酸化還元の補酵素）

スティックランド反応では，酸化されるアミノ酸(電子供与体)からはそれより炭素数が1つ以上少ない揮発性脂肪酸，CO_2 とアンモニア等が生成し，一方の還元されるアミノ酸(電子受容体)からは，それと同じ炭素数の揮発性脂肪酸とアンモニア等が生成する．生成物の種類は，アミノ酸残基によって異なり，硫黄化合物，芳香族化合物や窒素化合物等も生成する[38),39)]．また，細菌の種類によっても生成物は異なる[40)]．

表-2.8 アミノ酸1molの発酵から生成する代表的な物質

	アミノ酸名	組成	アミノ酸残基	反応のタイプ	水	酢酸 C_2	プロピオン酸 C_3	酪酸 C_4	吉草酸 C_5	その他の化合物	二酸化炭素	水素	アンモニア	ATP
メタン発酵におけるスティックランド反応の主体	グリシン	$C_2H_5O_2N$	水素	A		1						-1	1	0
	アラニン	$C_3H_7O_2N$	アルキル基	D	-2	1					1	2	1	1
	バリン	$C_5H_{11}O_2N$	アルキル基	D	-2					1[a)]	1	2	1	1
	ロイシン	$C_6H_{13}O_2N$	アルキル基	D	-2					1[b)]	1	2	1	1
	イソロイシン	$C_6H_{13}O_2N$	アルキル基	D	-2				1	1[c)]	1	2	1	1
	セリン	$C_3H_7O_3N$	アルコール基	D	-1	1					1	1	1	1
	スレオニン	$C_4H_9O_3N$	アルコール基	A		1	0.5					-1	1	1
	シスチン	$C_3H_6O_2NS$	硫黄化合物	D	-2	1				1[d)]	1	0.5	1	1
	メチオニン	$C_5H_{11}O_2NS$	硫黄化合物	D	-2		1			1[e)]	1	1	1	1
	プロリン	$C_5H_9O_2N$	環状アミノ酸	A	-1	0.5	0.5		0.5			-1	1	
	フェニルアラニン	$C_9H_{11}O_2N$	芳香族	D	-2					1[f)]	1	2	1	1
	チロシン	$C_9H_{11}O_3N$	芳香族	D	-2	1				1[g)]	1	1	1	1
	トリプトファン	$C_{11}H_{12}O_3N$	カルボキシル基	D	-1					1[h)]	1	1	1	1
	アスパラギン酸	$C_4H_7O_4N$	カルボキシル基	D/N	-2	1					2	2	1	2
	グルタミン酸	$C_5H_9O_4N$	カルボキシル基	D	-1	1		0.5			1		1	2
	リジン	$C_6H_{14}O_2N_2$	窒素化合物	D/N	-2	1		1					2	1
	アルギニン	$C_6H_{14}O_2N_4$	窒素化合物	A	-3	0.5	0.5		0.5		1	1	4	1
	ヒスチジン	$C_6H_9O_2N_3$	窒素化合物	D	-4	1			0.5	1[i)]	1		2	2
	グリシン	$C_2H_5O_2N$	水素	N	-0.5	0.75					0.5		1	0.25
	ロイシン	$C_6H_{13}O_2N$	アルキル基	A						1[j)]		-1	1	0
	スレオニン	$C_4H_9O_3N$	アルコール基	N	-1		1				1	1	1	1
	フェニルアラニン	$C_9H_{11}O_2N$	芳香族	A						1[k)]		-1	1	0
	フェニルアラニン	$C_9H_{11}O_2N$	芳香族	N	-3	1				1[l)]	1	2	1	0
	フェニルアラニン	$C_9H_{11}O_2N$	芳香族	A						1[m)]		-1	1	0
	チロシン	$C_9H_{11}O_3N$	芳香族							1[n)]			1	
	トリプトファン	$C_{11}H_{12}O_3N$	トリプトファン	A						1[o)]			1	
	トリプトファン	$C_{11}H_{12}O_3N$	トリプトファン	N	-2	1				1[p)]	1		1	1
	グルタミン酸	$C_5H_9O_4N$	カルボキシル基	N	-2	1					1	1	1	2
	アルギニン	$C_6H_{14}O_2N_4$	窒素化合物	D	-6	1					2	3	4	2
	ヒスチジン	$C_6H_9O_2N_3$	窒素化合物		-5	2				1[q)]	1	1	2	2

D:スティックランド反応の電子供与体，A:スティックランド反応の電子受容体，N:単独発酵
[a)]:2-メチルプロピオン酸($C_4H_8O_2$)，[b)]:3-メチル酪酸($C_5H_{10}O_2$)，[c)]:2-メチル酪酸($C_5H_{10}O_2$)，[d)]:硫化水素(H_2S)，
[e)]:メチルメルカプタン(CH_4S)，[f)]:フェニル酢酸($C_8H_8O_2$)，[g)]:フェノール(C_6H_6O)，
[k)]:インドール酢酸($C_{10}H_9O_2N$)，[i)]:ホルムアミド(CH_3ON)，[j)]:4-メチル吉草酸($C_6H_{12}O_2$)，
[k)]:フェニルプロピオン酸($C_9H_{10}O_2$)，[l)]:フェノール(C_6H_6O)，[m)]:ヒドロキシフェニルプロピオン酸($C_9H_{10}O_3$)，
[n)]:ヒドロキシフェニル酢酸($C_8H_8O_3$)，[o)]:インドールプロピオン酸($C_{11}H_{11}O_2N$)，[p)]:インドール(C_8H_7N)，
[q)]:ホルムアミド(CH_3ON)

様々な種類のタンパク質を含む物質のメタン発酵プロセスでは，タンパク質のアミノ酸組成が生成物の種類や反応の種類に影響を与える．アミノ酸によっては，ロイシンやフェニルアラニンのように相手によって電子供与体にも電子受容体にもなりうるものがある．なお，通常のタンパク質では，スティックランド反応の電子受容体となるアミノ酸が10％ほど不足しているといわれており，この分の[H]は，単独発酵(脱アミノ反応で生成した有機酸が発酵される)によってH_2として排出される[41]．このことから，単独発酵は水素濃度が低い環境で熱力学的に進みやすいと考えられている．また，単独発酵の反応速度はスティックランド反応よりも遅いことが普通である．

Ramsay and Pullammanappallil (2001) は，主要アミノ酸の代表的な発酵を**表-2.8**のように整理し，タンパク質の嫌気的分解におけるアミノ酸の分解反応をモデル化した．これは，

①タンパク質が加水分解・発酵される際は，スティックランド反応が主体になる，

②細菌は，ATPをできるだけ多く生成する経路でアミノ酸の酸発酵を進める，

と仮定し，この仮説に合う表-2.8の一部の反応を早見表として用いるものである[38]．彼等によれば，カゼインをタンパク質試料とした実験では生成物の種類や生成割合がかなり広い範囲で早見表の結果と整合したという．この仮説を**図-2.13**のように整理した．タンパク質のアミノ酸組成が把握されていれば，これを用いてタンパク質からのおおまかなメタン生成経路を見積もることができると思われる．

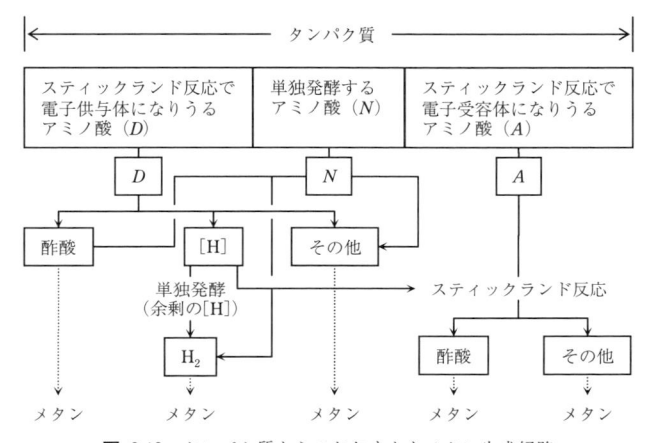

図-2.13 タンパク質からのおおまかなメタン生成経路

(3) 脂　　質

　たいていの脂質は中性脂肪であり，細胞外酵素のリパーゼによる加水分解反応によって，1 mol の脂質から 1 mol のトリグリセロールと 3 mol の高級脂肪酸が生成する．この加水分解速度は，一般的に産物の分解より速い．トリグリセロールは，解糖系に入って直ちに低級の揮発性脂肪酸に分解される．不飽和脂肪酸は，水素が付加して飽和脂肪酸になり，次に補酵素 A（CoASH）が結合して β 酸化（β-oxydation：COOH 末端から 2 番目の C が酸化される）を受け，最終的に酢酸と水素に分解される．飽和脂肪酸が β 酸化によって分解される反応を図-2.14 に示した．自然界に存在する高級脂肪酸は，炭素数が偶数のものがほとんどである[42]．この分解は，式(2.9)のように表される．図中，点線で囲んだ枠で示したように，酢酸（アセチル CoA の加水分解産物）が 1 mol 生成する際には H_2O が 2 mol 消費されると共に 2 mol の H_2 が生成して式(2.9)の収支と対応していることに留意されたい．

　最適な嫌気条件の β 酸化では，酢酸 1 mol 当り 1/3 mol の ATP が生成すると考えられている[43]．

　一方，高級脂肪酸の炭素数が奇数の場合は，式(2.10)のように酢酸の生成が 1 mol 少なくなり，その代わりにプロピオン酸が 1 mol 生成する．このプロピオン酸は，式(2.11)のように最終的に 1 mol の酢酸，3 mol の H_2 と 1 mol の CO_2 に分解される．次項で詳述するように，産物である水素の分圧（濃度）が高くなると，高級脂肪酸は熱力学的に分解されにくくなる．

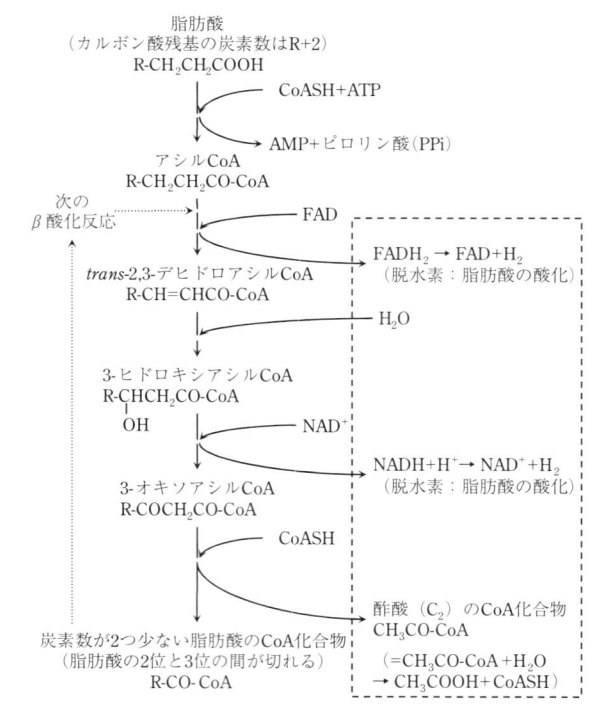

図-2.14　飽和脂肪酸の β 酸化反応
（CoASH：補酵素 A，NAD^+，FAD：酸化還元の補酵素）

$$CH_3(CH_2)_{2m}COOH + (2m)H_2O \rightarrow (m+1)CH_3COOH + (2m)H_2 \qquad (2.9)$$

$$CH_3(CH_2)_{2m+1}COOH + (2m)H_2O \rightarrow (m)CH_3COOH + C_2H_5COOH + (2m)H_2 \quad (2.10)$$

$$CH_3CH_2COOH + 2H_2O \rightarrow CH_3COOH + 3H_2 + CO_2 \qquad (2.11)$$

なお，高級脂肪酸は，炭水化物やタンパク質と異なり，低濃度でも細菌に阻害作用を与える．この原因の一つは，細胞表面に高級脂肪酸が付着するためと考えられている．したがって，この阻害度合いは，システムにおける微生物量と高級脂肪酸の比率やpH等で変わる．高級脂肪酸で強い阻害を受けた場合は，高級脂肪酸の投入負荷を減らしても活性は回復しないことが多い．特に酢酸資化性メタン生成細菌は阻害されやすいといわれており，細菌によって影響の受け方が異なるようである．阻害の低減には，高級脂肪酸を充分に分解する能力を有する細菌を充分に増殖させておくことで，システムの耐性を高めることができる．この増殖には，以下の特徴に留意すればよい．

①脂質（高級脂肪酸）を充分に汚泥に分散させると，加水分解が容易に進行する．
②不飽和脂肪酸より，飽和脂肪酸の分解速度は遅い．
③種汚泥（高級脂肪酸分解を司る細菌）の馴養に充分な時間をかける．
④水素分圧が高くなると，熱力学的に高級脂肪酸は分解されにくくなる．

(4) 酸生成反応の速度式

酸生成反応の速度式は，**図-2.15**に示すようなMonod型が基本である．Monod式は，細菌の増殖反応に広く使われる経験式で，基質濃度が高い場合はこれに依存しないゼロ次で反応が進み，基質濃度が低いと，基質濃度の一次で反応が進む特徴を有する．カーブの形は前述のContois式とよく似ているが，曲率が多少異なる．

ADM1における単糖，アミノ酸，高級脂肪酸の酸生成反応を**図-2.16〜図-2.18**にそれぞれ示した．これらは有機物のCOD基準で表しているので，図には他の生成物であるCO_2，NH_4^+やS^{2-}は含まれない．そして硫化物のCODが無視できれば，原料と生成物の有機物CODは等しいものとみなすことができる．図中のfで示した記号は，それぞれの物質から生成する成分の比率を示すもので，molで表した**表-2.7**，

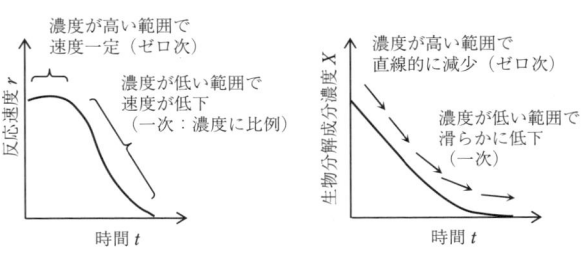

図-2.15 回分条件におけるMonod型速度式の反応パターン

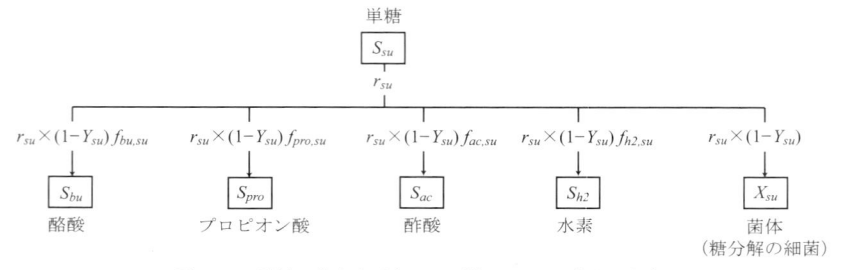

図-2.16 単糖の酸生成反応による様々なCOD成分の生成

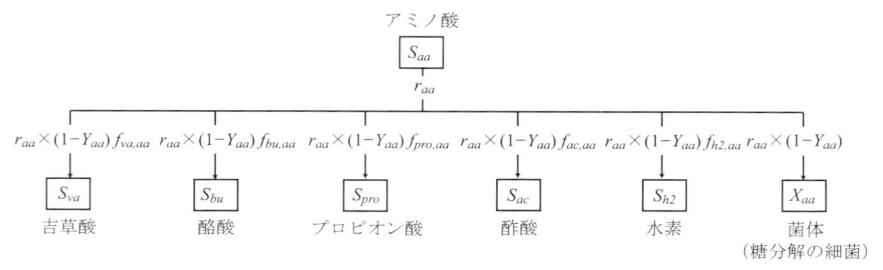

図-2.17 アミノ酸の酸生成反応による様々なCOD成分の生成

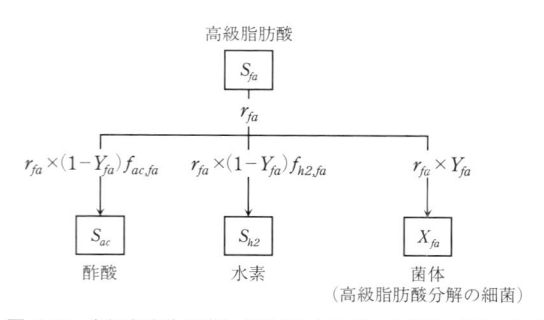

図-2.18 高級脂肪酸の酸生成反応による様々なCOD成分の生成

表-2.8や式(2.9)の物質をCODに換算したものに当てはまる.f_{XXX}の合計は1である.

例えば,式(2.9)で$m=14$(パルミチン酸)の場合,パルミチン酸1 mol当りのCODは1,408 mgである.菌体の増殖は充分小さいので無視すると,酢酸と水素のCODは,それぞれ960 mgと448 mgになる.これから$f_{ac,fa}$は,およそ0.7になる($=960/1,408$).

また,図中のYは菌体の収率を示すもので,COD/CODの次元で表される.単糖,アミノ酸,高級脂肪酸からの収率は,それぞれ以下のような値が報告されている[13].

(1) 単糖からの菌体収率 Y_{su} :

家畜排泄物と油脂の混合物:0.533(55℃), グルコース:0.022〜0.630(35〜37℃), 廃糖蜜:0.07(35℃), 最初沈殿池汚泥:0.050(35℃), 最初沈殿池汚泥:0.200(55℃)

(2) アミノ酸からの菌体収率 Y_{aa} :

家畜排泄物と油脂の混合物:0.086(55℃), カゼイン:0.058〜0.085(35℃), 最初沈殿池汚泥:0.15(35℃), 最初沈殿池汚泥:0.15(55℃)

(3) 高級脂肪酸からの菌体収率 Y_{fa} :

オレイン酸・家畜排泄物と油脂の混合物:0.050(55℃), ステアリン酸:0.055(37℃), パルミチン酸:0.054(37℃), ミスチリン酸:0.053(37℃), オレイン酸:0.053(37℃), リノール酸:0.055(37℃), 食肉解体残渣:0.004〜0.021(35℃), 最初沈殿池汚泥:0.05(35℃), 最初沈殿池汚泥:0.05(55℃)

それぞれの物質から生成する成分の比率 f の値は対象の有機物ごとに求める必要があるが, ADM1では**表-2.9**のように, おおまかな値としてのリストが与えられている[13]. COD基準で物質収支が成り立つので, 比率の合計は1になることに留意されたい. また, アミノ酸の窒素含有率(N_{aa})は, 0.007 g-N/g-COD と仮定されている.

表-2.9 単糖, アミノ酸, 高級脂肪酸から生成する物質の大まかな比率(COD/COD)

	吉草酸 (S_{va})	酪酸 (S_{bu})	プロピオン酸 (S_{pro})	酢酸 (S_{ac})	水素 (S_{h2})
単糖(S_{su})	—	$f_{bu,su}=0.13$	$f_{pro,su}=0.27$	$f_{ac,su}=0.41$	$f_{h2,su}=0.19$
アミノ酸(S_{aa})	$f_{var,aa}=0.23$	$f_{bu,aa}=0.26$	$f_{pro,aa}=0.05$	$f_{ac,aa}=0.40$	$f_{h2,aa}=0.06$
高級脂肪酸(S_{fa})	—	—	—	$f_{ac,fa}=0.70$	$f_{h2,fa}=0.30$

Monod型の速度式は, 式(*2.12*)のように表される. ただし, 酸生成反応では, pHが低くなりすぎると阻害によって分解が進行しなくなるので,「pHが最適値から著しく逸脱すると反応が進まなくなる」性質を有する関数を速度式に加えなければならないことも多い. これはスイッチング関数と呼ばれ, 式(*2.13*)のように表すことができる.

$$r = k_m \frac{S}{K_S + S} X \qquad (2.12)$$

$$r = k_m \frac{S}{K_S + S} X \times I \qquad (2.13)$$

ここで, r:反応速度(g-COD/L/d), k_m:最大比反応速度(d^{-1}), K_S:速度定

数(g–COD/L), S: 基質濃度(g–COD/L), X: 微生物濃度(g–COD/L), I: スイッチング関数($0 < I \leq 1$).

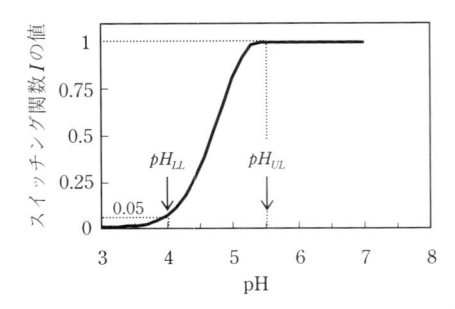

スイッチング関数の構造は，経験的に与えられるもので，一般的には式(*2.14*)のような表現が用いられる．これを用いて pH が低下して反応速度が下がる現象を図示すると，**図-2.19** のようになる．この関数は，ある pH (pH_{UL}) を下回ると，I の値が下がりだし，pH_{LL} で反応速度は，最適条件の

図-2.19 pH が低下して反応速度が下がる表現[式(*2.14*)]

5 % ($= \mathrm{e}^{-3}$) に低下する性質を有する．ADM1 では，酸生成反応で $pH_{UL} = 5.5$, $pH_{LL} = 4$ が与えられている [13].

$$I = \exp\left(-3 \frac{(pH - pH_{UL})}{(pH_{UL} - pH_{LL})}\right)^2 \Big| \ \text{if} \ pH \leq pH_{UL}$$
$$I = 1 \Big| \ \text{if} \ pH > pH_{UL} \tag{2.14}$$

ここで，I: スイッチング関数($0 < I \leq 1$), pH: システムの pH, pH_{UL}: 阻害が起こらない下限の pH, pH_{LL}: 反応速度が最大値の 5 % に低下する pH.

一方，低 pH の阻害のみならず，pH が高くなった場合の応答も考慮しなければならない時には，式(*2.15*)のように最適 pH の両側で I の値を下げる表現もある．これを**図-2.20**に図示した．

図-2.20 pH が最適値から乖離して反応速度が下がる表現[式(*2.15*)]

$$I = \frac{1 + 2 \times 10^{0.5(pH_{LL} - pH_{UL})}}{1 + 10^{(pH - pH_{UL})} + 10^{(pH_{LL} - pH)}} \tag{2.15}$$

ここで，I: スイッチング関数($0 < I \leq 1$), pH: システムの pH, pH_{UL}: 任意の定数, pH_{LL}: 任意の定数.

また，それぞれの最大反応速度 k_m (d^{-1}) と親和定数 K_S (mg–COD/L) は，以下の

2.3 物質変換の概要   45

値が報告されている[13]．

(1) 単糖の k_m, K_S:

家畜排泄物と油脂の混合物：49.3 d^{-1}，533 mg-COD/L(55℃)，グルコース：29〜125 d^{-1}，23〜630 mg-COD/L(35〜37℃)，廃糖蜜：120 d^{-1}，1,280 mg-COD/L，(35℃)，最初沈殿池汚泥：27 d^{-1}，50 mg-COD/L(35℃)，最初沈殿池汚泥：107 d^{-1}，200 mg-CDO/L(55℃)．

(2) アミノ酸の k_m, K_S:

家畜排泄物と油脂の混合物：74 d^{-1}(55℃)，カゼイン：28〜53 d^{-1}，1,027〜1,198 mg-COD/L(35℃)，最初沈殿池汚泥：27 d^{-1}，50 mg-COD/L(35℃)，最初沈殿池汚泥：107 d^{-1}，200 mg-COD/L(55℃)．

(3) 高級脂肪酸の k_m, K_S:

オレイン酸，家畜排泄物と油脂の混合物：11 d^{-1}，58 mg-COD/L(55℃)，ステアリン酸：1.88 d^{-1}，295 mg-COD/L(37℃)，パルミチン酸：2.030 d^{-1}，410 mg-COD/L(37℃)，ミスチリン酸：1.60 d^{-1}，1,230 mg-COD/L(37℃)，オレイン酸：8.174 d^{-1}，9,210 mg-COD/L(37℃)，リノール酸：10 d^{-1}，5,190 mg-COD/L(37℃)，食肉解体残渣：201〜363 d^{-1}，100 mg-COD/L(35℃)，最初沈殿池汚泥：12 d^{-1}，1,000 mg-COD/L(35℃)，最初沈殿池汚泥：37 d^{-1}，2,000 mg-COD/L(55℃)．

これらを基に，最大比反応速度，速度定数と菌体の収率が**表-2.10**のように整理されている．ただし，高級脂肪酸の分解は，水素の濃度にも強く影響される．これについては，次項の**表-2.13**を用いて説明する．

表-2.10 ADM1における単糖，アミノ酸と高級脂肪酸の動力学・化学量論パラメータ

		高負荷の中温条件 (35℃)*	低負荷の中温条件 (35℃)**	低負荷の高温条件 (55℃)**
単糖	$k_{m,su}$	30	30	70
	$K_{S,su}$	50	50	10
	Y_{su}	0.10	0.10	0.10
アミノ酸	$k_{m,aa}$	50	50	70
	$K_{S,aa}$	30	30	30
	Y_{aa}	0.08	0.08	0.08
高級脂肪酸*	$k_{m,fa}$	6	6	10
	$K_{S,fa}$	40	40	40
	Y_{fa}	0.06	0.06	0.06

単位：最大比反応速度 k_m(g-COD/g-COD/d)，速度定数 K_S(mg-COD/L)，収率 Y(g-COD/g-COD)
*：UASBプロセス等，**：固形物の嫌気性消化プロセス

2.3.4 異種間水素伝達反応

(1) 微生物反応と熱力学の接点

　微生物反応も化学反応の一種なので，多くを熱力学によって説明できる．この詳細は，専門の教科書を参照すればよい[44]．しかしながら専門書の記述は多岐にわたるため，関連の理論を直ちに捉えにくい．そこで，本項では，特に熱力学的現象が強く影響する異種間水素伝達反応の説明に先立ち，熱力学の基本事項を説明する．

a.　エンタルピー（熱の生成）

　圧力が一定の条件で，反応後に発生する熱（あるいは吸収する熱）は，ΔH（エンタルピー変化）として表される．これは，様々な物質で測定された標準生成エンタルピー（$\Delta H_f°$，kJ/mol，標準生成熱）から求められる．$\Delta H_f°$は，物理化学のテキストや物質の熱力学的性質をリストにまとめた市販の物性表に記載されている[45]．元素の標準生成エンタルピーは0と定義される．例えば，1 mol/Lのグルコース（$C_6H_{12}O_6$）がO_2で完全に酸化されてCO_2ガスとH_2Oになり，それによって仕事（菌体の合成）に使えるエネルギーが産み出される過程で熱が生成する現象において，熱に関する収支は式(2.16)のように表される．

$$\begin{aligned}
& C_6H_{12}O_6 + 6O_2 \rightarrow 6CO_2 + 6H_2O + 熱 + (仕事) \\
& (-1{,}264) + 6\times(0) \rightarrow 6\times(-394.1) + 6\times(-286) + 熱 + (仕事) \\
& -1{,}264 = -4{,}080.6 + 熱 + (仕事) \\
& \therefore\ 熱\ = 2{,}816.6\ \text{kJ/mol}
\end{aligned} \quad (2.16)$$

　熱力学の物性表である**付録C**の**別表1**に記載した標準生成エンタルピー（グルコース＝−1,264 kJ/mol，酸素＝0 kJ/mol……）をそれぞれに代入すると，左辺の合計は−1,264 kJ/mol，右辺は−4,080.6 kJ/molになる．エネルギー保存の法則から，左辺＝右辺でなければならないので，右辺には2,816.6 kJ/mol［＝(−1,264)−(−4,080.6)］が加えられなければいけない．この値が1 mol/Lのグルコースが分解する際に発生する熱（ΔH，エンタルピー変化）である．熱力学では，生成物の値を原料の値から引いて表すことが習慣なので，ΔHは，上と逆の符号である$\Delta H = -2{,}816.6$ kJ/molと表記される．

　エンタルピーは，物質内部に含まれるエネルギーが熱として表れるものであるから，これは，その物質の熱容量$C_P°$（物質の温度を1 K上げる時に吸収される熱：kJ/K/mol）で決まる．熱力学の物性表には，標準状態である25℃（298 K）の$C_P°$しか記されていないものの，この点に着目して，他の温度におけるエンタルピー変化

を計算できる．例えば，グルコース（$C_6H_{12}O_6$）から2分子の乳酸（$C_3H_6O_3$）がホモ乳酸発酵で生成する時の熱について，生物反応のシステムにおいて25℃の条件と37℃の条件で比較してみる．

25℃の条件では，熱の収支は，式(2.17)のように表される．

$$\begin{aligned}
&C_6H_{12}O_6 \rightarrow 2C_3H_6O_3 + 熱 + (仕事) \\
&(-1,264) \rightarrow 2 \times (-687) + 熱 + (仕事) \\
&-1,264 = -1,374 + 熱 \\
&\therefore 熱 = 110 \text{ kJ/mol},\ \Delta H = -110 \text{ kJ/mol}
\end{aligned} \quad (2.17)$$

ここで，25℃の条件でグルコースと乳酸の$C_P°$がそれぞれ0.218 kJ/K/mol，0.128 kJ/K/molであることがわかっている時，熱容量の変化ΔC_Pは，$\Delta C_P° = 2 \times (0.128) - 0.218 = 0.037$ kJ/K/molとなる．そして37℃の条件では，物質内部のエネルギーに12 K（= 37 - 25）に対応する$\Delta C_P°$が加わっているので，これを25℃のΔHに加えると，式(2.18)のようになる．37℃では，25℃の条件よりもわずかに熱の発生が少ない．

$$\begin{aligned}
35°C の \Delta H &= 25°C の \Delta H + (温度差) \times \Delta C_P° \\
&= -110 \text{ kJ/mol} + 12 \text{ K} \times 0.037 \text{ kJ/K/mol} \\
&= -110 \text{ kJ/mol} + 0.44 \text{ kJ/mol} \\
&= -109.6 \text{ kJ/mol}
\end{aligned} \quad (2.18)$$

微生物反応のリアクターでは，システムの圧力はあまり変化しないうえ，$C_P°$の値が大きく変化するほどの温度で運転されることもないので，上のようにかなり単純に表すことができる．しかしながら，低圧↔高圧，水↔水蒸気のように圧力や相が大きく変わる時はもう少し複雑になる．

b. エントロピー（反応の進行性）

エントロピーは，絶対零度（0 K）で0と仮定される．現実には絶対零度の条件は得られないので，物質は正のエントロピーを有する．標準状態（298 K）のエントロピー（$S°$，kJ/K/mol）は，0 Kから298 KまでC_P/Tの変化量を温度Tで積分した値で定義され，その物質が持つ潜在的なエネルギーである．これもたいていの物性表に記載されており，上で述べたエンタルピーの計算に準じて，反応前後のエントロピー変化（ΔS）を求めることができる．反応前後で考えると，反応熱（ΔH）と仕事に使われたエネルギーは，原料から抜き出されたものであるから，原料・生成物のエントロピー変化（ΔS）と熱・仕事は式(2.19)のような収支関係がある．仕事に利用可能な量がプラスであれば，反応は進行する．仕事に使われる余力を自由エネ

ギーといい，圧力が一定のシステムでは Gibbs エネルギーと呼ばれる．

$$(298K) \times \Delta S - 反応熱(\Delta H) = 仕事 \qquad (2.19)$$

c. Gibbs エネルギー（仕事の生成）

Gibbs エネルギーは，圧力が一定の条件で仕事に使われるエネルギー（kJ/mol）を意味する．式(*2.19*)を基に，**付録C** 章末の**別表1**に標準生成 Gibbs エネルギー（$\Delta G_f°$）が記載されている．この使い方は，標準生成エンタルピー$\Delta H_f°$を使って発熱量ΔHを求めることと基本的に同じである．これに従って，1 mol/L のグルコースが酸化分解することで産み出される「仕事」のエネルギーを式(*2.20*)で求めてみる．

好気反応（完全酸化）
$$C_6H_{12}O_6 + 6O_2 \rightarrow 6CO_2 + 6H_2O + (熱) + 仕事$$
$$(-917.22) + 6\times(0) \rightarrow 6\times(-394.359) + 6\times(-237.18) + (熱) + 仕事 \qquad (2.20)$$
$$-917.22 = -3{,}789.23 + 仕事$$
$$\therefore 仕事 = 2{,}872.01 \text{ kJ/mol}$$

左辺（-917.22 kJ/mol）＝右辺［（$-3{,}789.23$ kJ/mol）＋仕事］なので，この反応で産まれる仕事のエネルギーは，2,872.01 kJ/mol であることが直ちに求められる．細菌は，このエネルギーを菌体の合成をはじめとする様々な用途に用いる．Gibbs エネルギー変化ΔGは，ΔHと同様に，生成物の値を原料の値から引いて表現するため，符号が逆の$\Delta G = -2{,}872.01$ kJ/mol と表記される．

そして，上のような好気的な分解反応と同じように，グルコースから CH_4 と CO_2 が生成するメタン生成反応（嫌気条件）を計算してみる．この場合，式(*2.21*)から，嫌気条件ではせいぜい 418.11 kJ/mol の仕事のエネルギーしか得られないことがわかる．これは，好気条件の 1/7 に過ぎない．つまり，嫌気条件では，グルコースのエネルギーは大部分がメタンに保存されており，細菌が菌体を合成する仕事（増殖）のために獲得可能なエネルギーは，原理的に好気の場合よりもかなり少ない．これが菌体の収率が嫌気条件で低い理由の一つである．

嫌気反応（メタンの生成）
$$C_6H_{12}O_6 \rightarrow 3CH_4 + 3CO_2 + (熱) + 仕事$$
$$(-917.22) \rightarrow 3\times(-50.75) + 3\times(-394.359) + (熱) + 仕事 \qquad (2.21)$$
$$-917.22 = -1{,}335.33 + 仕事$$
$$\therefore 仕事 = 418.11 \text{ kJ/mol}$$

(2) 異種間水素伝達反応における Gibbs エネルギーの考え方

脂質の分解で説明したように，高級脂肪酸が酸生成細菌によって酢酸まで分解されるためには，外部に［H］を受け渡すことが必要である．この反応では水素ガスが

生成するが，水素の濃度が高くなると熱力学的に反応が進みにくくなる．熱力学的には，反応が進む条件として，反応後でGibbsエネルギーの変化量（ΔG）が負の値になることが必要である．しかしながら，実は，高級脂肪酸の分解反応では，産物の濃度が充分に低くないとΔGは負の値にならないのである．

この熱力学的な制約は嫌気条件で顕著に起こり，特に水素の生成・消費反応が全体に影響を及ぼす．そこで，本項では，異種間水素伝達反応におけるGibbsエネルギーの考え方を説明する．

まず，物質が有する生成Gibbsエネルギー（ΔG_f）は，定圧条件下では物質濃度や温度の環境条件で定まり，一般的に式(*2.22*)で表される．

$$\Delta G_f = \Delta G_f° + RT \ln[\gamma \times M] \tag{2.22}$$

ここで，ΔG_f：与えられた環境条件下におけるその物質の生成Gibbsエネルギー（kJ/mol），$\Delta G_f°$：25℃，1 atmの標準状態で，mol分率＝1における物質の標準生成Gibbsエネルギー（kJ/mol），R：ガス定数（0.0083145 kJ/mol/K），T：ケルビン温度（K，0℃＝273 K），γ：活量（-），[M]：与えられた環境条件下におけるその物質のmol分率（-）．

熱力学では，元素と水素イオン（H^+）の$\Delta G_f°$はゼロと定義される．また水溶液においては，溶質の$\Delta G_f°$は1 mol/Lでの値（1 mol/55.56 mol）に補正されたものが熱力学の物性表に記載されている[44]．そして，希薄溶液では活量を1に近似して考察する．ここで，H^+の標準生成Gibbsエネルギー（$\Delta G_f°_{H^+}$）とイオン濃度を基に，pH＝7におけるH^+の生成Gibbsエネルギー（ΔG_{fH^+}）を求めてみる．これは，式(*2.23*)のように-39.96 kJ/molと導かれる．

$$\begin{aligned}\Delta G_{fH^+} &= \Delta G_f°_{H^+} + RT \ln[10^{-7}] \\ &= (0) + \{0.0083145 \times (273+25) \times 2.303 \log[10^{-7}]\} \\ &= -39.96 \text{ kJ/mol}\end{aligned} \tag{2.23}$$

また，反応が$a[A]+b[B] \to c[C]+d[D]$である時のGibbsエネルギー変化量（ΔG）は，式(*2.24*)のように定義される．

$$\Delta G = + （生成物の生成 Gibbs エネルギーの合計）$$

$$- （原料の生成 Gibbs エネルギーの合計）$$

$$= (c \times \Delta G_{fC} + d \times \Delta G_{fD}) - (a \times \Delta G_{fA} + b \times \Delta G_{fB}) \qquad (2.24)$$

$$= + \{(c \times \Delta G_{f}^{\circ}{}_{C} + RT \ln [C]^{c}) + (d \times \Delta G_{f}^{\circ}{}_{D} + RT \ln [D]^{d})\}$$

$$- \{(a \times \Delta G_{f}^{\circ}{}_{A} + RT \ln [A]^{a}) + (b \times \Delta G_{f}^{\circ}{}_{B} + RT \ln [B]^{b})\}$$

ここで,$\Delta G_{f}^{\circ}{}_{A}$, $\Delta G_{f}^{\circ}{}_{B}$, $\Delta G_{f}^{\circ}{}_{C}$, $\Delta G_{f}^{\circ}{}_{D}$:それぞれ物質 A, B, C, D の標準生成 Gibbs エネルギー (kJ/mol)(これらも熱力学の物性表に記載されている). ΔG_{fA}, ΔG_{fB}, ΔG_{fC}, ΔG_{fD}:それぞれ物質 A, B, C, D の濃度が $[A]$, $[B]$, $[C]$, $[D]$ である時の生成 Gibbs エネルギー (kJ/mol).

さらに,1 mol 濃度の標準状態(297 K,1 atm)で表される標準 Gibbs エネルギー変化量を ΔG° と置くと,上の ΔG と G° の関係は,式(2.25)のように簡略化した形に導かれる.

$$\Delta G = \Delta G^{\circ} + 2.303 RT \log \frac{[C]^{c}[D]}{[A]^{a}[B]} \qquad (2.25)$$

ここで,$\Delta G^{\circ} = \{(c \times \Delta G_{f}^{\circ}{}_{C}) + (d \times \Delta G_{f}^{\circ}{}_{D})\} - \{(a \times \Delta G_{f}^{\circ}{}_{A}) + (b \times \Delta G_{f}^{\circ}{}_{B})\}$

この ΔG° は,化合物の標準生成 Gibbs エネルギー ΔG_{f}° を記した物性表を基に簡単に計算できる.例えば,**付録C** の **別表**1 に記載されている水溶液のプロピオン酸イオン($CH_3CH_2COO^-$) = -361.08 kJ/mol, H_2O = -237.19 kJ/mol, 酢酸イオン(CH_3COO^-) = -376.89 kJ/mol, H^+ (pH = 7) = -39.96 kJ/mol, H_2 = 0 kJ/mol, 重炭酸イオン(HCO_3^-) = -587.06 kJ/mol の ΔG_{f}° を使って,pH = 7 で 25℃の条件下で 1 mol/L のプロピオン酸が 3 mol の水と反応して 1 mol の酢酸と 3 mol の水素(1 atm の環境条件)が生成する反応を例とし,その時の ΔG° を求めてみる.これは,一連の反応式である $CH_3CH_2COO^- + 3H_2O \rightarrow CH_3COO^- + H^+ + 3H_2 + HCO_3^-$ に上の ΔG_{f}° をそれぞれ代入すればよい.この反応は,**表**-2.11 のようにまとめられる.

表-2.11 1 mol/L のプロピオン酸から酢酸と水素が生成する反応

原料	ΔG_{f}° (kJ/mol)	反応量 (mol)	産物	ΔG_{f}° (kJ/mol)	反応量 (mol)
プロピオン酸イオン	-361.08	1	酢酸イオン	-376.89	1
水	-237.19	3	水素イオン(pH = 7)	-39.96	1
			水素(1atm)	0	3
			重炭酸イオン	-587.16	1
原料の ΔG_{f}° の合計 $1 \times (-361.08) + 3 \times (-237.19) = -1,072.65$			産物の ΔG_{f}° の合計 $1 \times (-376.89) + 1 \times (-39.96) + 3 \times (0) + 1 \times (-587.16) = -1004.01$		
Gibbs エネルギーの変化量(ΔG°) = $(-1,004.01) - (1,072.65)$ = $+68.74$ kJ/mol					

表中，この $\Delta G°$ は，正の値（+68.74 kJ/mol）を示しているが，実は，Gibbs エネルギー変化量が正となる時は，仕事のエネルギーが左辺＜右辺であることを意味するため，自発的には上の反応は左から右へ進まない．したがって，これは，上の環境条件では熱力学的に起こり得ないのである．

一方，プロピオン酸と酢酸の濃度=0.001 mol/L，水素分圧 $[H_2]=10^{-5}$ atm，重炭酸イオン濃度=0.1 mol/L がシステムの環境である時，その時の ΔG は，式(2.26)のように負の値（-22.54 kJ/mol）をとる．そのため，この環境条件では，反応は左から右に進むことになる．なお，この計算では，溶媒である H_2O は，mol 分率≒1 なので log の項は 0 であり，計算に含める必要はない．また，水素イオンも，既に表で pH=7 の条件である 10^{-7} mo/L に補正されているため計算に含める必要はない．

$$\Delta G = (+68.74) + 2.303RT \log \frac{[CH_3COO^-]^1[H_2]^3[HCO_3^-]^1}{[CH_3CH_2COO^-]^1}$$

$$\Delta G = (+68.74) + 2.303RT \log \frac{[0.001]^1[10^{-5}]^3[0.1]^1}{[0.001]^1} \quad (2.26)$$

$$= -22.54 \text{ kJ/mol}$$

上式で log の項は，反応前後における物質の濃度差（反応の推進力，driving force）を意味しており，この場合は，水素分圧がきわめて低いことが負の値へのシフトに寄与している．そこで，環境条件によって反応の進行が異なる現象を直感的に理解するには，「システムにおいて生成物の濃度が原料よりも相当低い場合は，原料→生成物への反応が進行する」と考えるとよい．これは，平衡移動の法則［(ル・シャトリエの法則(Le Châtelier's law)］である．

なお，$\Delta G=0$ となる条件は，システムが平衡状態に達していることを意味する．この時は，反応は右にも左にも進まず，見かけは停止している．上の例では，水素分圧がおよそ 2.1×10^{-4} atm の時に $\Delta G=0$ になる．このことは，水素分圧がこの濃度以下に下がらないと，原理的に酸生成細菌はプロピオン酸を分解できないことを示している．メタン発酵プロセスでは，水素資化性メタン生成細菌が水素分圧を下げる役割を担っている．このおかげで酸生成細菌はプロピオン酸を分解でき，同時に増殖の化学エネルギー（Gibbs エネルギー）を得ることができるのである．

このように，ある細菌が水素を生成し，別の細菌が消費しながら一連の反応が進む現象を異種間水素伝達(inter-species H_2 transfer)と呼ぶ．異種間水素伝達は，嫌

気性の微生物同士の共生的な反応であって，メタン発酵プロセスで興味深い現象の一つである[46]．

(3) 水素分圧と反応の進行の関係

異種間水素伝達は，Bryant et al. (1967) によって初めて報告された現象である[47]．彼等は，それまで純粋培養の細菌と考えられていた *Methanobacillus omelianskii* が実際は水素と酢酸を生成する細菌と水素ガスを資化するメタン生成細菌の混合物であることを明らかにした．前者の細菌は，後者の細菌と共存しないと充分に基質を分解して増殖できない．そこで，この現象を栄養共生関係（syntrophic association）と名付け，水素と酢酸を生成する細菌（水素生成性酢酸生成細菌）を共生酢酸生成細菌（syntrophic acetogenic bacteria）と呼ぶことがある．

代表的な水素生成性酢酸生成細菌とその基質には，*Syntrophomonas sapovorans*（C_4–C_{18}の脂肪酸），*Syntrophobacter wolinii*（プロピオン酸），*Syntrophomonas wolfei*（C_4–C_8の脂肪酸），*Syntrophopora bryantil*（C_4–C_{11}の脂肪酸），*Syntrophus busuwellii*（安息香酸），*Syntrophococcus sucromotans*（フルクトース），*Desulforibrio vulgaris*（エタノール），*Pclobacter carbiolicum*（エタノール）等が知られている．水素生成性酢酸生成細菌は水素資化性細菌と共生しているため純粋分離が難しいが，近年は遺伝子分析によって解析が進んでいる[48],[49]．

写真-2.1 の電子顕微鏡写真は，嫌気性グラニュールに存在する水素生成性酢酸生成細菌と水素資化性メタン生成細菌の共生コロニーと考えられるものである．水素生成性酢酸生成細菌(a)から排出される水素が直ちに水素資化性メタン生成細菌(b, c)によって分解されることが共生の必須条件であるため，

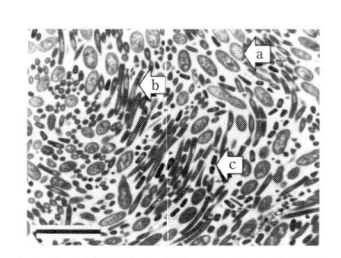

写真-2.1 水素生成性酢酸生成細菌と水素資化性メタン生成細菌のコロニー
a：水素生成性酢酸生成細菌[*Syntrophobacter*(?)]
b：水素資化性メタン生成細菌[*Metanospirillum hungatei*(?)]
c：水素資化性メタン生成細菌[*Methanobrevibacter*(?)]

これらの細菌は互いの近傍に存在している．

次に，水素分圧（濃度）が反応の進行に影響することについて，**表-2.12** に示した脂肪酸の分解における代表的な反応を基に説明する．水素分圧が1 atmの条件である環境（ⅰ）では，ΔG が負の値をとる水素の消費反応(d)だけが起きる．また，水素濃度がこの1/1,000である1×10^{-3} atmの環境（ⅱ）では，パルミチン酸の分解反

応(c)も負のΔGになって進行可能であり，ΔGが正の値となるプロピオン酸イオンの分解反応(a)と酪酸イオンの分解反応(b)は進行しない．そして，水素分圧がこれよりきわめて低い1×10^{-6} atmの環境(ⅲ)では，これら3種類の脂肪酸の反応(a)～(c)は，いずれも負のΔGをとり，いずれも分解可能となる．

表-2.12 Gibbsエネルギーの変化量が環境条件によって異なる例

反応式	Gibbsエネルギー変化量ΔG(kJ/mol)		
	環境条件(ⅰ)	環境条件(ⅱ)	環境条件(ⅲ)
(a)プロピオン酸イオンの分解 $CH_3CH_2COO^- + H^+ + 3H_2O \rightarrow CH_3COO^- + 2H^+ + 3H_2 + HCO_3^-$	+68.74	+11.69	-39.66
(b)酪酸イオンの分解 $CH_3CH_2CH_2COO^- + H^+ + 2H_2O \rightarrow 2CH_3COO^- + 2H^+ + 2H_2$	+52.68	+1.33	-32.90
(c)パルミチン酸の分解 $CH_3(CH_2)_{14}COOH + 14H_2O \rightarrow 8CH_3COO^- + 8H^+ + 14H_2$	+285.02	-74.41	-314.02
(d)H_2の消費 $H_2 + 1/4HCO_3^- + 1/4H^+ \rightarrow 1/4CH_4 + 3/4H_2O$	-33.84	-16.94	+0.18

(ⅰ)標準状態(1 atm，298 K，pH=7.0，水素分圧=1 atm，水素以外の物質の濃度は全て1 mol/L)
(ⅱ)1 atm，298 K，pH=7.0，水素分圧=1×10^{-3} atm，メタン分圧(pCH_4)=0.7 atm，重炭酸イオン濃度([HCO_3^-])=0.1 mol/L，その他の物質の濃度は全て0.001 mol/L
(ⅲ)水素分圧=1×10^{-6} atm以外は(ⅱ)と同じ

しかしながら，この環境は，水素の消費反応(d)に正のΔGを与える．つまり，このような低い水素濃度では，水素資化性メタン生成細菌は，原理的に水素を消費できないのである．この時，水素の濃度は徐々に上昇し，最終的に水素消費反応のΔGが0未満となる水素分圧の環境で，システムは疑似的な定常状態に達する．この条件では，脂肪酸の分解で生成する水素がちょうど水素資化性メタン生成細菌によって消費され，システムの水素や脂肪酸の濃度は一定となる．

微生物反応が起きるたいていの嫌気的環境では，重炭酸イオン濃度は表で与えた値(0.1 mol/L)からあまりオーダーが変わることはないので，反応進行の有無は，主に水素分圧で決まる．連続的に脂肪酸から水素と酢酸が生成し，かつこれらの消費によってメタンが生成するためには，Gibbsエネルギーの変化量がいずれの反応でも負の値になることが必要となる．これには，次の3つの環境条件が同時に満たされていなければならない．分解反応がメタンまで連続的に進行している状態は，水素や他の物質(電子供与体)の濃度がこの範囲にあることを意味するのである．

①脂肪酸が分解するために，水素の濃度が充分に低いこと．
②水素からメタンが生成するために，水素の濃度が充分に高いこと．
③酢酸からメタンが生成するために，酢酸の濃度が充分に高いこと．

ΔGが0になる環境がA+B→C+Dと進む反応と，C+D→A+Bとなる逆反応

のちょうど境界であることを利用して，プロピオン酸からの水素・酢酸生成と水素・酢酸からのメタン生成が同時に起きる理論的な条件をグラフに図示できる．これを**図-2.21**に示した．このうち，（Ⅰ）のグラフは，プロピオン酸イオンから酢酸イオンと水素が生成可能な水素と酢酸の濃度範囲を網掛けの部分で示したものである．また，（Ⅱ）のグラフは，同様に，水素と重炭酸イオンからメタンと水が生成可能な水素と酢酸の濃度範囲を示したもので，（Ⅲ）のグラフは，酢酸イオンと水からメタンと重炭酸イオンが生成可能な水素と酢酸の濃度範囲を網掛けの部分で図示したものである．

（Ⅰ）～（Ⅲ）のグラフを重ね合わせると，プロピオン酸イオンから酢酸イオンと水素が生成し，かつ，水素と重炭酸ならびに酢酸イオンと水からメタンが生成する条件が明らかになる．この領域は，（Ⅳ）のグラフ中に三角で囲まれた部分である．プロピオン酸がメタンまで連続的に分解しているシステムでは，理論的には水素分圧がこの範囲になるはずである．ただし，これは熱力学的に反応が進行可能な熱力学的限界を示したもので，実際の微生物反応では基質親和性や酸化還元電位をはじめとする制限を受けるため，三角形の面積はもう少し狭くなる[50]．

ところで ΔG が環境条件

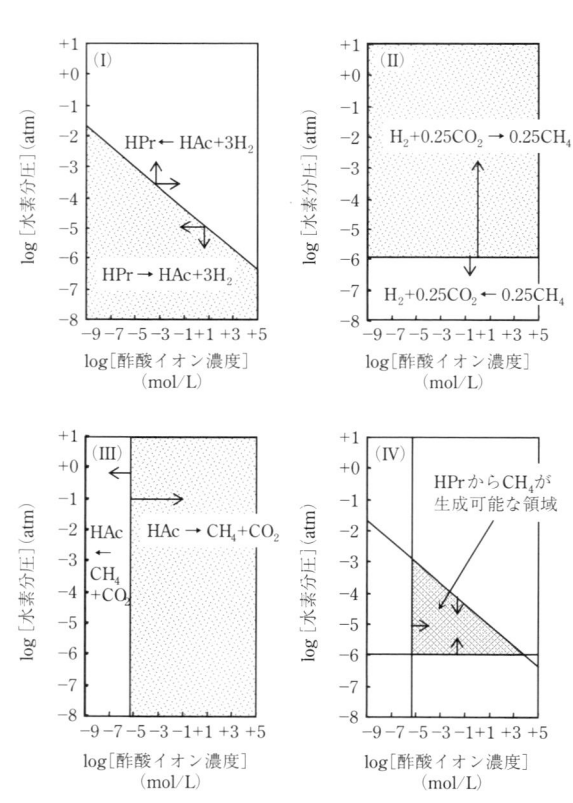

図-2.21 プロピオン酸からの水素・酢酸生成と水素・酢酸からのメタン生成が同時に起きる理論的な範囲（網掛けの部分）
（Ⅰ）：プロピオン酸イオンから酢酸イオンと水素が生成可能な水素と酢酸の濃度範囲
（Ⅱ）：水素と重炭酸イオンからメタンと水が生成する水素と酢酸の濃度範囲
（Ⅲ）：酢酸イオンと水からメタンと重炭酸イオンが生成する水素と酢酸の濃度範囲
（Ⅳ）：（Ⅰ）～（Ⅲ）の反応が同時に進行可能な水素と酢酸の濃度範囲
（1atm, 298K, pH=7.0, CH_4 分圧 = 0.7atm, $[HCO_3^-]$ = 0.1mol/L の環境下）

で変わることは，たとえ同じ量の基質を酸化しても，微生物が反応で得られる化学エネルギー(Gibbs エネルギー)の量は環境条件，特に反応に関わる物質の濃度によって変わることを意味する．ATP は，Gibbs エネルギーを使って合成されるので，原理的には，菌体の収率は環境条件の影響を受ける．ここで ΔG は濃度の対数でしか変化しないので，ΔG が充分に大きい反応(例えば，数百 kJ/mol 程度)では濃度の影響は限定的であり，実質的に無視できる[51]．しかしながら水素分圧がきわめて低い環境で進行する水素生成・資化のように ΔG が小さい反応では，この違いがATP の合成効率に影響を与える．また，pH や塩類濃度が最適範囲から著しく離れている場合は，細菌は細胞内で物質の濃度を適切な値に維持するために多くのATP を消費しなければならず，さらに，基質のリン酸化(発酵)でなく細胞膜内外におけるプロトンの濃度勾配(電気化学ポテンシャル)を推進力に利用して ATP を合成する反応(呼吸)では，原理的に ATP の生成効率は pH の影響を強く受ける．このような環境では，電子受容体当りで ATP の生成が少ない嫌気性細菌にとっては，特に基質当りに生成可能な菌体の量(収率)はかなり低くなることが予想される[13),46),52)〜55)]．しかしながら，熱力学を用いてこの現象を精度良くモデル化することは，まだ難しい問題である[37]．

(4) 異種間水素伝達反応の速度式

異種間水素伝達反応は基本的に増殖反応なので，これを表すには，酸生成反応の項で説明した Monod 型の速度式(Monod 式)が用いられる．ただし，前述したように反応は水素濃度の影響を強く受けるので，ここでも，速度式に「水素濃度が高くなると反応が進まなくなる」性質を有するスイッチング関数を加えなければならない．これは，式(*2.27*)のように表される．

$$r = k_m \frac{S}{K_S + S} X \times I \tag{2.27}$$

ここで，r:反応速度(g–COD/L/d)，k_m:最大比反応速度(d^{-1})，K_S:速度定数(g–COD/L)，S:基質濃度(g–COD/L)，X:微生物濃度(g–COD/L)，I:スイッチング関数($0 < I \leq 1$)．

最も簡単なスイッチング関数 I は，反応速度の低下を水素濃度に対応させるもので，式(*2.28*)のように表される[13]．これを用いて水素濃度が反応速度に与える影響を図示すると **図-2.22** のようになる．この関数では，水素濃度が 0 の時に 1 であり，水素濃度が高くなると急減して最終的に 0 に漸近する性質を有する．

$$I = \frac{K_I}{K_I + S_{h2}} \tag{2.28}$$

ここで，I：スイッチング関数（$0<I\leqq1$），K_I：スイッチング定数（atm），S_{h2}：水素濃度（atm）．

また，$\Delta G=0$ となる水素濃度の条件では，システムが熱力学的な平衡状態に達しているため反応速度は0になるので，理論的には，これを境としてスイッチング関数Iの値は0に切り替

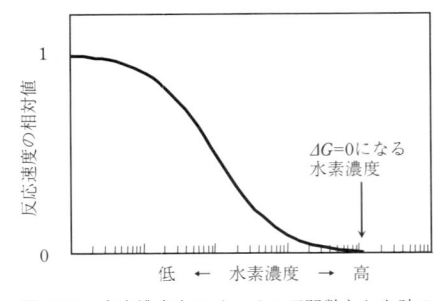

図-2.22 水素濃度をスイッチング関数とした時の反応速度の応答［式(2.28)］

わらなければならない．反応における水素濃度の影響を強調するために，式(2.29)のように累乗でスイッチング関数を表すことも提案されている[56]．

$$I = \frac{K_I^N}{K_I^N + S_{h2}^N} \tag{2.29}$$

ここで，K_I：スイッチング定数（atm），S_{h2}：水素濃度（atm），N：定数（水素の生成mol数が多い反応ではNを高くする．例えば，プロピオン酸の分解では$N=3$，酪酸では$N=2$とする．**表-2.12**を参照のこと）．

スイッチング定数の値は，システムの運転条件や反応ごとに異なり，ADM1では**表-2.13**のようにまとめられている[13]．また，この値は，平均的なものであって，実際には，表の値から高級脂肪酸，吉草酸，酪酸で±30％程度，プロピオン酸で1/2～2倍程度の違いが認められるという．

表-2.13 ADM1における水素のスイッチング定数 K_I

	高負荷の中温条件 (35℃)*	低負荷の中温条件 (35℃)**	低負荷の中温条件 (55℃)**
高級脂肪酸の分解 $K_{I,h2,fa}$	0.005 (5.6×10^{-5} atm)	0.005 (5.6×10^{-5} atm)	不明
吉草酸・酪酸の分解 $K_{I,h2,c4}$	0.001 (1.1×10^{-5} atm)	0.001 (1.1×10^{-5} atm)	0.003 (3.4×10^{-5} atm)
プロピオン酸の分解 $K_{I,h2,pro}$	0.0035 (3.9×10^{-5} atm)	0.0035 (3.9×10^{-5} atm)	0.01 (1.1×10^{-4} atm)

単位：mg-COD/L，*：UASBプロセス等，**：固形物の嫌気性消化プロセス

前述したように，高級脂肪酸の炭素数が偶数であれば，最終産物の有機物は，すべて酢酸であり，炭素数が奇数［例えば，吉草酸，$CH_3(CH_2)_3COOH$］であれば，酢酸以外に1分子のプロピオン酸が生成する．また，自然界の高級脂肪酸はほとん

どが偶数なので，たいていの反応を考える際には最終の有機物を酢酸とみなして全体を簡略化することも可能である．このような背景から ADM1 では，脂肪酸のモデル化合物として以下の 5 種類が選ばれている．このうち，吉草酸はプロピオン酸の前駆体，酪酸は酢酸の前駆体のためにそれぞれ選ばれたものである．なお，C_1 化合物である蟻酸 (CH_2O_2) は，次項で述べるように水素 (H_2) の同類として扱われる．

① C_6 以上の高級脂肪酸 ($C_nH_XO_Y$) : S_{fa}
② C_5 化合物 (吉草酸，$C_5H_{10}O_2$) : S_{va}
③ C_4 化合物 (酪酸，$C_4H_8O_2$) : S_{bu}
④ C_3 化合物 (プロピオン酸，$C_3H_6O_2$) : S_{pro}
⑤ C_2 化合物 (酢酸，$C_2H_4O_2$) : S_{ac}

そして，これらを分解する「微生物」には以下の仮想的な 5 種類の分解者が与えられている．ここで留意する点は，いずれの分解者もモデルの中で仮想の数学的パラメータとして位置づけられたものであって，実際の細菌の種類と直接的に対応しているわけではないことである．例えば，X_{fa} と X_{c4} の中には同じ属の細菌 (*Clostridium*) が含まれるし，X_{h2} にはメタン生成細菌以外にも *Clostridium*, *Acetobacterium* や硫酸塩還元細菌等も含まれる．そのため，このモデルは，リアクターに投入された物質の挙動を表すことはできるが，細菌ごとの菌数変化を求めるには，それぞれの細菌を新たなパラメータ (状態変数) として定義する必要がある [57]．

① 高級脂肪酸 (S_{fa}) の分解者： X_{fa}
② 吉草酸 (S_{va}) と酪酸 (S_{bu}) の分解者： X_{c4}
③ プロピオン酸 (S_{pro}) の分解者： X_{pro}
④ 酢酸 (S_{ac}) の分解者： X_{ac}
⑤ 水素 (S_{h2}) の分解者： X_{h2}

これらについて，異種間水素伝達に関わる反応を図示すると，**図-2.23～図-2.28** のようになる．これらの図も，原料と産物は COD 基準で表されている．産物の生成割合 f は，それぞれの原料の分解反応に従い，**表-2.14** に示した値になる．ただし，高級脂肪酸の分解では，式 (2.9) と式 (2.10) で示したように酢酸と水素の生成割合は，脂肪酸の炭素数で異なるので，図で記した $f_{ac,fa} = 0.70$，$f_{h2,fa} = 0.30$ は代表的な値であることに留意されたい．

脂質
X_{li} 高級脂肪酸
         S_{fa}
         r_{fa}

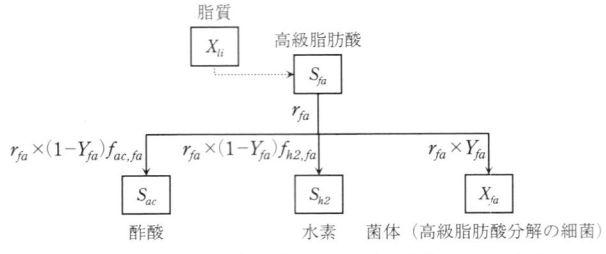

$r_{fa} \times (1-Y_{fa}) f_{ac,fa}$, $r_{fa} \times (1-Y_{fa}) f_{h2,fa}$, $r_{fa} \times Y_{fa}$

S_{ac} S_{h2} X_{fa}
酢酸   水素   菌体（高級脂肪酸分解の細菌）

図-2.23 高級脂肪酸（S_{fa}）の分解反応と産物の COD 成分
($f_{ac,fa} = 0.70$, $f_{h2,fa} = 0.30$)

アミノ酸
S_{aa} 吉草酸
             S_{va}
        $f_{Sva,Xc4} \times r_{va}$

$f_{Sva,Xc4} \times r_{va} \times (1-Y_{c4}) f_{va,pro}$, $f_{Sva,Xc4} r_{va} \times (1-Y_{c4}) f_{va,ac}$, $f_{Sva,Xc4} \times r_{va} \times (1-Y_{c4}) f_{va,h2}$, $f_{Sva,Xc4} \times r_{va} \times Y_{c4}$

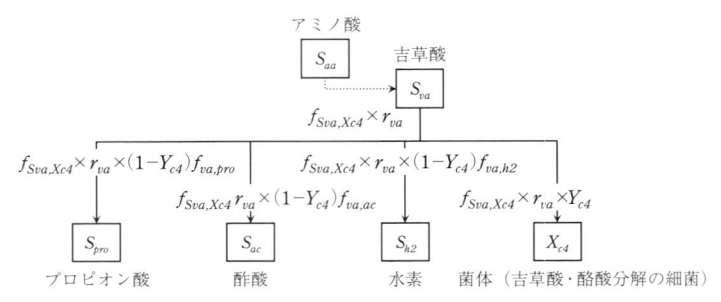

S_{pro} S_{ac} S_{h2} X_{c4}
プロピオン酸 酢酸   水素   菌体（吉草酸・酪酸分解の細菌）

図-2.24 吉草酸（S_{va}）の分解反応と産物の COD 成分

単糖   アミノ酸
S_{su} S_{aa} 酪酸
                     S_{bu}
              $f_{Sbu,Xc4} \times r_{bu}$

$f_{Sbu,Xc4} \times r_{bu} \times (1-Y_{c4}) f_{bu,ac}$, $f_{Sbu,Xc4} \times r_{bu} \times (1-Y_{c4}) f_{bu,h2}$, $f_{Sbu,Xc4} \times r_{bu} \times Y_{c4}$

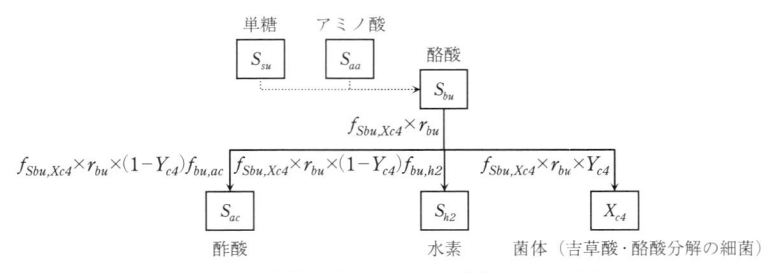

S_{ac} S_{h2} X_{c4}
酢酸   水素   菌体（吉草酸・酪酸分解の細菌）

図-2.25 酪酸（S_{bu}）の分解反応と産物の COD 成分

表-2.14 COD 基準による揮発性脂肪酸からの酢酸と水素の生成割合

揮発性脂肪酸の分解反応	$CH_3COOH : C_2H_5COOH : H_2$
吉草酸 $C_4H_9COOH + 2H_2O \rightarrow CH_3COOH + C_2H_5COOH + 2H_2$	$64 : 112 : 2 \times 16$ (0.54 : 0.31 : 0.15)
酪酸 $C_3H_7COOH + 2H_2O \rightarrow 2CH_3COOH + 2H_2$	$2 \times 64 : 0 : 2 \times 16$ (0.80 : 0 : 0.20)
プロピオン酸 $C_2H_5COOH + 2H_2O \rightarrow CH_3COOH + 3H_2 + CO_2$	$64 : 0 : 3 \times 16$ (0.57 : 0 : 0.43)

2.3 物質変換の概要

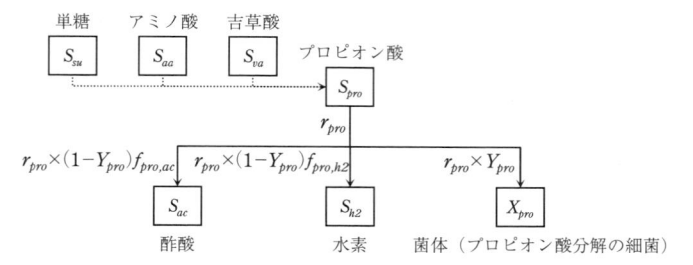

図-2.26 プロピオン酸(S_{pro})の分解反応と産物の COD 成分

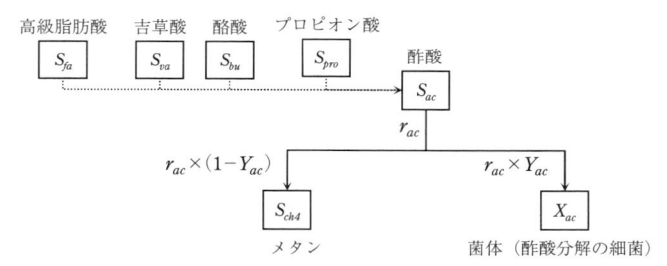

（単糖 S_{su}、アミノ酸 S_{aa}、吉草酸 S_{va} → プロピオン酸 S_{pro}）

r_{pro}

- $r_{pro}\times(1-Y_{pro})f_{pro,ac}$ → S_{ac}（酢酸）
- $r_{pro}\times(1-Y_{pro})f_{pro,h2}$ → S_{h2}（水素）
- $r_{pro}\times Y_{pro}$ → X_{pro}（菌体（プロピオン酸分解の細菌））

図-2.27 酢酸(S_{ac})の分解反応と産物の COD 成分

（高級脂肪酸 S_{fa}、吉草酸 S_{va}、酪酸 S_{bu}、プロピオン酸 S_{pro} → 酢酸 S_{ac}）

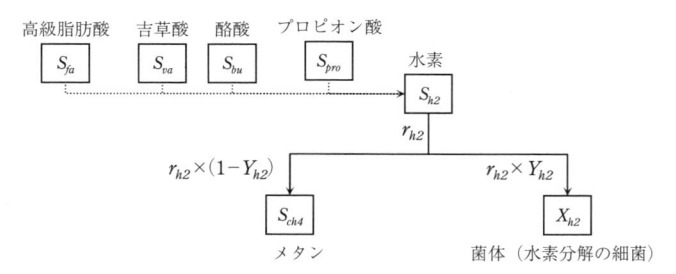

r_{ac}

- $r_{ac}\times(1-Y_{ac})$ → S_{ch4}（メタン）
- $r_{ac}\times Y_{ac}$ → X_{ac}（菌体（酢酸分解の細菌））

図-2.28 水素(S_{h2})の分解反応と産物の COD 成分

（高級脂肪酸 S_{fa}、吉草酸 S_{va}、酪酸 S_{bu}、プロピオン酸 S_{pro} → 水素 S_{h2}）

r_{h2}

- $r_{h2}\times(1-Y_{h2})$ → S_{ch4}（メタン）
- $r_{h2}\times Y_{h2}$ → X_{h2}（菌体（水素分解の細菌））

なお，吉草酸と酪酸の分解では，これらの分解者(X_{c4})が同じなので，X_{c4} をそれぞれの濃度に比例配分して計算する必要がある．これには，吉草酸と酪酸の分解速度に式(*2.30*)と式(*2.31*)のように，係数である $f_{Sva,Xc4}$ と $f_{Sbu,Xc4}$ をそれぞれ乗じて，X_{c4} を振り分ける．$f_{Sva,Xc4}$ と $f_{Sbu,Xc4}$ は，S_{va} と S_{bu} の濃度に従って 0～1 までの値をとる．したがって，これらはスイッチング関数の一種である．

吉草酸の分解
$$\begin{cases} r = f_{Sva,Xc4} \times r_{va} \\ f_{Sva,Xc4} = \dfrac{S_{va}}{S_{va}+S_{bu}} \end{cases} \quad (2.30)$$

酪酸の分解
$$\begin{cases} r = f_{Sbu,Xc4} \times r_{bu} \\ f_{Sbu,Xc4} = \dfrac{S_{bu}}{S_{va}+S_{bu}} \end{cases} \quad (2.31)$$

ここで，r：反応速度（g–COD/L/d），$f_{Sva,Xc4}$：吉草酸と酪酸に対する吉草酸の比，$f_{bu,Xc4}$：吉草酸と酪酸に対する酪酸の比，r_{va}：吉草酸の反応速度（g–COD/L/d），r_{bu}：酪酸の反応速度（g–COD/L/d）．

これらを基に，ADM1ではそれぞれの「微生物」が持つ最大比反応速度 k_m，速度定数 K_S と収率 Y は表–2.15のように整理されている[13]．

表–2.15 ADM1における脂肪酸と水素の代表的な動力学・化学量論パラメータ

		高負荷の中温条件 (35℃)	低負荷の中温条件 (35℃)	低負荷の高温条件 (55℃)
高級脂肪酸の分解	$k_{m,fa}$	6	6	10
	$K_{S,fa}$	40	40	40
	Y_{fa}	0.06	0.06	0.06
吉草酸の分解	$k_{m,va}$	20	20	20
	$K_{S,va}$	40	40	40
	Y_{va}	0.06	0.06	0.06
酪酸の分解	$k_{m,bu}$	20	20	20
	$K_{S,bu}$	40	40	40
	Y_{bu}	0.06	0.06	0.06
プロピオン酸の分解	$k_{m,pro}$	13	13	20
	$K_{S,pro}$	30	10	30
	Y_{pro}	0.04	0.04	0.05
酢酸の分解	$k_{m,ac}$	8	8	16
	$K_{S,ac}$	15	15	30
	Y_{ac}	0.05	0.05	0.05
水素の分解	$k_{m,h2}$	35	35	35
	$K_{S,h2}$	0.025	0.007	0.05
	Y_{h2}	0.06	0.06	0.06

単位：最大比反応速度 k_m（g–COD/g–COD/d），速度定数 K_S（mg–COD/L），収率 Y（g–COD/g–COD）
*：UASBプロセス等，**：固形物の嫌気性消化プロセス

(5) 水素と蟻酸の関係

発酵で電子供与体から引き抜かれた［H］は，分子状水素（H_2）あるいは C_1 化合物である蟻酸（HCOOH）になる．解糖系で生成したピルビン酸の水素は，NADH+H^+ や還元型のフェレドキシン（FD）によって分子状水素になるが，一方で，還元型のフェレドキシンは，水中の重炭酸イオンに電子を受け渡して蟻酸を生成することもある．また，CO_2 レダクターゼによって分子状水素が蟻酸になる反応もある．

さらに，pHが低い条件では，蟻酸ヒドロゲナーゼによって蟻酸は水素とCO_2に分解されることもある．

一般的な傾向として，[H]はpHが低いと，水素ガスになりやすく，pHが高いと蟻酸になりやすいようである[37]．これは，式(2.32)ならびに式(2.33)の反応を平衡移動の法則(ル・シャトリエの法則)で捉えると理解しやすい．

また，システムの中で水素と蟻酸は，ほぼ熱力学的にpHに従って一定の比率を保っている[37]．ところで，分子状水素の拡散係数は蟻酸分子よりもはるかに高く，一方で蟻酸の溶解度は，分子状水素よりもはるかに高い物性がある．したがって，水素生成性酢酸生成細菌と水素資化性メタン生成細菌の距離が接近している場合に分子状水素が消費されやすく，逆の場合は，より高濃度で存在する蟻酸が濃度差の推進力によって水素資化性メタン生成細菌の場所に移動して消費されやすいと考えられる．また，水素資化性メタン生成細菌の多くは，いずれの物質も資化する能力を有する．このため，多くの場合，pHの計算といった厳密な反応解析を除いて，水素と蟻酸のどちらかを無視してかまわない．このことに着目して，ADM1では，蟻酸を無視して水素をモデルの代表化合物としている．

$$\text{低 pH の時} \quad 2\,還元型FD + 2H^+ \rightarrow 2\,酸化型FD + H_2 \uparrow \tag{2.32}$$

(H$^+$の消費反応が進む)

$$\text{高 pH の時} \quad \begin{cases} 2\,還元型FD + CO_2 \rightarrow 2\,酸化型FD + HCOO^- + H^+ \\ 2\,還元型FD + NAD^+ \rightarrow 2\,酸化型FD + NADH + H^+ \end{cases} \tag{2.33}$$

(H$^+$の生成反応が進む)

2.3.5 メタン生成反応

メタン発酵プロセス反応の最終段階を担うメタン生成細菌は，古細菌(Archaea)に分類される偏性嫌気性微生物である．メタン生成細菌が利用できる基質はかなり限られており，電子供与体とC源には，酢酸，蟻酸・水素とある種のメチル化合物(メタノール，メチルアミン，ジメチルアミン，トリメチルアミン，メチルメルカプタン，ジメチルスルフィド等)の3種類ほどしか報告されていない．これら3種類をすべて分解できるメタン生成細菌は見つかっておらず，電子供与体とC源が特異的な種が多い．例えば，酢酸を分解できるメタン生成細菌のほとんどは，蟻酸を分解できない(一方で蟻酸を分解できる種は，水素を分解する能力を有する)．なお，エタノールを酢酸に酸化する過程でメタンを生成する細菌も報告されてい

る[58]).

メタン生成細菌は，酸化還元電位(ORP)が−300 mV以下の還元的環境に棲息し，*Methanobacterium*，*Methanobrevibacter*，*Methanococcoides*，*Methanococcus*，*Methanocorpusculum*，*Methanoculleus*，*Methanogenium*，*Methanohalobium*，*Methanohalophilus*，*Methanolacia*，*Methanolobus*，*Methanomicrobium*，*Methanoplanus*，*Methanopyrus*，*Methanosaeta*，*Methanosarcina*，*Methanospirillum*，*Methanothermus* 等の属が知られている．

いずれのメタン生成細菌も，最適pHは中性域(6.0〜8.0)の狭い範囲にある．至適温度は種によって20〜98℃の広い範囲にあるが，低温性(20〜25℃)，中温性(30〜40℃)，高温性(50〜65℃)，超好熱性(80℃以上)の4グループに大別できるようである．ただし，低温を好んで増殖する好冷性(psychrophilic)のメタン生成細菌は，単離されておらず，酢酸資化性のメタン生成細菌は，中温性(mesophilic)または高温性(thermophilic)しか発見されていない．また，たいていのメタン生成細菌は，NaClとして0.1〜0.7 mol/L程度の塩濃度を好むが，*Methanohalobium*属の中には，海水より8倍ほど高い4.3 mol/Lの塩濃度を至適とする好塩性の種がある．

代表的な中温メタン生成細菌である*Methanosarcina* sp.と*Methanosaeta* sp.の電子顕微鏡写真を**写真-2.2**に示した．細胞の形や細胞同士のつながりは種類によって異なる．*Methanosarcina* sp.は，細胞が連球状に分裂して塊で増殖することに対し，*Methanosaeta* sp.は，細胞が縦方向につながって糸状になる．UASBリアクターでは，*Methanosaeta* sp.が糸状になる性質を利用して汚泥をグラニュールの状態に保持してメタン発酵を行う．これは**写真-2.3**のとおりで，下の写真はグラニュールを切断し，糸状の塊を剥き出して撮影したものである．

また，メタン生成細菌が固有に持つ補酵素F_{420}

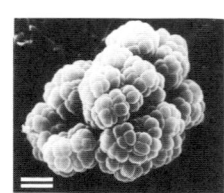

写真-2.2 *Methanosarcina* sp.(上)と*Methanosaeta* sp.(下)の電子顕微鏡写真

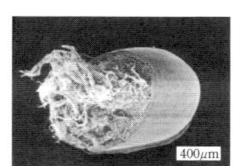

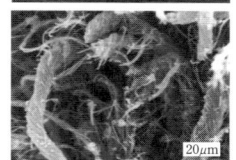

写真-2.3 グラニュールを形成する*Methanosaeta* sp.

は蛍光を発する性質があるため，蛍光顕微鏡でメタン生成細菌だけを特異的に撮影することも可能である．この例を**写真-2.4**に示した．

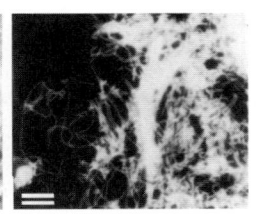

写真-2.4 消化汚泥中に存在する *Methanosarcina* sp.（左）と *Methanosaeta* sp.（右）の蛍光顕微鏡写真

酢酸や水素からメタンが生成する反応は，それぞれ式（*2.34*）と式（*2.35*）のように表される．

$$CH_3COOH \rightarrow CH_4 + CO_2 \qquad (2.34)$$
$$4H_2 + CO_2 \rightarrow CH_4 + 2H_2O \qquad (2.35)$$

酢酸からメタンが生成する反応では，酢酸はアセチル CoA を経て，メチル CoM（CH_3SCoM）になる．メチル CoM は，Ni を含む補酵素 F_{430} を有するメチル CoM レダクターゼ系によって還元されて再生し，この時にメタンが放出される．また，水素からメタンが生成する反応では，C1 回路と呼ばれる代謝系によって H_2 が CO_2 を還元し，産物のメタンが放出される．これらの代謝経路を**図-2.29**に図示した[33), 59)]．

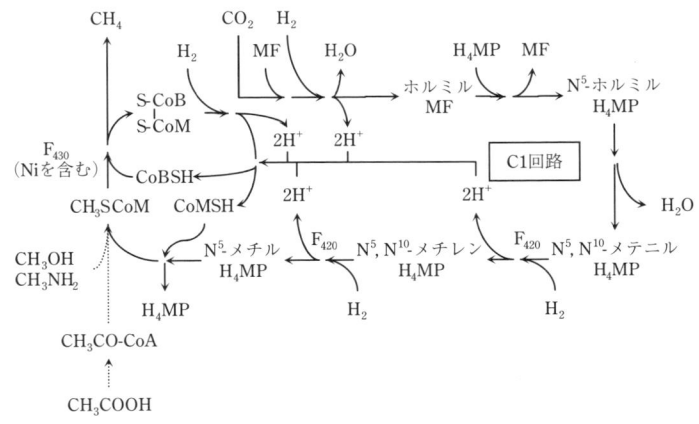

図-2.29 メタン生成細菌によるメタン生成反応[33)]
（MF：メタノフラン，H_4MP：テトラヒドロメタノプテリン，CoMSH：補酵素 M，CoBSH：補酵素 B）

(1) メタン生成反応の速度式

メタン生成細菌は，ATP の合成反応で通常の発酵のように基質のリン酸化を行うことはなく，細胞膜内外のイオン濃度差を利用する．これは，プロトンの濃度勾

配（電気化学ポテンシャル）を推進力に用いて ATP を合成する反応なので，菌体の増殖は，イオン濃度，溶質濃度や pH に大きく影響される．異種間水素伝達反応の速度式の説明で述べたように，菌体の合成には ATP の化学エネルギーを用いるため，この合成のための Gibbs エネルギーを少量しか得られない嫌気性の環境では，多くの電子受容体を消費してもメタン生成細菌の菌体収率は低いままになる可能性がある．このように収率は，厳密には一定でないのであるが，たいていの解析ではこの点を簡略化のために無視することが多い．これは ADM1 でも同じである．

ADM1 では，収率の低下をメタン生成反応の速度式に加える代わりに，pH あるいはアンモニア濃度（非解離である NH_3）を速度阻害のパラメータとしたスイッチング関数 I を式（2.36）に設けている．細菌にとって，イオン態よりも非解離状態の化合物の方が阻害を受けやすい．ただし，アンモニウム→アンモニアの変化は，アルカリ側で顕著になるので，スイッチング関数を設ける際には，アルカリ側の pH 阻害×アンモニアの阻害という二重の掛け合わせで重複してはいけない．これに関わる pH とアンモニア濃度によるスイッチング関数をそれぞれ式（2.37）と式（2.38）に示した．これらは，式（2.14）ならびに式（2.28）と同じ構造である．メタン生成細菌によるメタン生成反応の低下現象は，これによって近似される．

$$r = k_m \frac{S}{K_S + S} X \times I \tag{2.36}$$

ここで，r：反応速度（g–COD/L/d），km：最大比反応速度（d^{-1}），K_S：速度定数（g–COD/L），S：基質濃度（g–COD/L），X：微生物濃度（g–COD/L），I：スイッチング関数（$0 < I \leq 1$）．

$$I = \frac{K_I}{K_I + S_{NH3}} \tag{2.37}$$

ここで，I：スイッチング関数（$0 < I \leq 1$），K_I：スイッチング定数（mmol–NH_3/L），S_{NH3}：アンモニア性窒素濃度（mmol–NH_3/L）．

$$I = \exp\left(-3\frac{(pH - pH_{UL})}{(pH_{UL} - pH_{LL})}\right)^2 \Big| \text{ if } pH \leq pH_{UL}$$
$$I = 1 \;\Big|\text{if } pH > pH_{UL} \tag{2.38}$$

ここで，I：スイッチング関数（$0 < I \leq 1$），pH：システムの pH，pH_{UL}：阻害が起こらない下限の pH，pH_{LL}：反応速度が最大値の 5 ％に低下する pH．

これらを基に，酢酸資化性メタン生成細菌と水素資化性メタン生成細菌が持つ最

2.3 物質変換の概要 65

表-2.16 ADM1における酢酸資化性メタン生成細菌と水素資化性メタン生成細菌の代表的な動力学・化学量論パラメータ

		高負荷の中温条件 (35℃)*	低負荷の中温条件 (35℃)**	低負荷の高温条件 (55℃)**
酢酸資化性メタン生成細菌	$k_{m,ac}$	8	8	16
	$K_{S,ac}$	150	150	300
	Y_{ac}	0.05	0.05	0.05
	$pH_{UL\,ac}$	7	7	7
	$pH_{LL\,ac}$	6	6	6
	$K_{I,NH3}$	1.8	1.8	11
水素資化性メタン生成細菌	$k_{m,h2}$	35	35	35
	$K_{S,h2}$	0.025 mg-COD/L (2.8×10^{-4} atm)	0.007 mg-COD/L (7.8×10^{-5} atm)	0.05 mg-COD/L (5.6×10^{-4} atm)
	Y_{h2}	0.06	0.06	0.06
	$pH_{UL\,h2}$	6	6	6
	$pH_{LL\,h2}$	5	5	5
	$K_{I,NH3}$	なし	なし	なし

単位：最大比反応速度 k_m(g-COD/g-COD/d), 速度定数 K_S(mg-COD/L), 収率 Y(g-COD/g-COD), pH(-), アンモニア(非解離)のスイッチング定数 $K_{I,NH3}$(mmol-NH$_3$/L)
*：UASBプロセス等, **：固形物の嫌気性消化プロセス

大比反応速度，速度定数，収率とスイッチング定数が**表-2.16**のように整理されている[13]．

(2) メタン生成細菌の種間競合

糸状の *Methanosaeta* sp. と球菌の *Methanosarcina* sp. は，いずれも酢酸を基質ならびにC源とするので，これを巡って競合する．

一般的に，酢酸濃度が低い環境（およそ60 mg-COD/L以下）では *Methanosaeta* spp. が生育しやすく，それ以上の酢酸濃度では *Methanosarcina* spp. が生育しやすい．これは，*Methanosaeta* spp. の最大比増殖速度は，*Methanosarcina* spp. より低いものの，酢酸の親和定数がかなり低く，低濃度でも効率よく酢酸を摂取できるためである．このことを模式的に**図-2.30**に示した．

Methanosaeta spp. と *Methanosarcina* spp. の親和定数が10倍ほど違う理由は，酢酸の取込み機構が互いに異なるためである．*Methanosaeta* spp. は，ATPを用いて能動

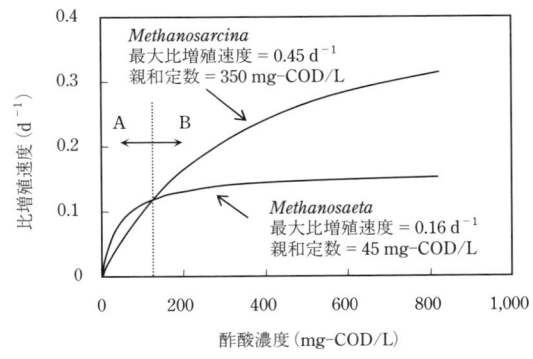

図-2.30 *Methanosaeta* spp. と *Methanosarcina* spp. の基質競合
A：*Methanosaeta* が増殖しやすい範囲
B：*Methanosarcina* が増殖しやすい範囲

的に液中の酢酸を細胞内に輸送し,積極的に低濃度の酢酸を摂取する.これに対し,*Methanosarcina* spp. による酢酸の取込みは受動的で,細胞内外の濃度差によって体内に拡散してきた酢酸を分解する[60].このため,*Methanosarcina* spp. が充分に速い速度で増殖するには,液中の酢酸濃度は高いことが必要となる.この代謝の違いは,中温性のメタン生成細菌のみならず,高温性のメタン生成細菌でも同様であることが報告されている[61].一方,下水汚泥の嫌気性消化プロセスのように低負荷の運転が行われて酢酸濃度が低いリアクターでは *Methanosarcina* spp. が多く観察され,UASB 法のように比較的高負荷の運転が行われて酢酸濃度が高くなりがちなリアクターでは *Methanosaeta* spp. が主体になることが多い.この現象は,動力学定数の考えに基づくと矛盾しているように思えるが,実は,UASB プロセスの水理学的滞留時間(HRT)が短いため,糸状の *Methanosaeta* spp. の方がグラニュールとなってリアクター内に溜まりやすいためである.このため,微生物反応をモデル化する場合には,動力学定数・化学量論のパラメータに加えて,このような微生物の形態上の特性も併せて考慮しなければならない.

なお,リアクターの条件に従って特定の微生物が集積することをセレクター効果(selector effect)と呼ぶ.活性汚泥処理プロセスでは,最終沈殿池がこの役割を担っており,フロックとなって固液分離可能な微生物だけがシステムに集積する.また,基質の取込み機構や電子供与体の違いを利用したセレクター効果によって,活性汚泥処理プロセスでは糸状微生物によるバルキングを防ぐ技術も確立されている[62].

2.3.6 その他の嫌気性微生物反応

前項までは,メタン発酵プロセスで起きる主要な反応を説明した.しかしながら,実際のシステムでは上で述べた以外にも様々な嫌気性細菌による異なる反応が起きている.これら細菌の幾つかの代謝は,特定の環境条件・運転条件で顕著になり,無視できなくなるので以下に概要を述べる.これらの反応は,いずれも ADM1 に含まれていない.

(1) 硫酸塩還元反応

硫黄化合物は,メタン発酵プロセスでたいていが硫化物イオン(S^{2-})に還元される.含硫アミノ酸の硫黄は,発酵反応によって硫化物イオンになり,硫酸イオン(SO_4^{2-})は,硫酸塩還元細菌によって硫化物イオンになる.硫酸塩還元細菌は,様々な有機物に加えて水素もエネルギー源(電子供与体)に利用できる.このため,メタン発酵プロセスでは,硫酸塩還元細菌は,メタン生成細菌をはじめとする他の

嫌気性細菌と電子供与体を巡って競合する．これは，電子受容体となる硫酸イオンの流入が多いシステムで顕著になる．

代表的な硫酸塩還元細菌として，*Desulfovibrio*, *Desulfotomaculum*（電子受容体はSO_4^{2-}）や*Desulfuromonas*（電子受容体は元素硫黄S_0）等が知られている．硫酸塩還元細菌は，電子伝達系を用いてATPを合成するので，これによる硫酸塩還元反応は呼吸の一種である．

生成した硫化物は，硫酸塩還元細菌のみならず，他の嫌気性細菌にも阻害を与える．阻害の与え方は，非解離の硫化物（H_2S）の方が解離の硫化物（S^{2-}）よりもかなり強く，わずか2～3 mmol/Lで明らかに他の微生物の反応速度を低下させる．通常のメタン発酵システムでは，pHが硫化水素のpK_aに近いので，溶存の全硫化水素濃度が4～6 mmlol/Lで有意な阻害が起きることになる[14]．このことは，システムに流入する物質に硫酸イオン（SO_4^{2-}）がわずかに含まれていても，リアクター内部の微生物に深刻な影響を与える可能性があることを意味する．しかしながら，硫化物は，鉄イオン（Fe^{2+}）のような金属イオンと難溶性の塩を形成して沈殿するので，実際には，硫酸イオンの濃度がきわめて高いか金属イオンの濃度が低い場合を除いて，著しい阻害が観察されることは少ない．

硫化物の濃度が微生物の反応を阻害するスイッチング関数を入れた表現は，式(*2.39*)のように表される[63]．これは不拮抗阻害反応と呼ばれるもので，スイッチング定数K_Iの値が低いと，わずかな阻害物S_Iで顕著な阻害を与える性質を有する．K_Iには，非解離のH_2Sとして2～625 mg-S/L（0.06～20 mmol/L）の範囲が報告されている[14]．

$$\begin{cases} r = k_m \dfrac{S}{K_S + S} I X \\ I = \dfrac{K_I}{K_I + S_I} \end{cases} \quad (2.39)$$

ここで，r：反応速度（g-COD/L/d），k_m：最大比反応速度（d^{-1}），K_S：速度定数（-），S：基質濃度（g-COD/L），X：微生物濃度（g-COD/L），I：スイッチング関数（$0 < I \leqq 1$），K_I：スイッチング定数（g/L），S_I：阻害物濃度（g/L）．

様々な嫌気性細菌について硫化物の阻害に関するスイッチング定数を調べた結果を**表-2.17**にまとめた[63]．興味深いことに，メタン生成細菌よりも，硫化物を生成する硫酸塩還元細菌自身の方が阻害に敏感のようである（K_Iの値が低い）．このことは，システムに多少の硫酸イオンが流入する場合でも，メタン発酵が主体で進む

表-2.17 様々な微生物における硫化物の阻害に関するスイッチング定数 K_I

		スイッチング定数 K_I (mg-S/L)	
		解離の S^{2-} 基準	非解離の H_2S 基準
プロピオン酸資化性	硫酸塩還元細菌	681	194
(酢酸を生成)	酸生成細菌	53	25
酢酸資化性	硫酸塩還元細菌	35	8
	メタン生成細菌	222	110
水素資化性	硫酸塩還元細菌	422	140
	メタン生成細菌	1,430	625

現象を定性的に説明している[14]。

(2) 嫌気的酢酸酸化反応

嫌気的酢酸酸化反応は，式(2.40)のように嫌気的酢酸酸化細菌によって酢酸が水素と二酸化炭素に分解し，その水素が水素資化性メタン生成細菌によってメタンに転換する反応である．この反応は，高温条件で起こりやすく，運転温度が60℃の嫌気性消化槽では，酢酸のおよそ10%がこの経路で分解するという[64]．

酢酸が水素と二酸化炭素に分解する反応は，水素濃度が高くなると熱力学的にきわめて進みにくくなる．そのため，嫌気的酢酸酸化細菌と水素資化性メタン生成細菌は，異種間水素伝達によって共生している．

$$\begin{cases} CH_3COOH + 2H_2O \rightarrow 4H_2 + 2CO_2 \\ 4H_2 + CO_2 \rightarrow CH_4 + 2H_2O \end{cases} \quad (2.40)$$

(3) ホモ酢酸生成反応

ホモ酢酸生成反応は，式(2.41)のように水素と二酸化炭素から酢酸が生成する反応である．この反応を司る細菌に *Clostridium thermoacecticum* や *Acetobacterium woodii* 等があり，多様な物質を資化する能力を有することが知られている．

$$4H_2 + 2CO_2 \rightarrow CH_3COOH + 2H_2O \quad (2.41)$$

ところが，ホモ酢酸生成細菌は水素濃度が $0.5 \sim 1 \times 10^{-5}$ atm (500～1,000 ppm) 以下になると，水素を充分に資化できなくなる．通常のメタン発酵のリアクターでは，水素濃度はこの閾値と同じ程度なので，この反応は二義的と考えてよさそうである[65]．ただし，リアクターの水温が低い場合は，水素資化性メタン生成細菌の反応速度が遅くなるので，ホモ酢酸生成反応は無視できなくなる可能性がある．

2.3.7 微生物の死滅と再増殖

システムの微生物は，自己消化反応(decay)によって分解するため，滞留時間に従って濃度が低下する．自己消化産物の一部はきわめて生物分解されにくく，実質

的に不活性な成分(X_I)として放出される．残りの生物分解可能な成分(X_S)を基質として システムの微生物が再増殖する．これを死滅-再増殖コンセプト(death & regeneration concept) という [17],[26]．これらを模式的に表すと，図-2.31のようになる．ADM1や活性汚泥モデルでは自己消化反応で溶解性の不活性成分 (S_I) は生成しないものと仮定されているが，実際には死滅菌体当り 1～3 %ほどの溶解性の不活性有機物が生成することが知られている [66]～[68]．

不活性成分の生成割合 f_I には，活性汚泥モデル(ASM1)で 0.08 が与えられているが，様々な有機固形物の分解を対象とするADM1では f_I の値は定まっていない．ただし，下水の活性汚泥を嫌気性消化プロセスの対象とした場合は，嫌気条件でも好気条件と近い値になるようである [8]～[10]．自己消化反応は，式 (2.42) のように微生物濃度に関する一次反応の速度式で表される．ADM1では，b の値に中温性細菌で 0.02 d^{-1}，高温性細菌で 0.04 d^{-1} がそれぞれ与えられている [13]．

$$r = bX_H \tag{2.42}$$

ここで，b:自己消化速度(d^{-1})，X_H:微生物濃度(g-COD/L)．

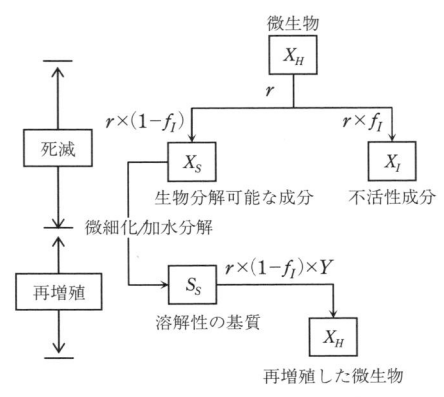

図-2.31 微生物の自己消化反応

2.3.8 温度の影響

一般に微生物の増殖反応では，低温で反応速度が低下し，高温で上昇する．また，温度があまり高くなると酵素の変成によって不可逆的に失活する．これは，式 (2.43) のような二重指数関数で近似できるといわれている [69]．

$$r = k_1 \exp[\theta_1(T-T_0)] - k_2 \exp[\theta_2(T-T_0)] \tag{2.43}$$

ここで，r:反応速度(d^{-1})，k_1, k_2:定数(d^{-1})，θ_1, θ_2:定数(K^{-1})，T:ケルビン温度(K，0℃ = 273 K)，T_0:定数(K)．

また，メタン発酵プロセスのリアクターに生育する細菌は，中温域を好んで増殖するものと高温域を好んで増殖するものと種が異なる．そのため，式(2.43)に示し

た二重指数関数の係数は，中温(20〜40℃)のメタン発酵プロセスと高温(45〜70℃)のメタン発酵プロセスで異なる．これを模式的に示すと図-2.32のようになる．

一方，メタン発酵プロセスでは，温度は一定範囲に制御されていることが通常である．そのため，温度がプロセスの性能に与える影響は，中温域と高温域の微生物叢が遷移する温度範囲(40〜45℃)を除いて限定的である．この温度範囲ではプロセスの応答が不安定になるので，運転管理で避けなければいけない．

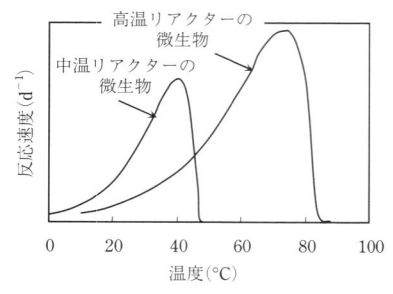

図-2.32 温度が異なるリアクターで生育する微生物の反応速度の模式図

2.4 関連の物理化学定数

2.4.1 平衡定数

水中でイオンに解離する化合物は，pHによって解離度合いが変化する．物質の解離前後における濃度比を平衡定数 K_a (dissociation constant, equilibrium constant) という．生化学的には，一般に硫化水素のみならず，アンモニアや有機酸も非解離の状態で微生物に阻害を与えやすい．また，弱酸/弱塩基は，液の緩衝能に大きな影響を与えるため，この濃度は微生物の増殖や代謝に大きな影響を与える．

理想状態では，エンタルピーの変化量(反応前後における発熱量)，温度 T における平衡定数 K_a^T と T の関係は，ファント・ホッフの式(van't Hoff equation)である式(2.44)で表される．

$$\log K_a^T = \frac{-\Delta H°}{2.303R} \times \frac{1}{T} + C \tag{2.44}$$

ここで，K_a^T：温度 T における平衡定数(-)，$\Delta H°$：物質が解離してイオンになる時の標準エンタルピー変化量(kJ/mol)，R：ガス定数(0.0083145 kJ/mol/K)，T：ケルビン温度(K，0℃＝273 K)，C：定数(-)．

そこで，温度が T である時の平衡定数 K_a^T は，298 K の標準状態である K_a がわかっていれば，式(2.45)から求まる．

$$\log K_a - \log K_a^T = \frac{-\Delta H^\circ}{2.303R} \times \left(\frac{1}{298} - \frac{1}{T}\right) \tag{2.45}$$

ここで，K_a:標準状態における平衡定数(-)，K_a^T:温度 T における平衡定数(-)，ΔH°:物質が解離してイオンになる時の標準エンタルピー変化量(kJ/mol)，R:ガス定数(0.0083145 kJ/mol/K)，T:ケルビン温度(K，0℃ = 273 K)．
また，298 K と T の差が小さいと，$298 \times T \cong T^2$ と近似できるので，式(2.45)はさらに簡略化が可能で，結局，K_a と K_a^T の関係を式(2.46)のように近似できる．

$$K_a^T = K_a \times \exp[\theta(T-298)]$$
$$\therefore pK_a^T = pK_a + \frac{\theta(T-298)}{2.303} \tag{2.46}$$

ここで，$\theta : -\Delta H^\circ / RT^{\circ 2}$，$T^\circ = 298$ K．

イオンになる化合物でメタン発酵プロセスに関わる主要な物質の平衡定数を**表-2.18**にまとめた[13]．ここで，表中の θ は，おおむね 0～60℃ (273 K～333 K) の範囲で用いることができる．ただし，一般に有機酸は，ファント・ホッフの式から乖離が大きいので，これを用いることはできない．

表-2.18 メタン発酵プロセスに関わる主要な化合物の平衡定数[13]

化合物のペア	pK_a, pK_W ($T=298$K)	標準状態におけるエンタルピーの変化量 ΔH° (kJ/mol)	$\theta = \frac{-\Delta H^\circ}{RT^{\circ 2}}$ (K^{-1})
CO_2/HCO_3^-	6.35	7.646	-0.010
NH_4^+/NH_3	9.25	51.965	-0.070
H_2S/HS^-	7.05	21.670	-0.029
酢酸/酢酸イオン	4.76	-	-
プロピオン酸/プロピオン酸イオン	4.88	-	-
n-酪酸/n-酪酸イオン	4.82	-	-
iso-酪酸/iso-酪酸イオン	4.86	-	-
n-吉草酸/n-吉草酸イオン	4.86	-	-
iso-吉草酸/iso-吉草酸イオン	4.78	-	-
$H_2O/(OH^- + H^+)$	14.00	55.900	-0.076

通常のメタン発酵のリアクターでは，pH は弱酸／弱塩基の物質でほとんど支配され，その主な化学種はアンモニウムイオン(NH_4^+)，重炭酸イオン(HCO_3^-)と若干の揮発性脂肪酸イオンである．化学分析を行ってこれらの全濃度を測定すれば，それぞれの平衡定数 K_a を用いてリアクターの pH を理論的に計算できる．

ここで，弱塩基であるカチオン C^+ と非解離の C の平衡が式(2.47)のように表される時，この物質の全濃度 C_{tot} とイオン態 C^+ の関係は，平衡定数 K_a と水素イオ

ン濃度 $H^+ (= 10^{-pH})$ を基に式(2.48)で与えられる.

$$C^+ \xrightarrow{K_a} H^+ + C$$
$$C = \frac{K_a}{H^+} \cdot C^+ \quad (2.47)$$

$$C_{tot} = C^+ + C = \left(1 + \frac{K_a}{H^+}\right) \cdot C^+$$
$$\therefore C^+ = \left(\frac{H^+}{K_a + H^+}\right) \cdot C_{tot} \quad (2.48)$$

同様に,弱酸であるアニオン A^- と非解離の A の平衡を式(2.49)で表すと,全濃度 A_{tot} とイオン態 A^- の関係は,式(2.50)のように与えられる.また,HCO_3^- から炭酸イオン(CO_3^{2-})が生成する式(2.51)のような二段型の平衡では,A^{2-} と A_{tot} の関係は同様な手順で式(2.52)のように導かれる.

$$HA \xrightarrow{K_a} H^+ + A^-$$
$$HA = \frac{H^+}{K_a} \cdot A^- \quad (2.49)$$

$$A_{tot} = A^- + HA = \left(1 + \frac{H^+}{K_a}\right) \cdot A^-$$
$$\therefore A^- = \left(\frac{K_a}{K_a + H^+}\right) \cdot A_{tot} \quad (2.50)$$

$$HA \xrightarrow{K_{a1}} H^+ + A^-$$
$$A^- \xrightarrow{K_{a2}} H^+ + A^{2-} \quad (2.51)$$

$$A^{2-} = \left(\frac{K_{a2}}{K_{a2} + H^+ + (H^+)^2/K_{a1}}\right) \cdot A_{tot} \quad (2.52)$$

これらを基に,**表-2.19** のワークシートを使って,弱塩基であるアンモニア(0.15 mol/L)と,弱酸である炭酸(0.15 mol/L),プロピオン酸(0.005 mol/L),酢酸(0.005 mol/L)が溶けている水に,強酸の HCl(0.001 mol)ならびに強塩基の NaOH(0.002 mol/L)がわずかに添加された時の pH を計算してみる.

溶液は,電気的に中性であって,全カチオンの電荷(プラス)と全アニオンの電荷(マイナス)は必ず等しい.そのため,これらを合計値は必ず 0 になる.したがって,カチオンの全電荷量を示す C^+ 列の小計[total C^+]と,アニオンの全電荷量を示す

2.4 関連の物理化学定数

表-2.19 平衡定数を使ってpHを計算するためのワークシート例

	平衡のペア	カチオンC^+の電荷(meq/L)	アニオンA^-の電荷(meq/L)	K_a, K_W	C_{tot}, A_{tot} (mol/L)
i	$\dfrac{H^+ \cdot OH^-}{H_2O}$	H^+	$\dfrac{K_W}{H^+}$	10^{-14}	
ii	$\dfrac{H^+ \cdot NH_3}{NH_4^+}$	$\left(\dfrac{H^+}{K_a+H^+}\right)\cdot C_{tot}$		$10^{-9.25}$	0.15
iii	$\dfrac{H^+ \cdot HCO_3^-}{H_2O \cdot CO_2}$		$\left(\dfrac{K_{a1}}{K_{a1}+H^+}\right)\cdot A_{tot}$	$10^{-6.35}$	0.15
iii'	$\dfrac{H^+ \cdot CO_3^{2-}}{HCO_3^-}$*		$2\times\left(\dfrac{K_{a2}}{K_{a2}+H^++(H^+)^2/K_{a1}}\right)\cdot A_{tot}$	$10^{-10.33}$	
iv	$\dfrac{H^+ \cdot Ac^-}{HAc}$		$\left(\dfrac{K_a}{K_a+H^+}\right)\cdot A_{tot}$	$10^{-4.76}$	0.005
v	$\dfrac{H^+ \cdot Pro^-}{HPro}$		$\left(\dfrac{K_a}{K_a+H^+}\right)\cdot A_{tot}$	$10^{-4.88}$	0.005
vi	$\dfrac{H^+ \cdot Cl^-}{HCl}$**		$\approx A_{tot}$		0.001
vii	$\dfrac{H^+ \cdot Na}{Na^+}$**	$\approx C_{tot}$			0.002
電荷の収支		カチオンの全電荷 [totalC^+] (meq/L)	アニオンの全電荷 [totalA^-] (meq/L)	+[totalC^+]−[totalA^-]=0 $H^+=XXX$ mol/L	

*：炭酸イオン(CO_3^{2-}) は2価なので，電荷の計算では2を乗じる．
**：強酸/強塩基は水中でほとんど完全に解離している（K_aとH$^+$の差が大きい）ので，$C_{tot}=C^+$（あるいは$A_{tot}=A^-$）に近似できる．

A^-列の小計[total A^-]は絶対値で同じ値である．表の各セルの値は，それぞれのK_a, C_{tot}あるいはA_{tot}とH$^+$で変わる．ここでK_a, C_{tot}とA_{tot}は，既に決まった値として与えられているから，H$^+$の値を変数として（C^+列の小計）−（A^-列の小計）=0を解くことになる．この条件を満たすH$^+$の値が液の水素イオン濃度（pH）である．この計算を行うには，表計算ソフトウェア（例えば，MS Excel®）のゴールシーク機能を用いると便利である．この手順を以下に説明する．

① H$^+$の値を求めるために，まず表-2.19に従って，右最下段の「H$^+=XXX$mol/L」のセルに予備的なH$^+$の初発濃度XXXを入力する．そして，この濃度を用いて，i～viiの行で各平衡のペアにおけるカチオンとアニオンの電荷濃度を計算するセルをそれぞれ設ける．

② 次に，「電荷の収支」の行で，全カチオンの電荷の合計となるC^+列の小計[total C^+] (meq/L)，全アニオンの電荷の合計となるA^-列の小計[total A^-] (meq/L) を計算する2つのセルと，その差（+[total C^+]−[total A^-]）を計算するセルをそれぞれ設ける．

③ 最後に，ゴールシーク機能を使って，「H$^+=XXX$mol/L」のXXXについて，+

[total C^+] − [total A^-] = 0 となる値を自動探索させる．この表の例では，XXX = $10^{-7.43}$ mol/L（pH = 7.43）が解である．

このようなワークシートを作成すると，それぞれの物質が pH に及ぼす緩衝効果に加えて非解離の割合を簡単に計算できる．この表の例では，非解離のアンモニア（NH_3）の濃度は 2.23 mmol/L，酢酸（HAc）は 1.07×10^{-3} mmol/L，プロピオン酸（HPro）は 1.41×10^{-3} mmol/L である．

また，このワークシートを改変して計算のアプローチを逆にすれば，任意の pH に制御するための酸（あるいは塩基）の添加量も簡単に求めることができる．これには，初めに表の H^+ = XXX に設定の値（−log pH）を入力する．そして，＋[total C^+] − [total A^-] = 0 を満たす添加の酸（あるいは，塩基）濃度を自動的に探索させるようにゴールシーク機能を組み直せばよい．上の条件では，HCl を添加して pH = 4.8 にするために必要な HCl は，0.143 mol/L の添加となる．

なお，pH = 4.8 にするために添加した強酸の量は M−アルカリ度と定義されるもので，液の緩衝能を示す．この単位には，その量を $CaCO_3$ のグラム濃度に換算したものが使われる．例えば，0.15 mol/L の HCl が消費された時は，M−アルカリ度を 7.5 g−$CaCO_3$/L と表す．これは，$CaCO_3$ の分子量が 100 であり，Ca^{2+} は 2 価なので，7.5 = 0.15 × 100 ÷ 2 のように計算する．M−アルカリ度は，水処理・汚泥処理で液の緩衝能を示す指標として広く用いられている．メタン発酵プロセスでは酸生

表−2.20　代表的化学種の平衡定数（25℃）

pK_a	化学種（酸）	ペアの化学種（塩基）
−1.74	H_3O^+（H^+）	H_2O
1.32	HNO_3	NO_3^-
1.99	HSO_4^-	SO_4^{2-}
2.16	H_3PO_4	$H_2PO_4^-$
3.20	HF	F^-
3.25	HNO_2	NO_2^-
3.75	HCOOH	$HCOO^-$
4.76	CH_3COOH	CH_3COO^-
6.35	H_2CO_3	HCO_3^-
7.05	H_2S	HS^-
7.20	HSO_3^-	SO_3^{2-}
7.21	$H_2PO_4^-$	HPO_4^{2-}
9.25	NH_4^+	NH_3
9.40	HCN	CN^-
10.33	HCO_3^-	CO_3^{2-}
12.32	HPO_4^{2-}	PO_4^{3-}
13.00	HS^-	S^{2-}
15.74	H_2O	OH^-

（左側：酸の強さ　強↑弱↓　右側：塩基の強さ　弱↑強↓）

成反応を有するので，この指標は特に重要である．

代表的な化学種の平衡定数を酸の強さの順に**表-2.20**に示した[45]．強酸や強アルカリは，中性域のメタン発酵のリアクターでほとんどが解離している．これに対し，中性域に近いpK_aを有する弱酸/弱塩基の化合物濃度が高い液では，その範囲でプロトンの解離―非解離の比が変化しうるため，pHの緩衝効果が高い．

2.4.2 ヘンリー定数

溶質が希薄な場合に成り立つヘンリーの法則（Henry's law）は，液相の化合物濃度（非解離状態を基準とする）と気相の平衡濃度の比を表したものである．気相の分圧（濃度）P(atm)と平衡となる液相の非解離状態である化合物濃度をS^*(mol/L)とすると，これらとヘンリー定数K_H(mol/L/atm)は，溶質Sが充分に希薄な場合，式(2.53)のような直線的な関係がある．

$$K_H P = S^* \tag{2.53}$$

ここで，K_H：ヘンリー定数(mol/L/atm)，P：気相中の化合物濃度(atm)，S^*：気相と平衡な液相の化合物の濃度(mol/L)．

メタン発酵プロセスに関わる主要な物質のヘンリー定数を，**表-2.21**にまとめた[70),71)]．メタン発酵プロセスのリアクターでは，ガスの生成反応が盛んに進行している生物膜の近傍等を除いて，気液は擬似的な平衡状態にあるとみなしてかまわない[71)]．ある温度におけるヘンリー定数を推定するには，前述の式(2.46)でK_aとK_Hを式(2.54)のように置き換えたうえ，表中のθを代入して得ればよい．ただし，アンモニアは，水溶液の濃度や温度に従って活量が大きく変わるので，これを使うことはできない．

表-2.21 メタン発酵プロセスに関わる主要な化合物のヘンリー定数K_H

化合物	K_H (T_0=298K) (mol/L/atm)	標準状態における エンタルピーの 変化量ΔH° (kJ/mol，pH=7)	$\theta = \dfrac{-\Delta H^\circ}{RT^{*2}}$ (K^{-1})
CO_2	27×10^{-3}	19.41	-0.02629
NH_3	56^*	86.32	-0.11691
H_2S	82×10^{-3}	19.18	-0.02598
CH_4	1.12×10^{-3}	14.24	-0.01929
H_2	0.74×10^{-3}	4.18	-0.00566

＊：非解離のNH_3濃度が6 mg/L以下の条件

アンモニアのヘンリー定数には，液相の濃度と温度ごとに平衡の気相濃度をプロットしたオスマー線図（**図-2.33**）を参照する必要がある[72)]．また，対象化合物の

全濃度から非解離状態の濃度を求めるには，前述の**表-2.19**のワークシートを使う．ヘンリーの法則は，非解離状態の物質で成り立つので，イオン性化合物の場合は，イオンを含めた液の全濃度と気相の平衡濃度の比（見かけのヘンリー定数，K_H'）は，pHによって大幅に変化する．例えば，pHが低い条件では，アンモニアのほとんどはアンモニウムイオンになるため，全濃度が同じであっても液のアンモニアの濃度は低い．前述の式 (2.53) のとおり，平衡の気相濃度 P は，アンモニア濃度 S^* と対応するので，見かけのヘンリー定数 K_H' は著しく上昇して見える．このことを**図-2.34**に示した．図は，pHと K_H' の逆数 (atm·L/mol) の関係をプロットしたものである．pHがおよそ7以下では，非解離のアンモニアはほぼ0になるので $1/K_H'$ は0に近づく（K_H' は無限大になっていく）．

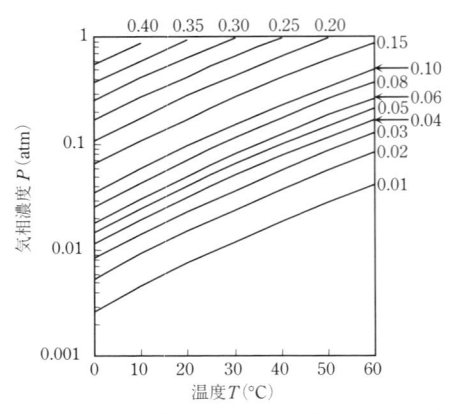

図-2.33 NH_3 の水に対する溶解度（オスマー線図）（グラフの数値はアンモニアの水に対する mol 分率）

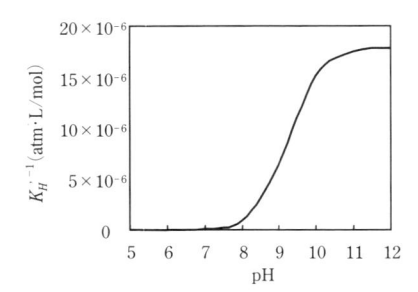

図-2.34 NH_3 水溶液における見かけのヘンリー定数 K_H' と pH の関係 (25℃)

2.4.3 総括物質移動定数

総括物質移動定数 $K_L a\,(\mathrm{h}^{-1})$ は，物質が液相と気相の間を移動する際に受ける境膜抵抗 $r_{tot}\,(\mathrm{h/m})$ の逆数である $K_L\,(\mathrm{m/h})$ と，液とガスの間の面積（比表面積）$a\,(\mathrm{m}^2/\mathrm{m}^3)$ の積で定義される．

Lewis-Whitman による二重境膜理論に従うと，液相と気相の界面にはガス側と液側にきわめて薄い境膜が存在しており，液中の物質はこれら2つの境膜を通して移動抵抗 ($r_L + r_G$) を受けながら通過し，ガス側に移動する[72]．液と気泡の内部では分子が激しく動いているので，このゾーンの移動抵抗 ($r_{L\text{-}bulk}$, $r_{G\text{-}bulk}$) は無視される．これを模式的に**図-2.35**に示した．

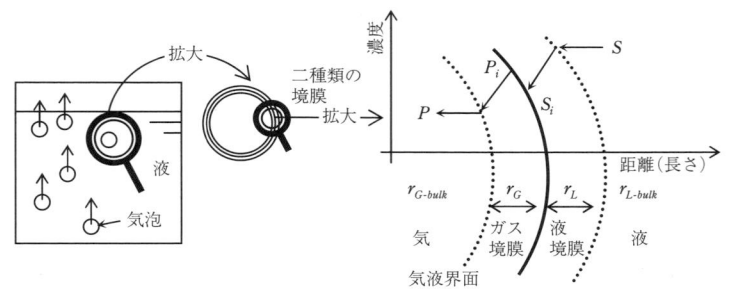

図-2.35 液相から気相への物質移動
(S:液相の化合物濃度, P:気相の化合物平衡濃度, S_i:気液界面のS濃度, P_i:気液界面のP濃度, $S_i = K_H P_i$の関係がある)

気液界面単位面積当りの物質移動量N(フラックス, mol/m^2/h)は, 界面の両端で物質の濃度差(mol/m^3)が大きいほど速くなり, 抵抗r(h/m)に反比例する. したがって, 二重境膜説では, 濃度Sである液相の物質が気相の平衡分圧Pになるよう移動する際のフラックスNは, 式(2.55)のように表される.

$$\begin{cases} N_L = \dfrac{1}{r_L}(S-S_i) = k_L(S-S_i) \\ N_G = \dfrac{1}{r_G}(P_i-P) = k_G(P_i-P) = \dfrac{k_G}{K_H}(S_i-S^*) \\ N = N_L = N_G = \dfrac{1}{r_L+\dfrac{r_G}{K_H}}(S-K_H P) = \dfrac{1}{r_{tot}}(S-K_H P) = K_L(S-K_H P) \end{cases} \quad (2.55)$$

ここで, N_L:液相基準のSのフラックス(mol/m^2/h), r_L:液境膜におけるSの移動抵抗(h/m), S:化合物S(非解離)の濃度(mol/m^3), S_i:気液界面におけるSの濃度(mol/m^3), k_L:液境膜物質移動定数(m/h), N_G:気相基準のSのフラックス(mol/m^2/h), r_G:ガス境膜におけるSの移動抵抗(h/m), P_i:気液界面でS_iと平衡な気相濃度(atm), P:液相の化合物S(非解離)と平衡な気相濃度(atm), k_G:ガス境膜物質移動定数(m/h), K_H:ヘンリー定数(mol/L/atm), N:気液界面を通したSのフラックス(mol/m^2/h), r_{tot}:総括の移動抵抗(h/m).

Lewis–Whitmanによる二重境膜理論は,
①水に難溶性の物質(例えば, O_2やCH_4)の移動は, 液側の移動抵抗r_Lに支配されること,
②水に易溶性の物質(例えば, NH_3やCl_2)では, r_Lよりもガス側の移動抵抗r_G

に支配されること,
をうまく説明できる.

液境膜物質移動定数 k_L は,液相における物質の拡散係数 D_L (cm^2/s) と式 (2.56) の関係がある.また,ガス境膜物質移動定数 k_G は,気相における物質の拡散係数 D_G (cm^2/s) と式 (2.57) の関係がある[73].

$$k_L \equiv D_L^{1/2} \tag{2.56}$$
$$k_G \equiv D_G^{2/3} \tag{2.57}$$

このように難溶性物質では,その $K_L a$ は,液相拡散定数 D_L の平方根にほぼ比例するので,あるシステムで複数の物質の $K_L a$ を知りたい時には,1種類の物質(例えば,メタン)の $K_L a$ をまず求め,次にこの物質と知りたい物質の拡散定数を平方根で比例させれば,知りたい物質の $K_L a$ を推定することができる.

これについて,メタン発酵プロセスに関わる主要な物質の液相拡散定数を**表-2.22**にまとめた[45].西田ら(1995)は,H_2S のヘンリー定数程度 ($K_H < 100 \times 10^{-3}$ mol/L/atm) を有する物質であれば,液側の移動抵抗が支配すると考えている[70].

表-2.22 メタン発酵プロセスに関わる主要な化合物の液相拡散定数 D_L

化合物	液相拡散定数 D_L ($\times 10^{-5} cm^2/s$)					
	10℃	15℃	20℃	25℃	30℃	35℃
CO_2	1.26	1.45	1.67	1.91	2.17	2.47
NH_3		1.3	1.5			
H_2S				1.36		
CH_4	1.24	1.43	1.62	1.84	2.08	2.35
H_2	3.62	4.08	4.58	5.11	5.69	6.31

一方の易溶性物質でも同様に,気相拡散定数 D_G を基に $K_L a$ を推定可能である.また,その物質の物性やシステムの運転条件を基に k_L や k_G を直接推定する実験式もある(例えば,疋田の式や恩田の式)[73].これらは,物質の吸収に関する化学工学分野のテキストに詳細に説明されているので参照されたい.

そして,液相から気相へ物質が移動する速度 r は,式 (2.58) で表される.イオンに解離する物質では,非解離状態の分が S に対応する.前述したように物質の移動速度は,$K_L a$ が大きいほど,その液の濃度 (S) と気相における飽和濃度 ($K_H \cdot P$) の差が大きいほど,高くなる.この濃度差を推進力という.

$$r = K_L a (S - K_H \cdot P) \tag{2.58}$$

ここで,r:その物質が液相から気相へ物質が移動する速度 (mol/L/h),$K_L a$:液側基準総括物質移動定数 (h^{-1}),S:化合物 S(非解離)の濃度 (mol/L),K_H:

その物質のヘンリー定数(mol/L/atm)，P：その物質の気相における濃度(atm)．

活性汚泥処理システムでは，酸素の総括物質移動定数K_Laが曝気槽の微生物反応に大きな影響を与えるため，K_Laはよく研究されている．式(2.59)は，K_LaをHigbbieの浸透理論を基に表したもので，K_Lとaが分離されている．これについて，曝気槽のような水・酸素のシステムでは，酸素$D_L = 2.01 \times 10^{-5}$ cm^2/s(20℃)，$\kappa = 2.18$(無次元)，$U_S = 20.3$ cm/s がそれぞれ与えられている[74]．メタン発酵のシステム解析では，ガスの物質移動を擬似的な平衡状態とみなすことが主流であって，気液間の物質移動速度に関する知見は限られているものの，難溶性の物質であれば基本的にはこれと同じように考えてかまわない．

$$K_La = \frac{2}{\kappa}\sqrt{\frac{D_L \cdot U_S}{\pi \cdot d_B}} \cdot \frac{6\psi}{d_B}$$

$$\left(K_L = \frac{2}{\kappa}\sqrt{\frac{D_L \cdot U_S}{\pi \cdot d_B}},\ a = \frac{6\psi}{d_B}\right)$$

(2.59)

ここで，K_La：液側基準総括物質移動定数(s^{-1})，κ：補正係数(無次元)，D_L：液相における物質の拡散係数(cm^2/s)，U_S：気泡のスリップ速度(気泡が液中で上昇する速度のこと)(cm/s)，d_B：気泡径(cm)，ψ：気泡のホールドアップ(液の単位容積に占める気泡容積の比)(−)．

システムにおける平衡定数，ヘンリー定数と総括物質移動定数の相互関係を**図-2.36**に模式的に示した．リアクターに流入した物質CとAは，内部で平衡定数K_aに従ってイオンに解離する．また，非解離状態の物質の一部はヘンリー定数K_Hに従って気相に移動する．この移動速度は，総括物質移動定数K_Laと濃度差の推進力で決まる．残りのものは，生物分解されるか液を経由してシステムから排出される．これらを連立して解けば，液相や気相におけるそれぞれの物質の移動を厳密に計算できる．UASBリアクターのような高負荷のシステムでは，これに基づいて物質移動を考えることは重要と指摘されている[71]．

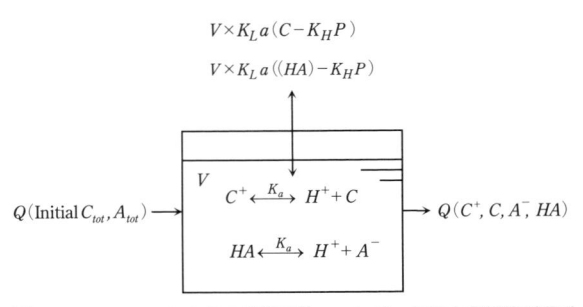

図-2.36 システムにおける平衡定数，ヘンリー定数と総括物質移動の相互関係(Q：液の流量，V：リアクター容量)

●(第2章)引用・参考文献

1) 須藤隆一 編著(2004). "水環境保全のための生物学", 産業用水調査会.
2) 李玉友(2005). "バイオマス利活用(その3)－メタン発酵技術－", 農業土木学会誌, Vol.73, No.8, pp.739-744.
3) 矢木博, 近藤実, 小川浩, 大森正男(1976). "水質測定技術(1)COD", 用水と廃水, Vol.18, No.10, pp.79-90.
4) メタン発酵処理技術研究会(2002). "家畜排泄物を中心としたメタン発酵処理施設に関する手引き", 畜産環境整備機構.
5) 宮城県環境生活部資源循環推進課(2005). 平成16年度 宮城県業務委託地域リサイクルエネルギー資源利用促進事業業務報告書, www.pref.miyagi.jp/SIGEN/biomass/ リサエネ概要版(最終版). pdf.
6) Vanrolleghem P. A., Rosen C., Zaher U., Copp J., Benedetti L., Ayesa E. and Jeppsson U. (2005). "Continuity-based Interfacing of Models for Wastewater Systems Described by Petersen matrices", *Wat. Sci. Tech.*, Vol.52, No.1/2, pp.493-500.
7) Batstone D. J., Balthes C. and Barr K. "Model Assisted Startup of Anaerobic Digesters Fed with Thermally Hydrolysed Activated Sludge", Plenary Session 3, *Proc. of 11th IWA World Congress on Anaerobic Digestion*, 23-27/Sep/2007, Brisbane, Austraria, PL03. 2. (in CD-ROM).
8) Yasui H., Sugimoto M., Komatsu K., Goel R., Li Y. Y. and Noike T. (2006). "An Approach for Substrate Mapping between ASM and ADM1 for Sludge Digestion", *Wat. Sci. Tech.*, Vol.54, No.4, pp.83-92.
9) Yasui H., Komatsu K., Goel R., Li Y. Y. and Noike T., (2008). "Evaluation of State Variable Interface between ASM and ADM1", *Wat. Sci. Tech.* Vol.57, No.6, pp.901-907.
10) 安井英斉, 杉本美青, 小松和也, ラジブゴエル, 李玉友, 野池達也(2005). "活性汚泥モデルを用いた嫌気性消化加水分解過程における余剰汚泥の成分分画", 環境工学研究論文集, 第42巻, pp.395-406.
11) Ekama, G. A., Sötemann, S. W. and Wentzel, M. C. (2007). "Biodegradabilit of Activated Sludge Organics under Anaerobic Conditions", *Wat. Res.* Vol.41, pp.244-252.
12) 安井英斉, 小松和也, ラジブゴエル, 李玉友, 野池達也(2007). "ASMのDeath & regeneration conceptを用いた活性汚泥処理プロセスと嫌気性消化プロセスの数学的統合", 環境工学研究論文集 第44巻, pp.217-228.
13) Batstone D. J., Keller J., Angelidaki I., Kalyuzhnyi S. V., Pavlostathis S. G., Rozzi A., Sanders W. T. M., Siegrist H. and Vavilin V. A. (2002). "Anaerobic Digestion Model No.1. (ADM1)", IWA Scientific and Technical report No.13, IWA, London.
14) Speece R. E. (1996). "産業廃水処理のための嫌気性バイオテクノロジー", 技報堂出版(2005). 監訳: 松井三郎, 高島正信.
15) Eastman J. A. and Ferguson J. F., (1981). "Solubilization of particulate organic carbon during the acid phase of anaerobic digestion", *J. WPCF*, Vol.53, No.3, pp.352-366.
16) 李玉友(1989). "嫌気性消化における下水汚泥の分解機構に関する研究", 東北大学審査博士学位論文.
17) Henze M., Gujer W., van Loosdrecht M. C. M., Mino T., Matsui T., Wentzel M. C., Marais G. v. R. and Grady C. P. L. (2000). "Activated SLudge Models ASM1, ASM2, ASM2d and ASM3", IWA Scientific and Technical report No.9, IWA, London.
18) Wild D., Kisliakova A. and Siegrist H. (1997). "Prediction of Recycle Phosphorus Loads from Anaerobic Digestion", *Wat. Res.*, Vol.31, No.9, pp.2300-2308.
19) Musvoto E. V., Wentzel M. C., van Rensburg P., Loewenthal R. E. and Ekama G. A. (2000). "Integrated Chemical-Physical Processes Modelling-I. Development of Kinetic-based Model for Mixed Weak Acid/Base Systems", *Wat. Res.*, Vol.34, No.6, pp.1857-1867.
20) Musvoto E. V., Wentzel M. C., van Rensburg P. and Ekama G. A. (2000). "Integrated Chemical-Physical Processes Modelling-II. Simulating Aeration Treatment of Anaerobic Digester Supernatants", *Wat. Res.*,

Vol.34, No.6, pp.1858–1880.
21) Dimock R. and Morgenroth E. (2006). "The Influence of Particle Size on Microbial Hydrolysis of Protein Particles in Activated Sludge", *Wat. Res.*, Vol.40, pp.2064–2074.
22) Yasui H., Goel R., Li Y. Y. and Noike T. (2008). "Modified ADM1 Structure for Modelling Municipal Primary Sludge Hydrolysis", *Wat. Res.*, Vol.42, pp.249–259.
23) Blumensaat F. and Keller J. (2005). "Modelling of two-stage anaerobic digestion using the IWA Anaerobic Digestion Model No. 1 (ADM1)", *Wat. Res.*, Vol.39, pp.171–183.
24) Sanders W. T. M., Geerink M., Zeeman G. and Lettinga G. (2000). "Anaerobic Hydrolysis Kinetics of Particulate Organic Substrates", *Wat. Sci. Tech.*, Vol.41, No.3, pp.17–24.
25) Vavilin V. A., Rytov S. V. and Lokshima L. Y. (1996). "A Description of Hydrolysis Kinetics in Anaerobic Degaradation of particulate Organic Matter", *Biores. Tech.*, Vol.57, pp.69–80.
26) Dold P. L., Ekama G. A. and Marais v. R. (1980). "A General Model for the Activated Sludge Process", *Prog. Wat. Tech.*, Vol.12, pp.47–77.
27) Henze M., Gujer W., Loosdrecht van M., Mino T., Matsuo T., Wentzel M. C., Marais G. v. R. and Grady C. P. L. (2000). "活性汚泥モデル", 環境新聞社 (2005), 監訳：味埜俊．
28) 藤田賢二 (1993). "コンポスト化技術－廃棄物有効利用のテクノロジー－", 技報堂出版．
29) Rodriguez J., Lema J. K., van Loosdrecht M. C. M. and Kleerebezem R. (2006). "Variable Stoichiometry with Thermodynamic Control in ADM1", *Wat. Sci. Tech.*, Vol.54, No.4, pp.101–110.
30) バイオインダストリー協会 発酵と代謝研究会 (2001). "発酵ハンドブック", 共立出版．
31) Madigan M., Martinko J. and Parker J. (2000). "Brock Biology of Microorganisms, 9th edition", Pretntice Hall, New Jersey.
32) Gottschalk G. (1986). "Bacterial Metabolism, 2nd edition", Springer-Verag, New York.
33) 山中建 (1986). "改訂 微生物のエネルギー代謝", 学会出版センター．
34) 日本生化学学会 (1997). "細胞機能と代謝マップ", 東京化学同人．
35) Rodriguez J., Kleerebezem R. and van Loosdrecht M. C. M. (2006). "Modelling Product Formation in Anaerobic Mixed Culture Ferementations", *Biotechnol. Bioeng.* Vol.93, No.3, pp.592–606.
36) Kleerebezem R., Temudo M. F., van Loosdrecht M. C. M. and Rodriguez J. (2008). "Modelling Mixed Culture Fermentations; the Role of DIfferent Electron Carriers", *Wat. Sci. Tech.*, Vol.57, No.4, pp.493–497.
37) Temudo M. F., Kleerebezem R. and van Loosdrecht M. C. M. (2007). "Influence of the pH on (Open) Mixed Culture Fermentation of Glucose: A Chemostat Study", *Biotechnol. Bioeng.* Vol.98, No.1, pp.69–79.
38) Ramsay I. and Pullammanappallil P. (2001). "Protein Degradation during Anaerobic Wastewater Treatment: Derivation of Stoichiometry", *Biodeg.*, Vol.12, pp.247–257.
39) Elsden S., Hilton M. G. and Waller J. M. (1976). "The End Products of the Metabolism of Aromatic Amino Acids by Clostridia", *Arch. Microbiol.*, Vol.107, pp.283–288.
40) Elsden S. and Hilton M. (1978). "Volatile Acid Production from Thereonine, Valine, Leucine and IsoLeucine by Clostridia", *Arch. Microbiol.*, Vol.117, pp.165–172.
41) Nagase M. and Matsuo T. (1982). "Interreactions between Amino Acid Degrading Bacteria and Methanogenic Bacteria in Anaerobic Digestion", *Biotechnol. Bioeng.*, Vol.24, pp.2227–2239.
42) Gustone F. (1996). "Fatty Acid and Lipid Chemistry", Blackie Academic and Professional, London.
43) Finnerty W. (1988). "β-Oxydation of fatty Acids, In: Microbial Lipids", eds. Ratledge C. and Wilkinson S., Academic Press, London.
44) バーロー G. M. (1981). "生命化学のための物理化学 第二版", 東京化学同人 (1983), 訳：野田春彦．
45) Lide D. R. (2006). "Handbook of Chemistry and Phisics 87th Edition 2006-2007", *CRC press*, New York.
46) Schink B. (1997). "Energetics of Syntrophic Cooperation in Methanogenic Degradation", *Microbiol. Mol. Biol. Rev.*, Vol.61, No.2, pp.262–280.

47) Bryant M. P., Wolin E. A., Wolin M. J. and Wolfe B. S.（1967）."*Methanobacillus omelianskii*, a Symbolic Association of Two Species of Bacteria", *Arch. Microbiol.*, Vol.59, pp.20–31.

48) Imachi H., Sakai S., Ohashi A., Harada H., Hanada S., Kamagata Y. and Sekiguchi Y.（2007）. "*Pelotomaculum propionicicum* sp. nov., an Anaerobic, Mesophilic, Obligately Syntrophic, Propionate-oxidizing Bacterium", *Int. J. Syst. Evol.* Microbiol., Vol.57, pp.1487–1492.

49) Hatamoto M., Imachi H., Yashiro Y., Ohashi A. and Harada H.（2007）. "Diversity of Anaerobic Microorganisms Involved in Long-Chain Fatty Acid Degradation in Methanogenic Sludges as Revealed by RNA-Based Stable Isotope Probing", *Appl. Environ. Microbiol.*, Vol.73, pp.4119–4127.

50) Cord-Ruwisch R., Seitz H. J. and Conrad R.（1988）."The Capacity of Hydrogenotrophic Anaerobic Bacteria to Compete for Trace Hydrogen Depends on the Redox Potential of Terminal Electron Acceptor", *Arch. Microbiol.*, Vol.149, pp.350–357.

51) Thauer R. K., Jungermann K. and Decker K.（1977）."Energy conservation in Chemotrophic Anaerobic Bacteria", *Bacteriol. Rev.*, Vol.41, pp.100–180.

52) Pirt S.J.（1965）."The Maintenace Energy of Bacteria in Growing Cultures", *Proc. R., Soc. London Ser.* B., Vol.163, pp.224–231.

53) Kleerebezem R. and Stams A. J. M.（2000）."Kinetics of Syntrophic Cultures: A Theoretical Treatise on Butylate Fermentation", *Biotechnol. Bioeng.*, Vol.67, pp.529–543.

54) Ferry J. G.（1993）."Methanogenesis, Ecology, Physiolosy, Biochemistry and Genetics", Chapman & Hall, Academic Press, London.

55) Henderson C.（1973）."The Effect of Fatty Acids on Pure Cultures of Rumen Bacteria", *J. Agricul. Sci.*, Vol.81, pp.107–112.

56) Kleelbezem R. and van Loosdrecht M. C. M.（2006）."Critical Analysis of Some Concepts in ADM1", *Wat. Sci. Tech.*, Vol.54, No.4, pp.51–57.

57) Ramirez I. and Steyer J. P."Modeling Microbial Diversity in Anaerobic Digestion", *Proc. of 11th IWA World Congress on Anaerobic Digestion*, 23–27/Sep/2007, Brisbane, Austraria, PP4B. 4.（in CD-ROM）

58) Frimmer U. and Widdel F.（1989）."Oxidation of Ethanol by Methanogenic Bacteria", *Arch. Microbiol.*, Vol.152, No.5, pp.479–483.

59) Rouvière P. E. and Wolfe R. S.（1988）."Novel Biochemistry of Methanogenesis", *J. Biol. Chem.*, Vol.263, No.17, pp.7913–7916.

60) Heijnen J. J.（1999）."Encyclopedia of Bioprocess Technology: Fermentation, Biocatalysis and Bioseparation", eds. Flickinger M. C. and Drew S. W. Wiley, New York.

61) Zinder S.（1990）."Conversion of Acetic Acid to Methane by Thermophies", *FEMS Microbiol. Rev.*, Vol.75, pp.125–138.

62) ワーナー J.（1994）."活性汚泥のバルキングと生物発泡の制御", 技報堂出版（2000），訳：河野哲郎，柴田雅秀，深瀬哲朗，安井英斉．

63) Maillacheruvu K. Y. and Parkin G. F.（1996）."Kinetics of Growth, Substrate Utilization and Sulfide Toxicity for Propionate, Acetate and Hydrogen Utilizers in Anaerobic Systems", *Wat. Environ. Res.*, Vol.68, pp.1099–1116.

64) Peterson S. and Ahring B.（1991）."Acetate Oxidation in Thermophilic Anaerobic Sewage Sludge Digester: the Importance of Non-Aceticlastic Methanogenesis of Acetate", *FEMS Microbio. Ecol.*, Vol.86, pp.149–158.

65) Zhang T. and Noike T.（1994）."Influence of Retention Time on Reactor Performance and bacterial Trophic Populations in Anerobic DIgestion Processes", *Wat. Res.*, Vol.28, pp.27–36.

66) 奥山秀樹，亀井翼，丹保憲仁（1982）."好気性生物化学プロセスからの代謝成分の挙動と性質（Ⅲ）－生物処理代謝産物として発現する多糖類－". 下水道協会誌，Vol.19, No.212, pp.18–21.

67) 奥山秀樹，亀井翼，丹保憲仁（1982）."好気性生物化学プロセスからの代謝成分の挙動と性質（Ⅳ）－代

謝廃成分の性質−"，下水道協会誌，Vol.19, No.213, pp.32−41.
68) Chudoba J. (1985). "Quantitative Estimation in COD Units of Refractory Organic Compounds Produced by Activated Sludge Microorganisms", *Wat. Res.*, VOl.19, No.1, pp.37−43.
69) Pavlostathis S. G. and Giraldo-Gomez E. (1991). "Kinetics of Anaerobic Treatment : A Critical Review", *Critical Reviews in Environmental Control*, Vol.21, No.5/6, pp.411−490.
70) 西田耕之助，大迫政浩，樋口能士，樋口隆哉，北川雅之，遠藤淳(1995). "水中の悪臭物質の気中への蒸散に関する研究−ヘンリー定数の測定について−"，水処理技術，Vol.36, No.2, pp.57−75.
71) Pauss R. and Guiot S. (1993). "Hydrogen Monitoring in Anaerobic Sludge Bed Reactors at Various Hydraulic Regimes and Loading Rates", *Wat. Environ. Res.*, Vol.65, pp.276−280.
72) 藤田重文，東畑平一郎編(1963). 化学工学Ⅲ，東京化学同人．
73) 化学工学協会編(1978). "6章 吸収"，改訂第四版 化学工学便覧，丸善．
74) Sekizawa T., Fujie K., Kubota H., Kasakura T. and Mizuno A. (1985). "Air Diffuser Performance in Activated Sludge Aeration Tanks", *J. WPCF*, Vol.53, No.1, pp.53−59.

第3章 様々なメタン発酵プロセス

3.1 メタン発酵プロセスの分類

　メタン発酵(嫌気性消化)プロセスは,嫌気性微生物反応によって有機性排水や下水汚泥,畜産廃棄物および生ごみ等の廃棄物系バイオマスからメタンを安全かつ効率よく回収すると共に,廃棄物となる汚泥の減量化を主目的とする.

　メタン発酵プロセスを用いたシステムの基本構成を**図**-3.1に示した.このシステムで設備の主体となるメタン発酵槽は,鉄筋コンクリートまたは鋼板で作られた密閉構造のタンクである.有機物の投入および引抜き装置,メタン発酵槽内の汚泥を撹拌する装置や温度調整装置等で構成される.また,メタン発酵槽の前後に,一般的に流量の調整等を目的とした投入調整槽,引き抜いた汚泥を貯えるための貯留槽が設けられる.

　メタン発酵プロセスは,溶解性成分が主体の排水処理と固形物が主体の固形廃棄物処理によって種類が異なる.これを**表**-3.1にまとめた.リアクターは,完全混合が基本であり,この変法として二相(または二段)消化法や嫌気性バッフルドリアクター法(ABR法)がある.排水処理のリアクターでは,菌体濃度を高くして水理学的滞留時間(HRT)を短くできるように,濃縮汚泥のメタン発酵槽への返送(嫌気性接触法,ABR法),生物膜の利用(嫌気性濾床法,嫌気性流動床法),菌体の固定化(UASB法,EGSB法)等の工夫が施されている.

　一方,固形廃棄物処理のリアクターでは,固形物の微細化・可溶化が反応の律速段階となることが多く,水理学的滞留時間を短くすることが難しい.そのため,投入原料の濃度を上げて運転できる工夫が施されている.リアクターの種類は,投入原料またはリアクター内の固形物の乾燥重量換算濃度(TS濃度)によって,湿式(投入TS濃度<15 %,リアクター内TS濃度<8 %)と乾式(投入TS濃度>25 %,リアクター内TS濃度>10 %)に大別される.

　また,メタン発酵プロセスは運転温度によって無加温,中温と高温の3タイプにも大別されるが,乾式発酵では無加温の施設はないようである.

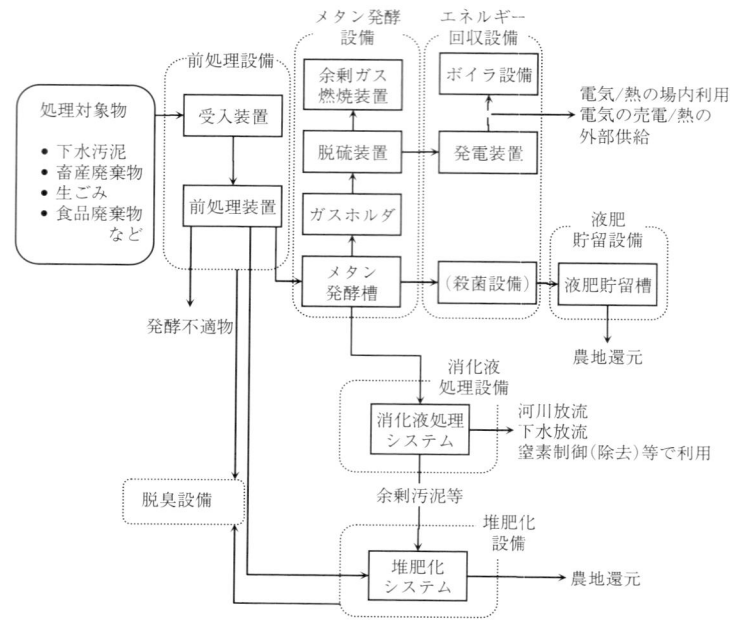

図-3.1 メタン発酵システムの基本構成

表-3.1 メタン発酵プロセスの種類

処理対象	排水	固形廃棄物	
		湿式発酵	乾式発酵
メタン発酵プロセスの種類	嫌気性接触法 嫌気性濾床法 嫌気性流動床法 UASB 法 EGSB 法 ABR 法	完全混合法 嫌気性接触法 ABR 法 二相消化法	横型 縦型
運転温度	無加温, 中温, 高温	無加温, 中温, 高温	中温, 高温

　本章では，よく知られているプロセスとして，完全混合型メタン発酵槽，嫌気性接触法，嫌気性濾床法，嫌気性流動床法，UASB 法と EGSB 法，乾式メタン発酵法，二相消化法およびその他のプロセスを取り上げ，これらのフローと基本的な特徴を述べる．

3.2 完全混合法

3.2.1 プロセスフロー

完全混合法のメタン発酵槽は，Morgan が下水汚泥消化の効率化を図るため，嫌気性消化槽に撹拌装置を設置したものであり，かつては高率消化槽とも呼ばれた[1]．このリアクターは，数～12％濃度のスラリーが処理対象で，下水汚泥の嫌気性消化装置で最も一般的である．完全混合メタン発酵槽のフローを模式的に**図-3.2**に示した．

メタン発酵槽に投入したスラリーは，速やかに槽内の消化汚泥と混合され，ケモスタット（一過式）で引き抜かれる．ケモスタットのリアクターでは，水理学的滞留時間（HRT）と汚泥滞留時間（SRT）が等しいので，いずれの滞留時間もスラリーの投入流量で制御される．典型的には，活性な微生物濃度と固形物の分解を安定的に保つため，HRT は 15 d 以上に設定されている．消化ガス（バイオガス）は，メタン発酵槽の上部から排出され，消化汚泥は下部から排出される．

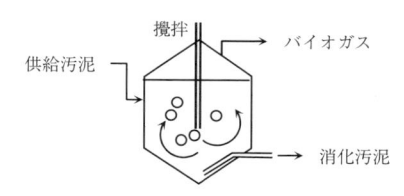

図-3.2 完全混合メタン発酵槽のフロー

完全混合法のメタン発酵プロセスは，下水汚泥の嫌気性消化をはじめ，し尿，家畜排泄物，生ごみや有機性産業廃棄物等の固形廃棄物の処理法として世界的に広く用いられている．これに伴い，砂をはじめとする重量物や浮上スカムの処理も考慮されながら，撹拌装置は様々に改善されてきた．

(1) ガス撹拌

ガス撹拌は，メタン発酵槽上部の消化ガスをブロアで吸引し，槽内に設置したパイプで消化ガスを吹き込むことで消化汚泥を撹拌するものである．これには，**図-3.3** に示すように，①ガスを吹き込むためのパイプだけをメタン発酵槽に設置する方式と，②ドラフトチューブも設けて消化汚泥を循環する方式，の2

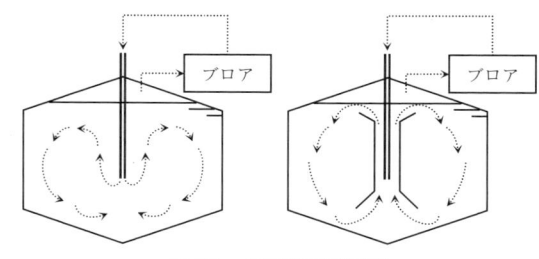

図-3.3 ガス撹拌の模式図
（左：ドラフトチューブ無し，右：ドラフトチューブ有り）

種類がある．ガス撹拌方式は，メタン発酵槽の内部にパイプを設置するだけなので故障しにくいといわれており，実績が多い[2]．ただし，ガス撹拌方式は，汚泥濃度の高い条件では均一に混合しづらくなるため，最近適用され始めた高濃度のメタン発酵プロセスにはやや不向きである．

消化ガスは，湿度の高い可燃性ガスなので，ブロアの吸引側にはセジメントトラップ，ガスフィルタや逆火防止器が設けられる．吐出側には，安全弁等の安全装置に加えて，潤滑油を使用する場合はオイルセパレータ，水封式の場合はドレンセパレータがそれぞれ設けられる．

(2) 機械撹拌

機械撹拌は，回転機械をメタン発酵槽に設置して槽内の汚泥を撹拌するものである．これには図-3.4 に模式的に示したパドル型の撹拌機や，図-3.5 のようにドラフトチューブを付けてガス撹拌パイプの代わりに，高速の撹拌機を設けたものがある．

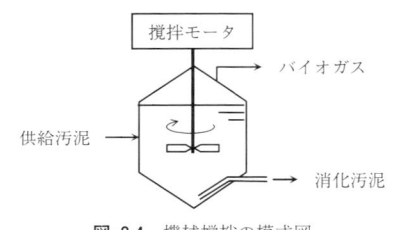

図-3.4 機械撹拌の模式図

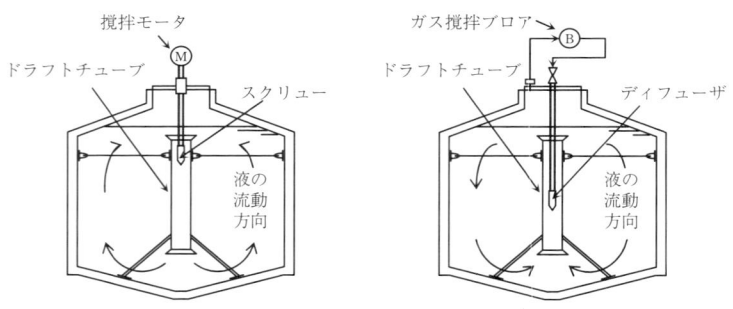

図-3.5 撹拌方式の模式図（ドラフトチューブ付）
（左：機械撹拌，右：ガス撹拌）

機械撹拌方式では，撹拌翼に繊維物が絡みにくくさせたり，水やガスが漏れにくい軸封部分を工夫したりして，運転が容易になるよう留意して設計されている．機械撹拌は，ガス撹拌に較べて，高濃度の汚泥に対する適応範囲が広く，撹拌領域が広い，汚泥や砂の堆積が起きにくい，低動力の運転が可能等の特長がある[3]．高濃度消化の導入等で 1990 年代から採用が増えており，特に 2000 年以降の採用率は 80 ％以上となっている．そして，機械撹拌の 80 ％以上がスクリュー式である．ドラフトチューブが設けられたメタン発酵槽では，汚泥の流れは，ガス撹拌と機械撹

拌はちょうど逆である．ガス撹拌の汚泥は，エアリフト効果によってドラフトチューブの下から上に流れ，機械撹拌の汚泥は，スクリューによって上から下に流れる．

(3) 複合撹拌

複合撹拌は，ガス撹拌，機械撹拌とポンプ循環を組み合わせたものであり，高濃度の固形物を撹拌することに加えて，スカム除去の機能も付加されている．この構造を**図-3.6**に示した．

複合撹拌のメタン発酵槽は，生ごみの処理を目的として1990年代にフィンランドで開発されたもので，1998年にわが国に導入された．複合撹拌のメタン発酵槽は，汚泥再生処理センターに10基を超える納入実績がある．

複合撹拌のメタン発酵槽は，メインチャンバーとプレチャンバーの2つの水槽から構成されている．投入の固形物は，いったんプレチャンバーに貯留され，その後メインチャンバーに送られる．プレチャンバーには，短絡流を防止して効果的な反応を進めると共に，砂のような重量物をはじめとする発酵不適物を沈降させ，底部から引き

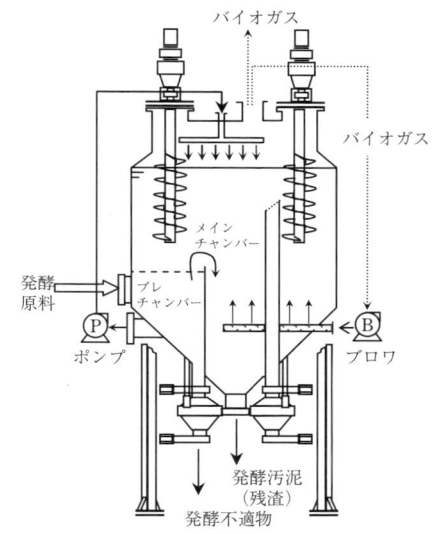

図-3.6 複合撹拌の模式図

抜く機能がある．この撹拌には，ガス撹拌，機械的なスカム破砕やポンプ循環を必要に応じて組み合わせる．このタイプの発酵槽は，多様な機能を有するので，生ごみのように雑多な物質が含まれる固形物の処理に適している．

(4) 無動力撹拌

無動力撹拌のメタン発酵槽の内部は，センターチューブ，主発酵部，上部室に仕切られている．投入の固形物は，センターチューブから撹拌翼を通り主発酵部へ流れ，ミキシングシャフトを経由して上部室に送られて槽外へ排出される．消化汚泥は，発生するバイオガスの圧力によって上部室に押し上げられる．そして，このバイオガスを開放すると，押し上げられた消化汚泥は速やかに流下され，このことで強い撹拌が生み出される．この構造を**図-3.7**に示した．

(5) ポンプ循環

ポンプによって汚泥を循環して，メタン発酵槽の汚泥を撹拌する装置もある．このポンプ循環の一例を**図-3.8**に示した．このメタン発酵槽は，上向流で運転され，内部は複数の多孔板で仕切られている．撹拌は，発酵槽上部の容器に貯留されている混合液をポンプにより発酵槽下部に急速に押し出すことで行われる．上向流と多孔板によって撹拌が促進される．また，この槽の下部には沈殿物を引き抜く装置が設置されており，砂等の重量物を選択的に引き抜くことができるよう工夫されている．

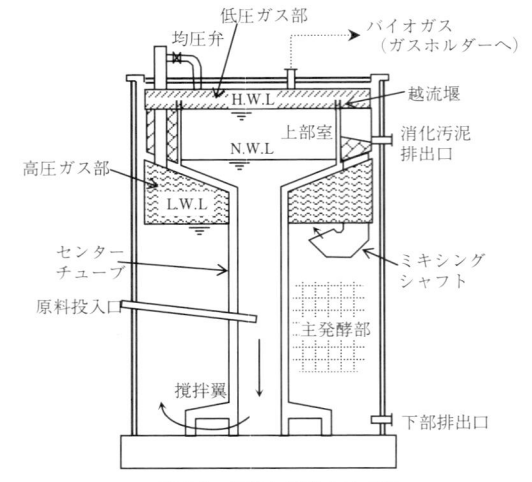

図-3.7 無動力撹拌の模式図

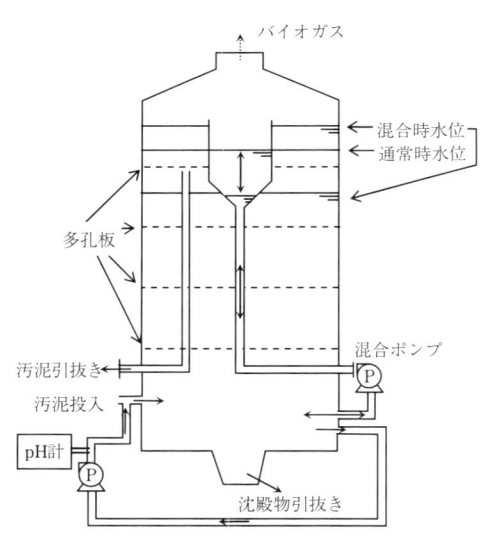

図-3.8 ポンプ循環の模式図

3.2.2 特徴と留意点

メタン発酵プロセスは，メタン発酵槽の本体，撹拌設備，加熱・保温設備およびバイオガス回収設備の4項目に分けられる．本項では，これらのうち，完全混合法のリアクターに関わるものを説明する．

(1) メタン発酵槽

メタン発酵槽の設計では，種類，有効容量，槽の基数，構造ならびに配管の接続等を考える．メタン発酵槽の種類は，前述のとおり撹拌方式によって異なる．メタン発酵槽の有効容量 V は，一般的に式(*3.1*)のように，投入原料流量 Q と水理学的滞留時間 HRT に従って計算する．HRT は，消化日数とも呼ばれる．

$$V = Q \times \text{HRT} \tag{3.1}$$

適切なHRTの値は，原料の種類と運転温度によって異なる．下水汚泥，生ごみおよび家畜排泄物の中温メタン発酵では，HRTを20〜30 dにすることが一般的である．一方，高温発酵の場合，HRTを15 dまで短縮できる場合がある．

発酵槽の基数は，非常時の対応や補修点検の容易さを考慮して，2基以上設計することが望ましいものの，家畜排泄物を処理する小規模の場合は1基で設計することもある．下水汚泥のメタン発酵施設（嫌気性消化施設）では，小規模のメタン発酵槽は$2,500 m^3$以下，中規模型で$5,000 m^3$程度，大規模は$10,000 m^3$に達する．大規模のリアクターほど汚泥を混合しにくいので，撹拌に留意が必要である．

(2) 撹 拌 設 備

メタン発酵槽内の混合撹拌は，発酵に大きな影響を及ぼすので，撹拌設備は，メタン発酵槽の重要な構成要素である．前述したように，撹拌方式には様々な種類がある．メタン発酵槽の汚泥を均一に撹拌できるように設計することが基本であるが，その効果は，TS濃度や温度に影響される．

一般的に，高温の消化汚泥は，中温の汚泥と比べて粘度が低く撹拌されやすいため，中温リアクターよりもかなり高いTS濃度（4〜6％）でも大きな支障はない[4]．しかし，下水汚泥，生ごみと家畜排泄物の汚泥は粘度の差異があるので，TS濃度だけで判断してはいけない．

(3) 加温保温設備

適切な反応速度を得るためには，運転を最適温度（中温型：35℃，高温型：55℃）で行う必要がある．この加温には，外部加温，内部間接加温および蒸気直接注入の3種類がある．外部加温法は，メタン発酵槽の外部に熱交換器を設置して消化汚泥を循環して加熱する．また，内部間接加温法は，メタン発酵槽の内部に温水管を設置して温水を循環して加熱する．メタン発酵槽に蒸気を直接注入する方法は，加温設備が単純で，熱効率も高い．ただし，この方法は，蒸気に由来する水が水理学的負荷に加算されるため，槽容積の増加（5〜7％程度）やボイラ用水の補充が必要である．最近の大型プラントでは，維持管理が容易な外部加温の方式が多く採用されている．

3.3 嫌気性接触法

3.3.1 プロセスフロー

嫌気性接触法（anaerobic contact process）は，1955年にアメリカのStanderや

Schoepher et al. によって開発されたプロセスである[5]．このフローを**図-3.9**に示した．これは一見して好気性の活性汚泥法と基本フローが似ているため，嫌気性活性汚泥法とも呼ばれる．

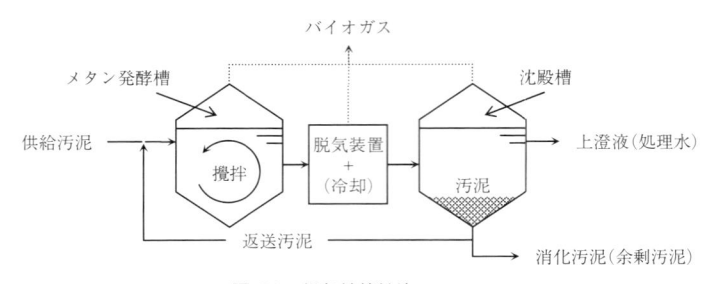

図-3.9 嫌気性接触法のフロー

このプロセスは，メタン発酵槽と沈殿槽から構成されており，メタン発酵槽から流出した嫌気性微生物を後段の沈殿槽によって回収し，適当量をメタン発酵槽に返送して流入原水と混合する．メタン発酵槽と沈殿槽の間に設けられた脱気装置でガスが分離されるので，沈殿槽でガスによる水の乱れが抑制される．沈殿した汚泥の一部分は，活性汚泥法の余剰汚泥と同様に排出される．このことでHRTとSRTを独立して制御できるので，メタン発酵槽の微生物濃度が高くなり，かなり高い槽負荷で運転することが可能になる．

嫌気性接触法は，1950年代にSchoepfer et al. によって缶詰等の食品工場排水の処理に初めて適用された．この処理では，流入BOD濃度800～1,800 mg/Lの排水に対して，6～12 hのHRTとBOD負荷1.52～3.61 kg/m^3/dの条件で，90～97 %のBOD除去率と85～93 %のSS除去率を得た．現在，嫌気性接触法は固形物濃度の高い排水に広く用いられている．一般的に，COD濃度が2,000～20,000 mg/Lの排水に対して，反応槽内の微生物濃度を5～10 g-VSS/Lに維持すれば，2～6 kg-COD/m^3/dの槽負荷で運転できる．また，COD濃度が20,000～80,000 mg/Lの高濃度排水に対しては，反応槽内の微生物濃度を20～30 g-VSS/Lに維持することが可能なケースでは5～10 kg-COD/m^3/dの槽負荷で運転できる．

3.3.2　特徴と留意点

嫌気性接触法の主な設計項目は，メタン発酵槽，沈殿槽，熱交換器と脱気装置である．

メタン発酵槽の容積設計においては，様々な動力学的パラメータが関わるので，対象排水に対して室内試験または類似排水で得られた許容負荷を基準に設計することが望ましい．もちろん，沈殿槽における汚泥の固液分離性能の把握も重要な要素である．メタン発酵槽から流出した混合液は，まず脱気装置で汚泥と気泡の分離を図る．場合によっては，熱交換器等を使って水温を下げてから沈殿槽に流入させる．これは，沈殿槽における微生物活性を下げて，ガス発生による水の乱れを抑制するためである．

完全混合型メタン発酵槽と比較すると，嫌気性接触法は次の特徴がある．

① 有機物濃度およびSS成分の多い排水・廃棄物に適用できる．また，沈殿池による嫌気性微生物の回収利用を図ることで，反応槽内の微生物濃度を制御できるため，低濃度の排水にも適用できる．沈殿槽の固液分離性能を考慮し，メタン発酵槽の汚泥濃度は一般的に 5～10 g-VSS/L である．

② 槽負荷が高い．中温型の一般的な槽負荷は 1～6 kg-COD/m^3/d で，高温型で運転できる場合は，10 kg-COD/m^3/d でも運転可能である．

③ 汚泥が沈殿分離するので，比較的良好な処理水質が得られる．食品工場排水の処理では，COD除去率は 70～80 %程度，BOD除去率は 80～90 %が期待できる．

④ 沈殿槽，汚泥の返送と脱気装置が必要になるので，やや複雑なプロセスになる．

⑤ フロックに付着した気泡が多いと沈殿槽で汚泥が沈殿分離しにくくなる．これが著しい場合は固液分離が困難になる．

3.3.3 適用例
(1) 通常法

パルプ排水（亜硫酸パルプ法のエバポレーター凝縮液）を処理対象として，11,000～13,000 mg/L の COD 濃度（BOD 濃度 6,000～7,000 mg/L）を有する原水に対して，槽負荷 5.0 kg-COD/m^3/d の高温（52 ℃）処理で，80 %以上の COD 除去率（90 %以上の BOD 除去率）という良好な処理性能が得られている[6]．このケースでは，メタン発酵槽の HRT は約 2 d で，汚泥の水温は沈殿槽の手前で 45 ℃に下げられている．このことで沈殿槽での固液分離は非常に良好で，上澄水の SS 濃度は 100 mg/L 以下であったという．

また，工業アルコール発酵排液を処理対象として，50,000～54,000 mg/L の COD 濃度（BOD 濃度 26,000～34,000 mg/L，SS 濃度 17,000～20,000 mg/L）を有するアル

コール蒸留排液に対しても，槽負荷 9～11 kg-COD/m^3/d の高温(55℃)処理で，82% 以上の COD 除去率(87% 程度の BOD 除去率)という良好な処理性能が得られている[7]．このケースでは，沈殿槽での沈殿性能が著しく低下しない上限の MLSS 濃度は 15,000 mg/L 程度(MLVSS 濃度 10 g-VSS/L)であった．

(2) 改良法

嫌気性接触法(嫌気性活性汚泥法)は，好気の活性汚泥法よりも沈殿槽の固液分離は不安定になりやすい．この課題に対処するため，沈殿槽を用いることなく，遠心分離や膜分離によって強制的に固液分離を行う装置が採用され始めた．遠心分離機で汚泥を強制的に濃縮してメタン発酵槽に返送するプロセスは，鹿児島県にある焼酎工場の排水処理に採用されており，膜分離の嫌気性接触法も国内で数基が建設されている[8]．

図-3.10 に示すように，膜分離型嫌気性接触法は，メタン発酵槽と膜分離槽の 2 槽で構成されている．投入有機物は，従来法どおりメタン発酵槽に投入される．メタン発酵槽と膜分離槽の間で汚泥は強制的に循環され，膜によって透過液が引き抜かれる．濃縮汚泥はメタン発酵槽に返送される．メタン発酵槽の撹拌は，ガス撹拌やポンプ循環等によって行われる．膜分離には浸漬膜プロセスが用いられることが多いようである．膜表面の剪断力は，消化ガスによるガス撹拌で与えられる．濾過圧力が 1～5 kPa の条件で 0.1 m^3/m^2/d のフラックスが得られるが，この性能は，浸漬膜型活性汚泥法の 1/5 にとどまる．クエン酸を月 2～3 回程度の頻度で添加して膜を洗浄すれば，リアクターを安定的に運転できると報告されている．

し尿汚泥と生ごみを原料としたパイロット実験では，メタン発酵槽内の TS 濃度を約 57,000 mg/L，アンモニア性窒素濃度を 3,000 mg/L 以下にそれぞれ制御すると，18.7 kg/m^3/d の槽負荷(HRT = 9.7 d)において 85.9% の COD 除去率が安定的に得られている[9]．この

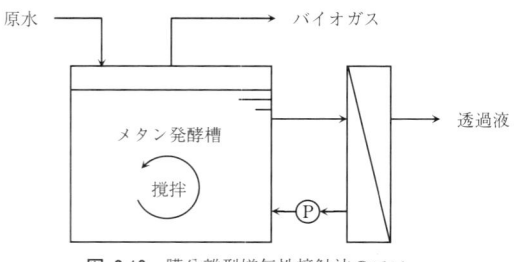

図-3.10 膜分離型嫌気性接触法のフロー

時の分解 COD 当りのメタンガス発生量は，0.31 m^3/kg-COD であったという．膜分離型の嫌気性活性汚泥法は，汚泥再生処理センターに関連した実用プラントや生ごみ処理の検討の事例もある[10),11)]．また，アメリカの水環境連盟(WEF)が，好

気の活性汚泥法と比較した詳細な調査報告書を 2004 年と 2006 年に公表しており，膜分離型のプロセスは世界的に注目されている技術である[12),13)]．

3.4 嫌気性濾床法

3.4.1 プロセスフロー

嫌気性濾床法 (anaerobic filter process) は，固定床法とも呼ばれ，1969 年の Young et al. の研究を出発点として発展したプロセスである[14)]．最初の施設は 1970 年に建設された．嫌気性濾床法のフローを**図-3.11** に示した．

嫌気性濾床法は，上向流式と下向流式に大きく分類される．上向流式嫌気性濾床法では，濾床下部から導入された排水は，嫌気性微生物が付着・捕捉したプラスチック濾材や砕石の濾床を緩速で上昇する．この装置は，流入水の均等流入装置，濾床支持部，濾材，発生ガスの分離および一次貯留のためのヘッドスペース，処理水収集装置から構成される．処理水の循環システムが沈殿貯留部に設けられることもある．

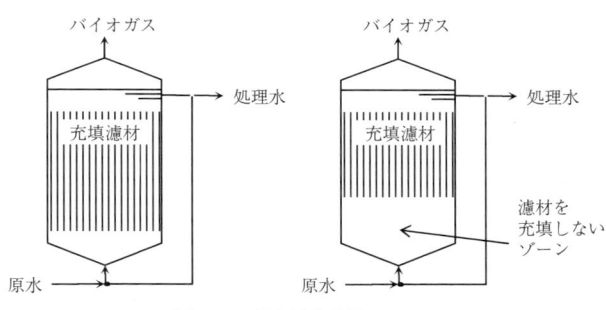

図-3.11 嫌気性濾床法のフロー
(左：標準型，右：ハイブリッド型)

濾材は，軽く，比表面積と空隙率が大きく，閉塞しにくいことが望ましい．このような濾材には，プラスチック製のポールリング (切れ目が入った円筒形) やハニカム (蜂の巣のようなクロス形) が使われることが多い．濾床では生物膜のみならず，濾材の間隙に捕捉されている多量の汚泥が処理に関わるので，汚泥の流出を防ぐために低い上昇流速が必要である．一方，汚泥が増殖しすぎると，閉塞や短絡を招くこともある．濾床の閉塞を防ぐために，汚泥が蓄積しやすい底部には濾材を充填せず，上部の 50～70 % だけを充填して下部は汚泥で処理するハイブリッド型の嫌気性濾床もある．

3.4.2 特徴と留意点

生物膜の厚みは約1～4 mm程度で，汚泥の濃度はリアクターの鉛直方向で異なる．上向流式の場合，濾床底部での生物汚泥濃度は上部の数10倍に達することもあるので，標準型の嫌気性濾床法では，底部で汚泥の蓄積による閉塞が見られる．これに対し，下向流式の濾床では鉛直方向で汚泥濃度はあまり変化しないといわれている．

嫌気性濾床法の処理性能は，濾材の影響を強く受ける．生物膜よりも濾材に捕捉された汚泥中の微生物が浄化作用に大きく貢献していると考えられるため，濾材を選ぶ際には，比表面積のみならず，空隙率も考慮しなければならない．

嫌気性濾床法の応用範囲は広く，様々な種類の排水で幅広い濃度に適用できる．一般的な槽負荷は 0.1～15 kg-COD/m^3/d である．下向流式より上向流式の方が COD 除去率はやや高くなるようである．

高い濃度の原水（COD 濃度 > 10,000 mg/L）を処理する場合は，処理水を循環することでリアクターに流入する濃度を調整することも可能である．HRT は，排水の種類，SS 濃度，原水有機物の生分解性，水温や要求される処理水質等によって異なる．嫌気性濾床法は次の特長がある．

① 菌体濃度が高いため，高い槽負荷で運転できる．
② 菌体の滞留時間が長いため，HRT を短縮できるだけでなくショックロードにも強い．
③ 立上げが容易である．
④ 汚泥の返送が不要である．
⑤ 水質・水量の変動に強い．

嫌気性濾床法の主な設計項目は，濾材の選定，槽容積の計算，水や消化ガスの配管である．槽容積は，容積負荷法，動力学的計算法および HRT の経験式等を基に計算される[15]．

表-3.2 に嫌気性濾床法の適用事例をまとめた[15]．上向流式と処理水循環を採用しているプラントが多い．濾床は，おおむね高さ 3～13 m で直径 6～26 m の円筒型である．COD 除去率の値に示されるように，嫌気性濾床法は様々な排水に対して適用できる．

表-3.2 北アメリカで建設された嫌気性濾床の事例

排水の種類	原水濃度	濾材	流れ	温度	槽負荷	HRT	循環比	COD除去率
デンプン	8,000	12〜50mm砕石	U	32	4.4	44	−	75〜80
化学工場	14,000	90mmリング	U	37	12〜15	22〜30	5:1	80〜90
化学工場	12,000	90mmリング	U	37	8〜12	24〜36	5:1	75〜85
缶詰工場	4,600	クロス	U	35	1.5〜2.5	48〜72	0.25:1	89
清涼飲料	10,000	クロス(2段)	−	30	4〜6	42〜60	0	90
生活排水	50〜71*	90mmリング	U	15〜25	0.1〜1.2	12〜18	0	50〜71
埋立場浸出水	11,000	管	U	37	0.2〜0.7	30〜40**	0	90〜96

原水濃度:mg-COD/L(*=BOD), 流れ:U=上向流, 温度:℃, 槽負荷:kg-COD/m³/d, HRT:h(**=d), 循環比:循環水量:原水水量, COD除去率:%

　嫌気性濾床は，一般的に中低濃度で固形物の少ない排水の処理に適しているものの，高濃度の処理に適用された事例もある．わが国で食品廃棄物の処理に開発された嫌気性濾床は，下向流の高温プロセスであり，数件のプラントが報告されている．このプロセスでは，生ごみや食品廃棄物を10％以内のTS濃度に希釈して，別途の可溶槽でスラリーに変えた後に濾床に投入する．濾床の閉塞を防ぐため，直径の大きな筒型の担体が濾材に用いられる．また，撹拌を促進するために汚泥は内部循環される．これを模式的に図-3.12に示した．

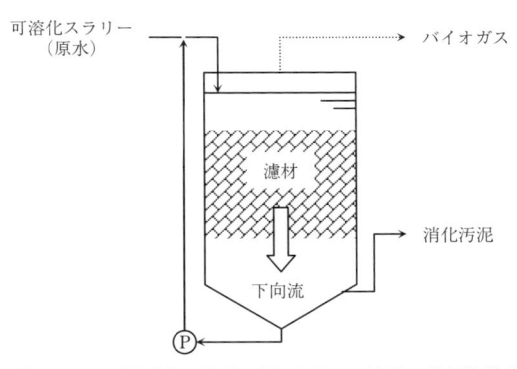

図-3.12　固形廃棄物の処理に用いられる下向流の嫌気性濾床

3.5　嫌気性流動床法

3.5.1　プロセスフロー

　嫌気性流動床(anaerobic fluidized bed process)は，槽内に充填した小粒径の活性炭や砂の表面に生物膜を形成させて，流入水もしくは反応槽の内部循環によってこの担体を流動させながら処理を行う方法である[16)〜19)]．このプロセスのフローを

模式的に図-3.13に示した．

3.5.2 特徴と留意点

流動床法は，1970年代の初めに好気的BOD除去，硝化や脱窒に用いられ，1970年代後半よりJerisやJewell et al. によって嫌気性処理に導入された[17),19)～22)]．

そして数多くの研究の結果，COD濃度が100 mg/L程度の下水から数万mg/Lの工場排水までを数10 minから数100 hのHRTで良好に処理できることが明らかにされた．嫌気性流動床法は，リアクターの菌体濃度が高いことと，薄い生物膜によって基質の拡散が律速にならないことから，下水のような低濃度排水を常温で嫌気的に処理できるプロセスとして期待された[16)～19)]．また，微生物が付着した担体が沈降しやすく，高い上向流の運転が可能になることから，排水中に含まれる処理不適物の反応槽内への蓄積が起きにくくなるうえ，リアクターの塔高も高くできて設置面積が少なくて済む利点も指摘された[23)]．これらの特長をまとめると以下のようになる．

①担体の比表面積が大きいため，菌体濃度が高く，反応の活性が高い．
②担体が常に流動しているため，閉塞が起こらない．
③生物膜が液と均一に接触するため，接触効率が高い．
④生物膜が薄いため，生物膜内への基質拡散が律速になりにくい．

嫌気性流動床法は，二相消化法にも応用が検討された．この結果，単相消化法に比べて二相消化法で処理した方が高い基質除去性能が得られるうえ，ショックロードに対しても強いことが明らかになった[24),25)]．また，担体に粒状活性炭を用いて，活性炭の高い吸着能を利用して嫌気性微生物を阻害する成分を緩和しながら排水を処理する活性炭添加嫌気性流動床もSuidan et al.によって精力的に研究された[26)]．

このように様々な可能性を持つ処理方式として着目された嫌気性流動床法は，アメリカ，オランダ，フランスやフィンランドで相次いでプラントが稼動した[23),27)]．アメリカではソフトドリンク排水と大豆タンパク工場排水，オランダとフランスでは酵母発酵排水，フィンランドではパルプ工場排水の処理が行われている．このうち，大豆タンパク工場排水と酵母発酵排水の処理においては，二相消化として運転され

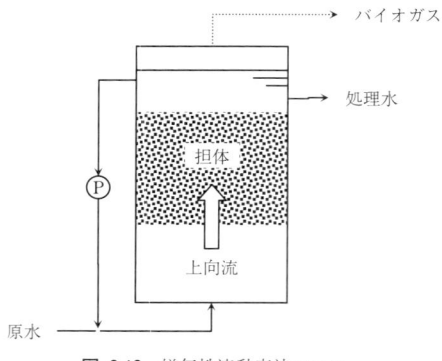

図-3.13 嫌気性流動床法のフロー

ている．また，インドにおいても石油化学排水処理に用いられている[27]．わが国においても1987年から3基のプラントが稼働し始めた[17]．オランダでのプラント性能を解析した結果より，10～30 kg-COD/m^3/dの高い槽負荷で運転が可能で，安定性も高いことが示された[23]．**表-3.3**に1980年代に報告された嫌気性流動床・膨張床に関するパイロット研究の結果をまとめた．

表-3.3 パイロット規模の装置による嫌気性流動床・膨張床の性能[28]

排水種類	流入水濃度 (mg/L)	担体	COD負荷 (kg/m^3/d)	温度 (℃)	COD除去率(%)
酸性ホエー	50,000～56,000	砂	13.4～37.6	35	72～84
酸性ホエー	52,000～55,400	砂	15～37	24	65～71
酸性ホエー	52,200	砂	10.5	35	94
デンプン工場排水	7,200～9,400	砂	3.5～24	35	75～86
化学工場排水	4,100～27,300	砂	4.1～27.3	35	79～83
清涼飲料排水	6,000	砂	4～18.5	35	66～84
熱処理液	10,000	砂	4.3～21.4	35	52～75
ホエーろ液	6,800	砂	8.6～10.4	30～35	68
ホエーろ液	27,300	砂	5.3～7.4	30～35	82
醤油排液	9,700～10,900	砂	13～19.7	36	80～85
酵母排液	3,000	砂	20～60	37	90
ビール排水	1,000～12,000	砂	1.0～14.6	35	72～96
製パン排水	8,800	砂	2.9～14.7	35	55～95
製紙排水	8,000～16,000	砂	25～48	35	88～92
下水	170～270	砂	0.45～0.52	10～23	37～47
下水	–	ゼオライト	0.8～7.3	35	27～44
下水	300	砂	1.2～3.6	20～30	29～42
下水	300	活性炭	1.8～3.6	15～25	50～60
コンスターチ	2,000～6,000	活性炭	14～50	35	70～95
テンサイ	3,000～6,500	ゼオライト	38	–	85

なお，嫌気性流動床法は，担体を流動させるための動力が必要であり，下部の分散装置におけるスケールアップが比較的難しい，付着生物量の制御が難しい，といった課題も有している[17),28)～30)]．

流動床の担体について粒径が半分以下である100 μm程度の微小担体（マイクロキャリア）が用いられ始めると，担体を流動させる動力が大幅に減少するようになった[29]．これは，改良型UASB法と呼ばれている．また，担体を全く使用しない流動床というEGSB法（expanded granular sludge bed）がヨーロッパで実用化された[30]．UASB法が産業排水処理の分野で普及したため，その後は，嫌気性流動床法はあまり採用されなくなった．

3.6 UASB 法と EGSB 法

UASB 法（upflow anaerobic sludge blanket）は，1970 年代にオランダの Lettinga et al. によって開発された高効率嫌気性排水処理プロセスであり，上向流型スラッジブランケットの一種である[31]．このプロセスは，嫌気性細菌が自己凝集（aggregation）と造粒［グラニュール化（granulation）］する性質を利用して，沈降性に優れたグラニュール状の汚泥をリアクター内で形成・保持させることによって排水中の有機物を高速で除去するものである．

1970 年代の初めに Lettinga et al. は，嫌気性濾床法によるジャガイモ加工排水やメタノール含有排水の処理実験を行っている際に，反応が主に進むリアクターの底部で大量のグラニュール状の汚泥が蓄積することに気づいた．そこで，彼らはグラニュールを使って処理を行うことを考え，濾材をすべて取り除いて，リアクターの上部にガス・グラニュール・処理水を分離する三相分離装置を設けた．これが，構造が簡単で処理能力がきわめて高い新世代の嫌気性処理プロセスとして世界的に普及した UASB プロセスの始まりである[32]．UASB リアクターの基本的な構造を図-3.14 に示す．

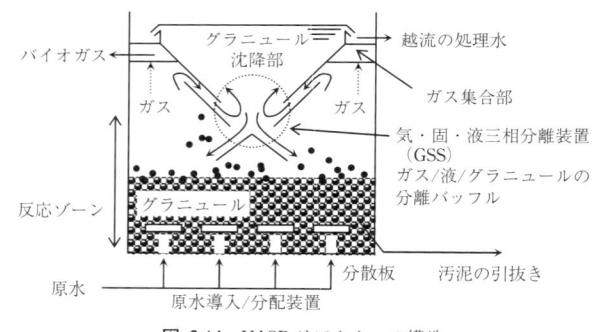

図-3.14 UASB リアクターの構造

3.6.1 プロセスフロー
(1) UASB リアクター

UASB リアクターは，原水の流れを分散して均一な上向流を分配するための導入部（底部），グラニュールのスラッジベッド・スラッジブランケットを原水基質が通過して分解が進む反応ゾーン（中部），気固液の 3 相を分離するための GSS（上部），処理水越流部と余剰汚泥排出部の 5 つから構成されている．生成ガスの上昇に伴って生じる緩やかな撹拌によって，グラニュールは原水基質と効率よく接触する．こ

れらの構成要素を以下に詳細に説明する．

a. 原水導入・分配装置

原水導入・分配装置は，UASBリアクターの底部に設置するものである．主な役割は，原水を均一にUASBリアクター反応槽に分散させ，原水と微生物の充分に混合・接触を助けて，短絡流や死水域を防いで反応ゾーンの利用効率を高めるものである．これは，撹拌のみならずグラニュール形成の促進効果もある．

b. 反応ゾーン

反応ゾーンは，スラッジベッドゾーン（グラニュールが緻密な領域）とスラッジブランケットゾーン（少量のグラニュールと汚泥が流動している領域）に大別される．スラッジベッドゾーンは，UASBリアクターで反応の中心を担い，有機物の分解，メタン生成とバイオマスの増殖はこのゾーンで主に進む．良好に機能しているUASBリアクターのスラッジベッドゾーンには，**写真-3.1**に示すような直径1～3 mm程度のグラニュールが観察され，その濃度は50～100 kg-TS/m^3に達する．

UASB法の最大の特徴は，嫌気性微生物の自己造粒機能を利用して，沈降性の優れたグラニュールをリアクターに高濃度に保持させることにある．つまり，USAB法の適用可否は，沈降性に優れたグラニュール汚泥が形成するかどうかで決まるのである．グラニュール汚泥が適切に形成され，注意深く操作管理されているUASBリアクターは，他のメタン発酵プロセスよりはるかに高い槽負荷であっても優れた処理性能を発揮する．良好に運転されているUASBリアクターのグラニュールは，SVI (sludge volume index) は10～20 mL/gしかなく，自由沈降速度は20～40 m/hときわめて速い．このため，UASBリアクターでグラニュールを高濃度に保つことは難しくない．また，グラニュール単位体積当りの固定化微生物濃度は，きわめて高い．この特長によって，糖，有機酸やアルコールのような溶解性で易分解性の有機物を含む排水を処理する場合では，10～30 kg-COD/m^3/dの槽負荷であっても除去率は80～95 %に達する．また，この時のHRTは2～3 h，排水の上向流速は1.5～2 m/hまで許容される．

写真-3.1 UASBリアクターの反応ゾーンにおけるグラニュール

UASBリアクターを一般的な消化汚泥を用いて立ち上げると，3～6ヶ月以上の日数を要する．そのため，迅速な立上げが必要な場合は，他の施設からグラニュールを持ち込んで種汚泥に用いることもある．

UASBリアクターの反応ゾーンではHRTが短いので，SS成分はほとんど分解されない．原水のSS濃度が著しく高いと，この成分は分解されないだけでなく，グラニュールの沈降に悪影響を及ぼす．このため，UASBリアクターの適用においては，原水のSS濃度に上限を設けることが通常である．

c. 三相分離装置

三相分離装置は，気体・固体・液体の3相を分離するためにある．これは，傾斜した集気室，グラニュールの沈降部とガスの水封部で構成されることが一般的である．この装置の役割は，ガス，グラニュールおよび処理水を分離することである．まず，バイオガスは集気室で分離され，固液の混合液は沈降部で処理水と固形物に分離され，グラニュールは重力により下に沈み，回流して反応ゾーンに戻る．三相分離装置は，UASBリアクターの処理効率に決定的な影響を及ぼす．

d. 処理水越流部

処理水越流部の役割は，三相分離装置における沈降部の上澄水を集めて処理水を得ることである．これは，越流堰と集水渠で構成される．

e. 汚泥排出部

汚泥排出部の役割は，UASBリアクターで増加した余剰のグラニュールを排出することである．これは，排泥管と引抜きポンプで構成される．

3.6.2 特徴と留意点

UASB法が開発されて以来，リアクターの設計方法が注目されてきた．しかしながら，UASB法の応用や研究に関する報告は多いものの，設計方法に関して公開されている情報は非常に少ない．リアクターの設計で主要な項目は，原水導入・分配装置，反応ゾーン（リアクターの容積），三相分離装置，処理水越流部，汚泥排出部である．本項では，リアクター容積の考え方と三相分離装置の構造についておおまかな内容を紹介する．

(1) リアクター容積

リアクターの大きさは，塔高，断面積と槽の有効容量に基づく．UASBリアクターの有効容積（反応ゾーンと沈降ゾーンを含む）は，一般的に流入原水のCOD濃度とSSの割合を基に決める．Lettinga *et al.* は，これについて適用上限となる槽負

荷を表-3.4にまとめている[33]．

表-3.4 30℃において適用可能なUASBリアクターの槽負荷[33]

原水COD濃度 (mg/L)	SS性CODの 割合(%)	槽負荷の上限負荷(kg-COD/m³/d)		
		フロック比率が 高い汚泥	グラニュール比率が高い汚泥	
			流入SSが少ない	流入SSが多い
2,000	10～30	2～4	8～12	2～4
	30～60	2～4	8～14	2～4
	60～100	適用不可	適用不可	適用不可
2,000～6,000	10～30	3～5	12～18	3～5
	30～60	4～8	12～24	2～6
	60～100	4～8	適用不可	2～6
6,000～9,000	10～30	4～6	15～20	4～6
	30～60	5～7	15～24	3～7
	60～100	6～8	適用不可	3～8
9,000～18,000	10～30	5～8	15～24	4～6
	30～60	条件で異なる	条件で異なる	3～7
	60～100	適用不可	適用不可	3～7

大量のSSを含む原水の処理では，槽負荷をあまり高くできない．また，上限の槽負荷は水温にも影響される．表-3.5によれば，UASB法は15℃の低水温条件でも適用できるものの，この条件では槽負荷をかなり低く設計しなければならない．

表-3.5 槽負荷に及ぼす温度と排水性状の影響[33]

温度 (℃)	上限の槽負荷(kg-COD/m³/d)			SS除去状況
	VFA排水	非VFA排水	CODの30%がSSの排水	
15	2～4	1.5～3	1.5～2	ほとんどが除去
20	4～6	2～4	2～3	ほとんどが除去
25	6～12	4～8	3～6	良好な除去
30	10～18	8～12	6～9	中等な除去
35	15～24	12～18	9～14	僅かな除去
40	20～32	15～24	14～18	除去されない

VFA：揮発性脂肪酸

これら適用上限の槽負荷を使って，原水の流量からUASBリアクターの容積を決めることができる．UASBリアクターの塔高は10m以上も可能であるが，上向流が高くなりすぎると，グラニュールの沈降が妨げられる．好ましい上向流速は3m/h程度である．グラニュールが少なく，フロックの比率が高いリアクターでは，0.5m/h程度まで上流速を下げないと，汚泥の流出が発生する恐れがある．低濃度排水である下水に対しては，塔高は3～5m程度，またCOD濃度が3,000mg/L程度の排水に対しては，塔高は5～7m程度が適切と考えられている．

(2) 三相分離装置

三相分離装置の構造で最も重要な部分は，ガス・汚泥・液の3相を分離する仕切り構造GSS (gas/solid separator) である．三相分離装置は，増殖速度が遅く，菌体収率の低いメタン生成細菌の流出を抑制するために決定的な役割を果たす．増殖した

菌体をリアクター内に保持するためには，気泡が付着したグラニュールが沈殿室に入る前に，グラニュールから気泡が取れることと，沈殿室における水の乱れを最小限にすることである．**図-3.15**は，典型的なGSS装置の模式図である．

(3) UASB法の適用事例とEGSB法への進歩

易生物分解性のCOD成分を高濃度に含む排水の処理にUASB法は適している．この条件に合致する代表的な排水は，とうもろこしデンプン排水，水産加工排水，小麦粉デンプン排水，糖蜜発酵排液，ビール工場排水や屠殺工場等の食品産業排水である．わが国では10社ほどのメーカーがUASB法の装置技術を保有している．また世界の嫌気性排水処理システムにおいてUASB法が占める割合は2000年度で60％に達しており，わが国においても食品工場排水処理施設を中心に200基以上が稼働しているという．**写真-3.2**は典型的なUASBリアクターである．

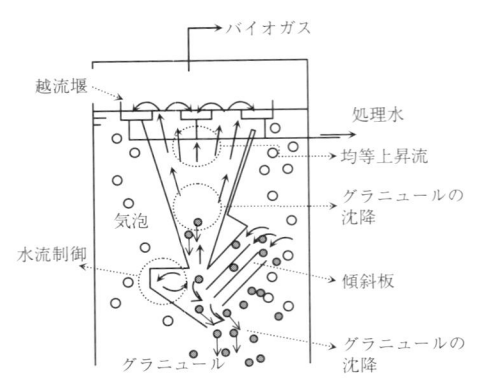

図-3.15 三相分離装置の例

写真-3.2 UASBリアクター

日本国内のビール排水は，すべてUASB法で処理されている．2001年度にアサヒビール（株）は，14,652,000 m^3 の排水を嫌気性処理によって4,800 tのメタンガス（A重油換算で5,200 kLに相当）を回収している．また，キリンビール（株）も，ビール製造過程から排出される排水をUASB法と活性汚泥法の組合わせで処理している．2001年度では，この排水量は18,860,000 m^3 に達し，4,800 tのメタンガス（A重油換算で5,200 kLに相当）を回収している．現在，UASB法は，省エネルギー，汚泥発生量の削減やエネルギー資源の回収のために，最も注目されている生物処理プロセスの一つである．

近年，流動床型のUASB法が実用化され，さらに高い負荷で処理を実現できる

ようになった．これは，EGSB 法（expanded granular sludge bed process）と呼ばれる．EGSB 法では，処理水を積極的にリアクターに返送することによって，高い上向流速を与えてグラニュールを流動させると共に水の流れを完全混合に近づけ，リアクター内における pH の低下や揮発性脂肪酸の蓄積を制御する．EGSB 法は，UASB 法よりもおよそ 2 倍の槽負荷で運転が可能である．

3.7 乾式メタン発酵

　乾式メタン発酵は，固形物濃度がきわめて高いバイオマスの処理に適用する技術である．わが国では，1990 年代の後半にヨーロッパから乾式メタン発酵の技術が導入されている．このプロセスで受け入れられる固形物濃度はきわめて高く，20〜40 % の濃度でも処理が可能である．この特長から，紙ごみや剪定枝も処理できる．乾式メタン発酵のリアクターでは汚泥の流動性は悪く，投入においては軸ネジポンプやピストンポンプを用いる必要があるものの，消化汚泥は塊のまま排出されるため，直接的な焼却あるいは堆肥化が可能であり，消化液の水処理を必要としない．

　西欧諸国のように，消化液をそのまま受け入れられる圃場を十分に有していないわが国において，メタン発酵法が，真にわが国の廃棄物バイオマスからのエネルギー回収および物質循環システムとして寄与する環境保全技術となり得るためには，消化液の処理処分問題が解決されなければならない．そのため，乾式メタン発酵は，おおいに注目してよい．わが国で実証・建設された乾式メタン発酵装置は，リアクターが横型のコンポガスシステム（KOMPOGAS）と，縦型のドランコシステム（DRANCO）である [34]〜[36]．

　乾式メタン発酵の性能は，原料とメタン発酵残渣の混合物の空隙率に大きく影響される．この例を**図-3.16** に示した [37],[38]．原料（含水率 55〜76 %）とメタン発酵残渣（含水率 68〜85 %）を混合した後の空隙率が 14〜20 % の範囲であれば，メタン転換率は最大になる．空隙率は原料の含水率によって変わるため，乾式メタン発酵を適用するに当たっては，適切な含水率を有する固形物を原料の一つに選定すると共に，運転時においても原料の水分変動を一定範囲に制御することが大切である．

　原料の含水率を制御する適当な固形物の代表は，紙ごみである．紙の種類によって分解度合いは多少異なるものの，セルロースはわずか数日の滞留時間で分解が完了する．**写真-3.3** に示すように，メタン発酵残渣（汚泥）の表面に置いた紙は 2 日ほどで明らかに微細化し，汚泥の表面に接触していた部分は 1 週間ほどでほぼ完全に

106 第3章 様々なメタン発酵プロセス

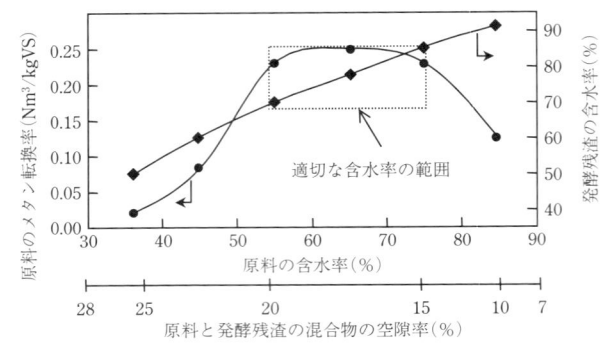

図-3.16 乾式メタン発酵における適切な含水率の範囲

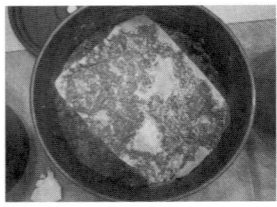

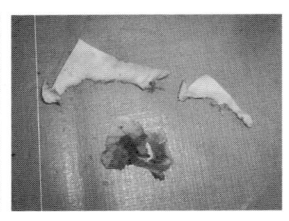

写真-3.3 メタン発酵残渣の表面に置いた紙の分解過程
(左:汚泥の表面に置いた直後の紙, 中:2日後の紙, 右:7日後の紙)

分解する[39]。

含水率を制御するための原料には、紙ごみの他に、草や剪定枝も用いることができる。葉は枝よりも分解されやすく、この度合いはVS基準で活性汚泥と同じ程度である。これについて、一般ごみに含まれる様々な紙ごみ、剪定枝と草の分解度合いを**表-3.6**にまとめると共に、これらをはじめとする代表的な有機固形物の分解パ

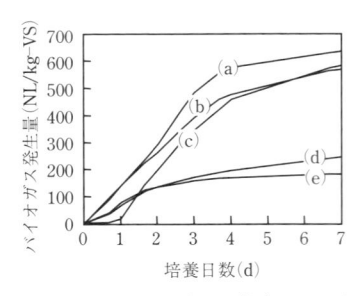

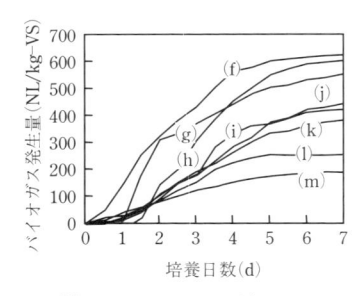

図-3.17 高温の乾式メタン発酵における様々なバイオマスの分解
(回分試験、種汚泥由来のガス発生を含む)
(a:セルロース, b:牛排泄物, c:豚排泄物, d:し尿汚泥, e:生ごみ, f:漂白コピー紙, g:紙コップ, h:セルロース, i:段ボール紙, j:ティッシュペーパー, k:草, l:新聞紙, m:剪定枝)

ターンを，高温の乾式発酵実験で回分的に調べたグラフを図-3.17に示した[40].

表-3.6 乾式メタン発酵における紙ごみ，剪定枝と草の分解

原料	分解率 (VS基準，%)	ガス発生倍率 (Nm³/t)	CH_4濃度 (%)
漂白コピー紙	83.3	568	52.1
ティッシュペーパー	71.0	500	52.5
段ボール紙	59.2	391	51.0
紙コップ	56.4	403	52.3
新聞紙	33.8	233	51.5
草	55.0	140	55.5
剪定枝*	25.2	72	55.1

*葉を30%含む広葉樹の剪定枝

3.7.1 プロセスフロー

(1) 縦型の乾式メタン発酵槽

縦型の乾式メタン発酵槽の代表は，ドランコシステムである．このリアクターは縦長の円筒形で，固形廃棄物の嫌気性堆肥化技術として1990年代にヨーロッパで開発された．原料の固形物(20〜40％)は，発酵残渣と均等に混合した後に，リアクターの上部から投入する．原料は上部から投入され，処理物は下部から引き抜かれるため，リアクター内の固形物は下向きにゆっくり移動する．リアクターの撹拌は，ポンプによる固形物の循環とバイオガスの上昇によって行われる．

乾式メタン発酵実証実験プラントに用いられたドランコシステムのリアクターを模式的に図-3.18に示した[41]．本プロセスは，収集した混合バイオマスを4cmに細断し，原料と発酵汚泥の混合撹拌および蒸気による加温を投入ポンプにより同時に行う．メタン発酵槽は縦型であり，槽内の固形物濃度は15〜40％と高濃度で運転するため，槽内で固液分離を起こさない．そのために発酵槽自体に撹拌装置を必要としない．運転温度55℃，消化日数30dで運転されており，水処理施設は不要とされている．発酵残渣は，後工程で堆肥または炭化物として有効利用す

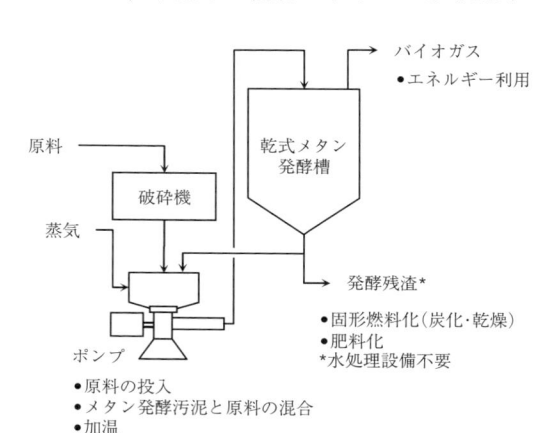

図-3.18 縦型の乾式メタン発酵槽（ドランコシステム）

ることができる[34].

(2) 横型の乾式メタン発酵槽

コンポガスシステムのリアクターは，横型で，流れ方向に長い円筒の形である．原料の投入と排出によって，リアクター内の固形物がゆっくり横方向に移動する．このため，反応はプラグフロー(押出し流れ)に近い．ただし，微生物と原料の混合を図るため，排出される汚泥を原料の供給側へ返送する循環装置が取り付けられている．また，固形物濃度(基質濃度)が高いので，発生したバイオガスによってリアクター内の固形物が膨張する．これを制御するために，リアクターの内部には，ガス抜きを強制的に進めるための低速で回転する撹拌パドルが設置されている．横型乾式メタン発酵槽を，模式的に図-3.19に示した．

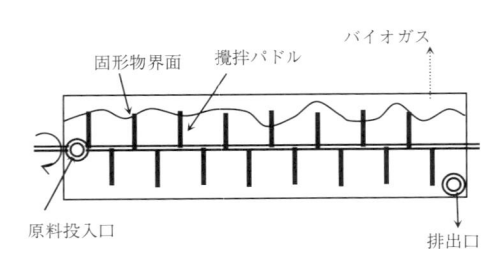

図-3.19 横型の乾式メタン発酵槽(コンポガスシステム)

3.7.2 特徴と留意点

下水汚泥，家畜排泄物や生ごみのように投入汚泥の濃度が数％しかない通常のメタン発酵プロセスでは，高濃度の栄養塩類を含む脱離液の処理が適用上の課題になることが多い．これに対して，乾式発酵プロセスは，コンポストと同じように排液の発生はきわめて限定的である．処理に手間がかかる脱離液を排出しない「乾式」メタン発酵は，消化ガスの利活用を図るバイオガスプラントとして大いに期待される技術である．乾式発酵プロセスと対比して，通常のメタン発酵プロセスを「湿式」と呼ぶことがある．

2003年にコンポガスシステムが京都府船井郡のカンポリサイクルプラザに建設された[42]．このプラントの処理能力は50 t/dであり，生ごみや古紙が主たる処理対象である．投入TS濃度は，約20％で，生ごみ1t当りのバイオガス発生量は175～223 m³(平均205 m³)である．投入固形物のVS成分は，およそ73～85％が分解される．この数値は他よりも高いようである．

わが国の生ごみの組成はヨーロッパよりも窒素含有率が高いため，アンモニアの阻害が起こりやすい．高温条件のメタン発酵プロセスは，中温条件よりもアンモニアの毒性を特に強く受ける．乾式メタン発酵でもこの点は同じである．これに対処

するには，原料の紙や草木系バイオマスの比率を高めてC/N比を上げればよい．

3.8 二相プロセス

3.8.1 プロセスフロー

　メタン発酵プロセスは，リアクターの構成によって一相プロセス（single-phase）と二相プロセス（two-phase）に区別される．一相プロセスは1基のメタン発酵槽を使って処理を行うことに対し，二相プロセスは**1.3.3**で説明した酸生成相とメタン生成相それぞれの微生物反応を最適化するために，各々に専用の槽を設けるものである．これは，二段消化または二段嫌気性消化（two-stage anaerobic digestion）と呼ばれることもあり，**図-3.20**に示した様々なバリエーションがある．

　様々な組成の有機物を分解するメタン発酵プロセスは，代謝反応が異なる微生物グループが関与する複雑な反応である．一相プロセスでは，これらの反応を1つのリアクターで行うために，様々な反応産物がバランスされた濃度で液中に存在していなければならない．すなわち，固形物基質が微細化・加水分解されて，これを基質とした酸生成細菌が排出した酢酸，プロピオン酸や酪酸等の揮発性脂肪酸は，速やかに水素生成性酢酸生成細菌やメタン生成細菌によって分解される必要がある．もし，この酸生成と酸利用のバランスが崩れると，リアクター内で揮発性脂肪酸をはじめとする様々な有機酸が蓄積し，pHが低下する．pHが6.5以下に下がると，メタン生成細菌が阻害され，有機酸の蓄積がさらに進む．これが著しいと，酸敗（有機酸の蓄積によりメタン発酵槽のpHが低下してメタン生成が停止する現象）に至る．このような障害を防ぐためには，リアクターの運転条件をメタン生成細菌の増殖に最も適した条件で行う必要がある．しかしながら，この微生物に適した運転条件は，加水分解や酸生成の最適条件と必

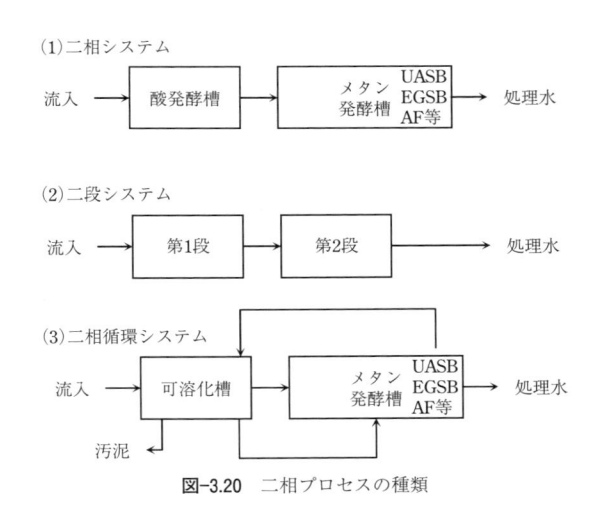

図-3.20 二相プロセスの種類

ずしも同じでない．これを克服するために，GhoshとPohlandは二相を分離して処理を行うことを考えた[43]〜[46]．

3.8.2 特徴と留意点

二相プロセスの基本的な考え方は，2基の独立したリアクターを用いて，それぞれを酸生成反応とメタン生成反応の最適条件で運転することで，プロセス全体のメタン発酵効率を向上させるものである．酸生成とメタン生成相の相分離（phase separation）の実現は二相プロセスの鍵である．相分離を実現させる手段として，酸生成相およびメタン生成相に関わる細菌群の生理的・動力学的特異性を利用する．これには物理化学的制御法，または動力学的制御法の2種類がある．

(1) 動力学的制御法

メタン発酵プロセスを酸生成相およびメタン生成相に分離して，それぞれの動力学的特性を解析する研究が，1980年代の前半に東北大学で集中的に行われた[47]〜[49]．

酸生成相に関わる細菌は最大比増殖速度が速く，微生物の増殖を維持するための最小滞留時間が0.1 d以下で充分である．これに対して，メタン生成細菌は，増速速度が遅く，最小滞留時間は2.4 d以上が必要とされる．したがって，酸生成槽のHRTを数h〜2 dまでの範囲に制御すれば，メタン生成細菌がウォッシュアウトでき，このリアクターのメタン生成を抑制できる．これは動力学的制御の基本原理である．酸生成細菌とメタン生成細菌の代表的な動力学定数を**表-3.7**に示した．

表-3.7 酸生成相およびメタン生成相の代表的基質の分解に関する動力学的比較

動力学定数	酸生成相		
	セルロース	デンプン	グルコース
$\mu_{max}(d^{-1})$	0.66	12.9	15.6
$v_{max}(d^{-1})$	1.11	37.5	66.2
$SRT_{min}(d)$	1.52	0.08	0.06

動力学定数	メタン生成相			
	酢酸	プロピオン酸	酪酸	混合有機酸
$\mu_{max}(d^{-1})$	0.26	0.28	0.18	0.414
$v_{max}(d^{-1})$	5.03	6.46	7.96	17.1
$SRT_{min}(d)$	3.85	5.38	5.58	2.42

μ_{max}：最大比増殖速度，v_{max}：最大比基質利用速度，SRT_{min}：菌体を維持するための最小汚泥滞留時間

(2) 物理化学的制御法

酸生成相とメタン生成相は，最適pH，温度およびORP等の環境条件が著しく異なる．酸生成相の最適pHは5.0〜6.5の酸性範囲にあるのに対して，メタン生成相の最適pHは7.0以上の弱アルカリ性である．したがって，酸生成反応槽のpH

を 5.0～6.0 の範囲に制御することで，メタンの生成を抑制でき，完全な二相分離を実現できる．

(3) 二相プロセスの適用

二相プロセスのフローは，処理対象によって前述の**図-3.20**ように 3 種類に大別される．これを以下に説明する．

① 二相システム　一般的に SS 濃度が低く，易生物分解性の COD 成分を多く含む排水の処理に適する．酸生成相には完全混合リアクターを用い，メタン発酵相には高速メタン発酵装置である UASB 法，EGSB 法や嫌気性濾床法（AF 法）を用いる．近年は，酸生成相にも UASB 法や嫌気性濾床法を用いる研究も進んでいる．

② 二段システム　SS 濃度が高く，加水分解が律速となるような排水の処理に適する．第 1 段（酸生成相）と第 2 段（メタン生成相）には，完全混合リアクターを用いる．Ghosh *et al.* が行った多くの研究はこの方式を採用している[44),45)]．また，近年注目されている温度フェーズシステム（高温と中温の二段システム）もこれに該当する．また，活性汚泥をあらかじめ熱処理や化学的酸化処理によって部分的に可溶化する方法も，二段システムの範疇に含められる[50)～52)]．

③ 二相循環システム　生ごみ，食品残渣および農業廃棄物等のように，含水率の低い固形廃棄物の処理に適する．酸生成相は可溶化を促進するので，スラリー状のメタン発酵流出水を返送循環して酸生成相を濾床にすることもできる．

(4) 二相プロセスの性能

二相分離の効果は多くの文献で確認されており，中間代謝産物の生成状況，プロセス全体の処理効率およびプロセスの安定性等の観点から評価できる．

a. 中間代謝産物の生成に対する影響

メタン発酵プロセスの代表的な中間代謝産物は，酢酸，プロピオン酸，酪酸であり，一相プロセスでは，これらの比率は COD 基準で 2:1:1 程度になることが多い．しかし，二相分離を行った場合，酸生成槽における細菌の群集構造が大きく変化するだけでなく，気相部の水素分圧も大きく上昇する．その結果，プロピオン酸や酪酸等の分解反応が進まなくなるだけでなく，プロセスの経路も大きく変化する．これまでの研究によれば，二相システムの酸生成相において酢酸の生成割合が減少し，酪酸，エタノール，乳酸等の生成割合が高くなることが観察されている[53),54)]．したがって，酸生成相の発酵パターンを制御することで，後段においてメタン生成細

菌が好む基質を選択的に供給できる可能性がある.

b. プロセスの効率と安定性

酸生成相をメタン生成相の前段に設置することによって,メタン発酵槽の処理性能(分解率,槽負荷やプロセスの安定性)が大きく向上することは多くの研究によって実証されている.酸生成相の HRT(SRT)を 2 h～2 d で制御すれば,通常は最も高い性能が得られる.この条件ではメタン生成細菌は増殖しにくく,揮発性脂肪酸が蓄積することで pH も低下する.二相プロセスの第1段で進む酸生成相は,pH 4.0～6.5 で運転され,第2段のメタン生成相では pH 6.5～8.2 の最適値になる.デンプン,チーズホエーや肉エキスのような易生物分解性 COD 成分に関しては酸生成リアクターの HRT はわずか 2～6 h で充分である.このことで,二相システムの効率は一相システム以上になり,運転の安定性も増す.

特に,原水にメタン生成細菌を阻害する物質が含まれる場合,酸生成相を設置することで,その阻害度合いが緩和されることもよく知られている.

3.9 その他のメタン発酵プロセス

これまで説明したプロセスの他に,嫌気性バッフルドリアクター(anaerobic baffled reactor),密閉式嫌気性ラグーンプロセス(covered anaerobic lagoon process),膜分離嫌気性処理プロセス(membrane separation anaerobic treatment process)等のプロセスがある.特に,嫌気性バッフルドリアクター(ABR 法)は現在まで 100 以上の文献があり,実用化されている.

ABR 法は,1980 年代の初めに McCarty *et al.* によって開発された[55].このフローを模式的に図-3.21 に示した.これは,縦方向の導流板をリアクターに設置して反応室を直列に分割し,それぞれを疑似的な上向流汚泥床とするものである.汚泥はグラニュールまたはフロックの状態で浮遊し,各反応室の処理水は導流板によって下向流になり,次の反応室で再び上向流となる.処理水の返送は汚泥濃度や pH の調整に用いられる.

一見すると,ABR 法は UASB 法のリアクター

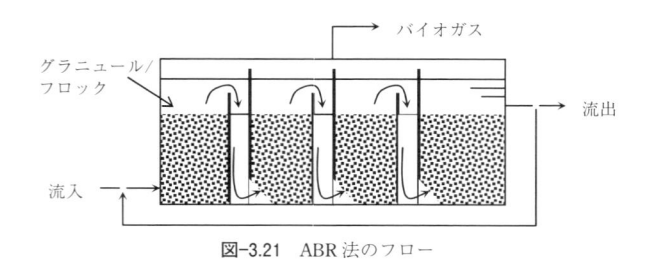

図-3.21 ABR 法のフロー

を直列に連結しただけのように思えるものの，プロセスの特徴はUASB法と大きく異なる．まず，UASB法の水の流れは完全混合に近いが，ABR法は押出し流れに近い．また，UASB法は一相システムであるが，ABR法は二相または多相システムである．したがって，ABR法によって多段UASB法の効果を比較的に簡単に実現できると期待されている．Stuckey *et al.* は，ABR法の研究を進め，ABRの特徴を**表-3.8**のようにまとめると共に，10種類の構造設計図を提示した[56]．

表-3.8 ABR法の様々な特徴[56]

構造	菌体の維持	運転管理
構造が簡単	高い汚泥沈降性が不要	HRTが短い
無動力	汚泥発生量は少ない	間欠運転が可能
機械撹拌が不要い	SRTが長い	水理学的ショックロードに強い
装置コストが安価	菌体保持の濾材が不要	阻害物質に強い
有効容積の割合が高い	GSS装置が不要	汚泥の排出頻度が少ない
目詰りの軽減		COD負荷変動に強い
運転コストが安価		

ABR法にグラニュールが必須であるかどうかは，意見が別れている．Stuckey *et al.* はABR法でグラニュールがなくとも良好な処理効果を得ることが可能であると考えているものの，多くの研究論文はABR法でもグラニュールが生成することを示している[57),58)]．また，ABR法の各反応室内でグラニュールや微生物種が大きく変化することも知られている．

室内研究によれば，ABR法は，下水から糖蜜排水や醸造排液まで幅広い濃度の排水（300～115,000 mg-COD/L）に対応でき，中温条件では0.4～28 kg-COD/m^3/dの槽負荷と数h～15dのHRTでも比較的高いCODとSSの除去が得られる．ABR法は，特に中低濃度の難分解性や阻害性有機性排水の処理に適用できると期待されている．このプロセスの実用例はまだ少ないが，低コストの簡易型嫌気性プロセスの一つとして期待されている．

●(第3章)引用・参考文献

1) Morgan P. F. (1954), "Studies of accelerated digestion of sewage sludge", *Sewage and Industrial Wastes*, Vol.26, pp.462-476.
2) 日本下水道協会(2001)．"汚泥消化，下水道施設計画・設計指針と解説 後編−2001年版−"，pp.381-411，日本下水道協会．
3) 下水道新技術推進機構(2007)．"汚泥消化タンクの改築・修繕技術資料"，2007/3，下水道新技術推進機構．
4) 寺嶋光春，ラジブゴエル，小松和也，安井英斉，高橋弘，李玉友，野池達也(2007)．"中温と高温の嫌気消化汚泥の粘性特性の比較"，環境工学研究論文集，第44巻，pp.217-228．
5) Schroepfer G. J., Fullen W. J., Johnson A. S., Ziemke N. R. and Anderson J. J. (1955). "The Anaerobic

Contact Process as Applied to Packinghouse Wastes", *Sewage and Industrial Wastes*, Vol.27, pp.460-486.
6) 三本昇, 鈴木恒男, 藤村栄一, 二瓶啓 (1983). "パルプ排水のメタン発酵処理", 環境研究, No.45, pp.4-11.
7) 沈振環, 周暁俊, 李玉友, 野池達也 (1992). "ANAMENT 嫌気性―好気性活性汚泥法プロセスによるアルコール廃液の処理に関するパイロットプラント研究", 水環境学会誌, Vol.15, No.4, pp.266-275.
8) 李玉友 (2004). "メタン回収技術の応用現状と展望", 水環境学会誌, Vol.27, No.10, pp.622-626.
9) 李玉友 (2006). "し尿・汚泥処理における膜分離技術の応用", 環境技術, Vol.47, No.3, pp.174-181.
10) 早川豊雄, 岩尾充, 根本修, 藤井芳晴, 安部剛 (2002). "メタン発酵を付加した汚泥再生処理センターの運転報告 (下伊那郡西部衛生施設組合の事例)", 第23回全国都市清掃研究発表会講演論文集, pp.397-399.
11) 阿部肇憲, 山本哲也, 安部剛 (2005). "西天北クリーンセンターにおけるリサイクル事例紹介", 第26回全国都市清掃研究発表会講演論文集, pp.303-305.
12) Sutton P. M., Bérubé P. and Hall E. R. (2004). "Task 1. Phase 1 Report: Compilation/Review of Existing Literature, Membrane Bioreactors for Anaerobic Treatment of Wastewaters", WERF Project 02-CTS-4, WEF.
13) Hall E. R. and Bérubé P. (2006). "Membrane Bioreactors for Anaerobic Treatment of Wastewaters, Phase II", WERF Project 02-CTS-4a, WEF.
14) Young J. C. and McCarty P. L. (1969). "Anaerobic Filter for Waste Treatment", *Sewage and Industrial Wastes*, Vol.41, p.5.
15) Young J. C. (1991). "Factors Affecting the Design and Performance of Upflow Anaerobic Filters", *Wat. Sci. Tech.*, Vol.24, No.8, pp.133-155.
16) Stronach S. M., Rudd T. and Lester J. N. (1986). "Anaerobic Digestion Processes in Industrial Wastewater Treatment", pp.121-133, Springer-Verlag, Berlin.
17) 松井三郎, 依田元之 (1987). "流動床式嫌気性排水処理法", 水質汚濁研究, Vol.10, pp.666-670.
18) 桃井清至 (1985). "嫌気性流動床法による下水の処理特性", 下水道協会誌, Vol.22, No.255, pp.60-66.
19) Jewell W. J. (1982). "Anaerobic Attached Film Expanded Bed Fundamentals.", *First International Conference on Fixed-Film Biological Processes*, University of Pittsburgh, Kings Island, Ohio.
20) Jeris J. S. (1983). "Industrial Wastewater Treatment using Anaerobic Fluidized Bed Reactors", *Wat. Sci. Tech.*, Vol.15, pp.169-176.
21) Switzenbaum M. S. and Jewell W. J. (1980). Anaerobic Attached-Film Expanded-Bed Reactor Treatment, *J. WPCF.*, Vol.52, pp.1953-1965.
22) Jewell W. J., Switzenbaum M. S. and Morris J. W. (1981). "Muncipal Wastewater Treatment with The Anaerobic Attached Microbial Film Expanded Bed Process", *J. WPCF.*, Vol.53, pp.482-490.
23) Heijnen J. J., Mulder A., Enger W. and Hoeks F. (1989)." Review on The Application of Anaerobic Fluidized Bed Reactors in Waste-Water Treatment", *Chem. Eng. J.*, Vol.41, B37-B50.
24) Bull M. A., Sterritt R. M. and Lester J. N. (1984). "An Evaluation of Single-and Separated-Phase Anaerobic Industrial Wastewater Treatment in Fluidized Bed Reactors", *Biotechnol. Bioeng*, Vol.26, pp.1054-1065.
25) Sutton P. M. and Li A. (1983). "Single Phase and Two Phase Anaerobic Stabilization in Fluidized Bed Reactors", *Wat. Sci. Tech.*, Vol.15, pp.333-344.
26) Speece R. E. (1996). "産業廃水処理のための嫌気性バイオテクノロジー", 技報堂出版 (1999), pp.175-183, 監訳:松井三郎, 高島正信.
27) アクアルネサンス技術研究組合, 造水促進センター (1987). "昭和61年度 高性能分離膜複合メタンガス製造装置開発成果報告書 メタン発酵に関する総合調査研究 トータルシステムの研究 (システム化)", pp.19-30, pp.19-35, アクアルネサンス技術研究組合, 造水促進センター.
28) Hickey R. F., Wu W.-M., Veiga M. C. and Jones R. (1991). "Start-up, Operation, Monitoring and Control of

High-Rate Anaerobic Treatment System", *Wat. Sci. Tech.*, Vol.24, No.8, pp.207-255.
29) 上木勝司，永井史郎編著(1993)．"嫌気性排水処理技術"，嫌気微生物学，pp.265-284，養賢堂．
30) Sutton P. M. and Mishra P. N. (1991). "Biological Fluidized Beds for Water and Wastewater Treatment", *Wat. Environ. Tech.*, August, pp.52-56.
31) Lettinga G., Velsen A. F. M. van, Hobma S. W.and Zeeuw W.. J. de and Klapwijk A. (1980). "Use of the Upflow Sludge Blanket (USB) Reactor Concept for Biological Wastewater Treatment", *Biotech. Bioeng.*, Vol.22, pp.699-734.
32) http://www.uasb.org/index.httm
33) Lettinga G. and Hulshoff Pol L. W. (1991). "UASB-process Design for Various Type of Wastewater", *Wat. Sci. Tech.*, Vol.24, No.8, pp.87-108.
34) 柴田健，三崎岳郎，石橋保，劉宝綱(2005)．"可燃ごみ処理への乾式メタン発酵の適用"，都市清掃，第58巻，第265号，pp.250-254．
35) 益田光信(2000)．"KOMPOGASシステム"，環境技術，Vol.29, No.9, pp.669-675．
36) De Baere L. (2000), "Anaerobic Digestion of Solid Waste: State-of-the-art", *Wat. Sci. Tech*, Vol.41, No.3, pp.283-290.
37) 劉宝綱，肖冬生，松田従三(2007)．"乾式メタン発酵技術の技術開発と展開"，空気浄化，Vol.45, No.3, pp.35-43．
38) 劉宝綱(2006)．"固形有機性廃棄物の乾式メタン発酵技術"，*Techno Innovation*, Vol.16, No.3, pp.29-34．
39) 三崎岳郎，柴田健，劉宝綱，石橋保(2005)．"可燃ごみ処理への乾式メタン発酵技術の適用"，第26回全国都市清掃研究・事例発表会，pp.322-32．
40) 劉宝綱，石橋保，和田博，西嶋真幸(2006)．"先進型高効率乾式メタン発酵システム実験事業」(第1報)－可燃ごみ各組成のバイオガス発生特性に関する研究"，第17回廃棄物学会研究発表会，B5-5.
41) 三崎岳郎(2006)．"乾式メタン発酵を利用したバイオマス資源化システム"，日本畜産環境学会会誌，第5巻，第1号，pp.27-31．
42) 川村公平，中西英夫，入江直樹(2005)．"カンポリサイクルプラザにおけるバイオリサイクル施設の運転報告"，タクマ技報，Vol.13, No.1, pp.31-37.
43) Massey M. L. and Pohland F. G. (1978). "Phase Separation of Anaerobic Stabilization by Kinetic Controls", *J. WPCF.*, Vol.50, No.9, pp.2204-2222.
44) Ghosh S., Ombregt J. P. and Pipyn P. (1985). "Methane Production from Industrial Wastes by Two-Phase Anaerobic Digestion", *J. WPCF.*, Vol.46, pp.748-759.
45) Ghosh S., Buoy K., Dressel L., Miller T., Wilcox G. and Loos D. (1995). "Pilot- and Full-Scale Two-Phase Anaerobic Digestion of Municipal Sludge", *Wat. Environ. Res.*, Vol.67, No.2, pp.206-214.
46) Fox P. and Pohland F. G. (1994). "Anaerobic Treatment Applications and Fundamentals: Substrate Specificity During Phase Separation", *J. WPCF.*, Vol.66, No.5, pp.716-724.
47) 野池達也(1984)．"嫌気性消化の浄化機構"，月刊下水道，Vol.7, No.5, pp.16-23．
48) Noike T., Endo G., Chang J-E, Yaguchi J-I and Matsumoto J-I. (1985). "Characteristics of Carbohydrate Degradation and the Rate-Limiting Step in Anaerobic Digestion", *Biotech. Bioeng.*, Vol.27, pp.1482-1489.
49) Lin C-Y., Sato K., Noike T. and Matsumoto J. (1986). "Methanogenic Digestion using Mixed Substrate of Acetic, Propionic and Butyric Acids", *Wat. Res.*, Vol.20, pp.385-394.
50) 李玉友(1989)．"嫌気性消化における下水汚泥の分解機構に関する研究"，東北大学審査博士学位論文．
51) 小林拓朗，李玉友，原田秀樹，安井英斉，野池達也(2007)．"温度フェーズと中間オゾン処理を組合わせたプロセスによる余剰汚泥嫌気性消化の促進効果"，環境工学研究論文集，Vol.44, pp.703-712．
52) 李玉友，小林拓朗(2008)．"下水汚泥の嫌気性消化のシステム評価およびプロセスの高効率化"，水，Vol.50-9, No.719, pp.20-34．
53) 沈建権，李玉友，野池達也(1996)．"嫌気性細菌による糖類排水の水素発酵特性の比較"，土木学会論

文集，No.552/ Ⅶ-1, pp.23-31.
54) 河野孝志，和田克士，李玉友，野池達也 (2004)．"複合基質からの嫌気性水素発酵に及ぼす基質濃度とpHの影響"，水環境学会誌，Vol.27, pp.473-479.
55) Bachmann A., Beard V.L. and McCarty P. L. (1985). "Perfprmance Characteristics of the Anaerobic Baffled Reactor", *Wat. Res.*, Vol.19, pp.99-106.
56) Barber W. P. and Stuckey A. C. (1999). "The Use of the Anaerobic Baffled Reactor (ABR) for Wastewater Treatment: a Review", *Wat. Res.*, Vol.33, pp.1559-1578.
57) Uyanik S., Sallis P. J. and Anderson G. K. (2002). "The Effect of Polymer Addition on Granulation in an Anerobic Baffled Reactor (ABR). Part I: Process Performance", *Wat. Res.*, Vol.36, pp.933-943.
58) Uyanik S., Sallis P. J. and Anderson G. K. (2002). "The Effect of Polymer Addition on Granulation in an Anerobic Baffled Reactor (ABR). Part Ⅱ Compartmentalization of Bacterial Population", *Wat. Res.*, Vol.36, pp.933-943.

第4章 プロセスの制御因子

　本章の前半では,メタン発酵の反応速度を律する温度,滞留時間等の物理的制御因子について,その大要を解説する.これらは,メタン発酵プロセスの性能を左右する基本的項目であり,きわめて重要である.そして後半 4.5 以下の節では,化学的制御因子について記述する.これらの化学的制御因子は,微生物の反応速度に関わるものでもあるが,これは同時にメタン発酵の運転の結果として表出してくる環境データでもあり,運転状態の良否を判定することができる.また,最後に重金属について,メタン発酵への阻害と微量必須元素としての役割を紹介する.

4.1 温　　度

　温度は,メタン発酵の処理効率に大きな影響を及ぼす操作因子の一つである.これはメタン発酵を担う嫌気性細菌群,特にメタン生成細菌が温度の変化に敏感であるためと考えられる.下水汚泥を対象としたメタン発酵である嫌気性消化には運転温度として,20℃以下の低温消化帯(至適温度 15～20℃),40℃以下の中温消化帯(至適温度 30～37℃),65℃以下の高温消化帯(至適温度 50～55℃)の3つがある[1].通常,メタン発酵プロセスでは加温を行い,運転温度 30～37℃の中温メタン発酵,または 50～55℃の高温メタン発酵として運転される.例えば,2006年に実施された嫌気性消化施設を採用しているわが国の下水処理場に対する調査によると,回答のあった 247 箇所の処理場における 77％の消化槽(535 槽)が 30～40℃未満の中温消化帯で運転し,7％の消化槽(48 槽)が 50℃以上の高温消化帯で運転していることがわかった[2].

　次に,高温メタン発酵および中温メタン発酵のそれぞれの特性について述べる.まず処理時間に関しては,高温メタン発酵の方が中温メタン発酵に比べ処理時間が短く,高速処理が可能である.例えば,わが国における下水汚泥の嫌気性消化施設では,中温メタン発酵の場合,滞留時間が 20～30 d で運転されることが多いのに対し,高温メタン発酵の場合は 10～15 d の実績が多い[1].そして有機物負荷も高温メタン発酵の方が,中温メタン発酵に比べて優れている.図-4.1 に示した中温メ

タン発酵と高温メタン発酵における運転温度と有機物負荷量・ガス生成量の関係から明らかなように，高温メタン発酵では中温メタン発酵の 2.5 倍の高負荷運転が可能である[3]．なお，ガス生成量も負荷に比例し，増大している．さらに，発酵過程における病原体（pathogen）の不活性化ということに関しても，高温メタン発酵は，中温メタン発酵に比べて優れている．

図-4.2 に，し尿および汚泥中の病原体の不活性化に及ぼす時間と温度の関係を示す[4]．例えば，サルモネラ菌（*Salmonera*）や回虫卵は 35℃では 1ヶ月以上かけても完全に不活性化しないが，55℃では 1 d の処理でこれらの病原体が不活性化することがわかる．これは特に農地への土壌還元を考え

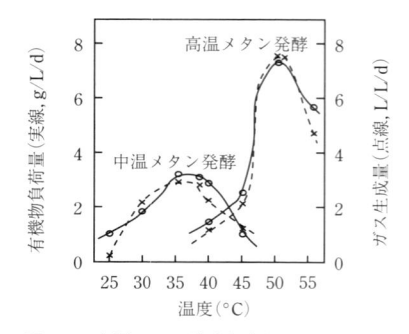

図-4.1 中温メタン発酵と高温メタン発酵における運転温度と有機物負荷量・ガス生成量の関係［文献3）を改変］

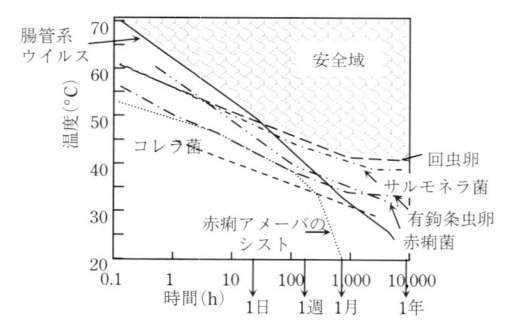

図-4.2 し尿および汚泥中の病原体の不活性化に及ぼす時間と温度の関係[4]

る際に重要であり，アメリカ環境保護局（US EPA）の病原体に対する基準では，高温消化ではクラスAのバイオソリッド条件（病原体が検出限界以下）を満たすことから，近年，アメリカでは高温メタン発酵への関心が高まってきている[5],[6]．

一方，運転の安定性に関しては，高温メタン発酵の方が不安定とされている．これは，特に高温メタン生成細菌が中温で生育するものと比べて，重金属やアンモニア性窒素等の阻害物質に関する耐性が劣るためと考えられている[5],[7]．また，アメリカでかつて建設された高温メタン発酵施設のほとんどが，揮発性脂肪酸の蓄積によってpHの低下が起こり，運転が不安定になるという理由等で中温メタン発酵に戻したという報告もある[6]．ただし，余裕をもった運転条件下では，性能は安定的であり，わが国の高温メタン発酵では問題になっていないとの指摘もある[8]．

高温メタン発酵と中温メタン発酵の優劣が確定していない項目として有機物当り

のメタン生成量や最終の有機物分解率がある．これらに関しては，高温メタン発酵の方が優れているという報告と，両者は同等という報告がそれぞれあるが，下水汚泥の嫌気性消化に関しては，一般的には中温メタン発酵と高温メタン発酵は同等と考えられている[5]．

図-4.3 に Golueke が行った下水汚泥の嫌気性消化(滞留時間 30 d)の実験結果を再整理したものを示す[5]．グラフによれば，充分な滞留時間で処理した場合には，中温メタン発酵でも高温メタン発酵でもメタン生成量や有機物分解率は変わらない．汚泥の脱水性の優劣に関しては，現在のところ，一致

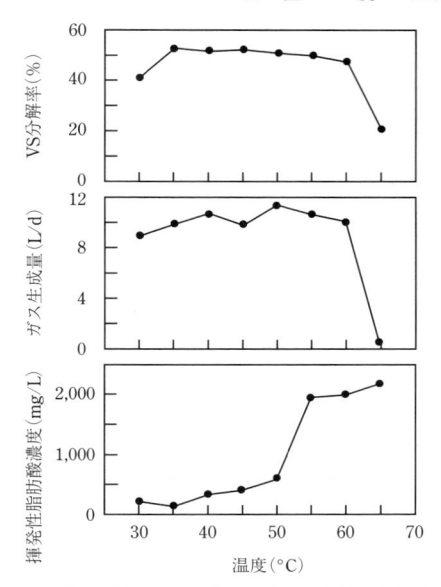

図-4.3 滞留時間 30 d の条件における下水汚泥有機物(VS成分)の分解率，ガス生成および有機酸濃度に及ぼす温度の影響[5]

した見解はない．これは，汚泥性状の違いに従って脱水性が大きく異なるためと考えられている．**表-4.1** に，既往の研究を基に高温メタン発酵と中温メタン発酵の性能を比較した結果をまとめた[9]．

表-4.1 有機性廃棄物のメタン発酵における高温発酵と中温発酵の性能比較

比較項目	高温メタン発酵	中温メタン発酵	備考
運転温度	55 ℃前後	35 ℃前後	
分解速度	速	遅	
ガス発生速度	速	遅	
有機物負荷	大 (5.5〜6.5 kg/m^3/d)	小 (2.0〜3.0 kg/m^3/d)	高温発酵の方が単位容積当りの処理能力が 2〜3 倍高い
HRT	短 (10〜20d 程度)	長 (20〜30d 程度)	HRT の違いに伴い，発酵槽容積も異なる
油脂類の溶解	可能	困難な場合あり	中温発酵の場合，常温で固体の動物性脂肪は注意すべき
衛生化効果	大	小	病原体の不活性化，雑草種子の発芽抑制
加温に要するエネルギー	大	小	
発酵阻害を引き起こすアンモニウムイオン濃度	低 (2,500 mg/L 程度)	高 (7,000 mg/L 程度)	

以上のように，高温メタン発酵は，中温メタン発酵に比べ処理速度が速く（およそ2倍），また発酵過程における病原体の不活性化という点でも優れているが，運転の安定性では中温メタン発酵に劣ることがわかっている．そして従来は，反応槽の加温用燃料を生成ガスでまかなえることから中温メタン発酵で運転されることが多かった[1]．ところが近年の動向として，下水汚泥の高濃度消化と組み合わせて高温処理を採用する例が出てきている[10]．これは，①高濃度消化においては消化タンク内の汚泥が高濃度になると消化ガスと汚泥の分離が困難になる場合があり，その際，槽内温度を高温にすることにより汚泥の粘性が低下し，その結果，ガスと汚泥の分離が改善されることと，②高濃度消化により，消化ガス発生量が増大し，高温消化を行うまでに消化タンクを加熱する熱量がまかなえること等が採用の理由として挙げられる[10]．

この他，高温メタン発酵に中温メタン発酵を組み合わせたプロセスも提案されている[11]．これは消化汚泥を農地へ土壌還元することに対応したもので，病原体の不活性化に優れる高温メタン発酵に加えて，脱離液の揮発性脂肪酸濃度が高く臭気が強い高温処理の欠点を改善するために，中温メタン発酵を組み合わせたプロセスである．

4.2 滞留時間（HRT および SRT）

水理学的滞留時間（HRT）とは，基質が反応槽に滞留する時間であり，これにより反応槽の容積は決定される．一方，汚泥滞留時間（SRT）は，反応槽や返送汚泥系等の水処理系内に汚泥が滞留する時間である．下水汚泥のメタン発酵等で用いられる汚泥の返送を行わない完全混合型反応槽ではHRTとSRTは等しいが，生物膜型反応槽やUASBリアクター等ではHRTと別にSRTを維持できる．まず注意しなければならないことは，メタン発酵を担う微生物の世代時間より長いSRTで運転しないと菌体のウォッシュアウトが起きてしまい，メタン発酵が起こらなくなってしまうことである．O'Rourkeは，最初沈殿池汚泥を処理するベンチスケールの35℃の中温消化でのウォッシュアウトの起こらない限界SRTとして4.2 dという値を求めた[12]．さらに設計の際には，限界SRTに安全率を掛けることが必要であり，McCartyは，最小安全率として2.5を推奨している[13]．これらの値から求められる最小設計SRTは，多くの研究者が推奨している消化温度35℃における最小SRTの値10 dと一致している[12]．**表-4.2**に中温消化タンクの設計で用いられる

SRT を示す[12),13)]. なお前述したように, わが国における下水汚泥処理の稼働施設の場合, 中温メタン発酵では HRT が 20〜30 d, 高温メタン発酵では 10〜15 d の実績が多い[1)].

表-4.2 中温消化タンクの設計で用いられる SRT

運転温度(℃)	SRT(d) 限界	設計推奨値*
18.3	11	28
23.9	8	20
29.4	6	14
35.0	4	10
40.6	4	10

*:最小 SRT＝限界 SRT×安全率(2.5)

一方, 嫌気性細菌の自己凝集作用を利用して, グラニュール汚泥として反応槽内のバイオマス濃度を高める方法である UASB 法や, 反応槽内部に充填したプラスチックや砕石等に嫌気性微生物膜を付着増殖させ反応槽内の菌体濃度を高める方法である嫌気性固定床法といった菌体を固定化する方法では HRT とは別に充分な SRT を維持できるため, 数 h といったきわめて短い HRT での処理が可能となる.

4.3 有機物負荷

有機物負荷は, メタン発酵槽の必要容積を決定するものであるが, 投入基質の種類, 反応槽の形式, 水理学的滞留時間についても注意を払う必要がある. 例えば, 反応槽内の撹拌を行わない下水汚泥の中温標準消化タンクにおいては $0.6〜1.6$ kg-VSS/m^3/d, 撹拌を行う中温消化タンクでは $2.4〜6.4$ kg-VSS/m^3/d が代表的な設計基準値とされている[12)].

一方, 菌体を固定化する方法では, きわめて高い有機物負荷での運転が可能である. 例えば, UASB では有機物負荷 $15〜25$ kg-COD/m^3/d での運転が可能と考えられており, 中温 UASB の設計負荷としては 10 kg-COD/m^3/d 程度が用いられる[14),15)]. なお高温メタン発酵での有機物負荷に関しては, 既に述べたように中温メタン発酵の 2.5 倍もの高負荷での運転が可能という報告もある[3)].

4.4 撹拌および混合

反応槽内の撹拌および混合は, 投入基質を槽内に分散させ, 発酵を担う微生物との接触効率を上げると共に, 反応槽内の温度分布を均一にし, 処理効率を上げるために行われる. 一方, わが国の施設(下水処理場の消化タンク施設の一次タンク)において行われた, 塩化リチウムをトレーサーに用いた槽内の撹拌・混合状態に関す

る調査によると，清掃後運転間もないタンクでは全槽完全混合に近いと解析されたが，清掃後6年の消化タンクでは死水域は44％に達すると評価された[16]．このように，実際の施設では撹拌による槽内混合状態は必ずしも良好でない場合もあり，そのような時には浚渫の実施や撹拌機器の改築が必要である．

4.5　pH，アルカリ度と揮発性有機酸濃度

メタン発酵プロセスは，有機性固形物を対象とする場合，微細化・可溶化，酸生成，メタン生成の3段階を踏むと一般的に理解される．このうち，メタン生成の段階で中心的役割を果たすメタン生成細菌は，ほぼ中性付近のpHを好むので，メタン生成の最適pH範囲は，一般的に中性付近の6.6〜7.6にあるといわれている．メタン生成相に対し，微細化・可溶化，酸生成相の最適pH域はより幅広いものと考えられている[17]．しかし，メタン発酵プロセスでは，酸生成相，メタン生成相の相分離を行わないで運転されることが一般的なので，pHの中性域への保持はメタン発酵プロセスの基本となる．このメタン発酵プロセスの最適pH範囲は，処理対象や微生物群集構造により若干変化することも考えられる．これまでの報告によれば，良好に運転されているメタン発酵槽のpHはほとんど6.5〜8.2の範囲にある．

メタン発酵プロセスのpHに影響を与えるのは，基質そのものの組成が第一番であり，例えば，グルコースのメタン発酵に対しては，適切なpH調整剤を添加する必要がある．

しかしながら，実際のメタン発酵プロセスでは，消化ガス中の二酸化炭素の溶解に伴う炭酸濃度がその濃度に対応する重炭酸イオンと拮抗してpHがほぼ中性に保たれるという機構，すなわち消化液のアルカリ度による緩衝機能が働いているのである．この機構を化学式で表すと，式(4.1)のようになる．

$$CO_2 + H_2O \rightleftarrows H_2CO_3$$
$$H_2CO_3 \rightleftarrows H^+ + HCO_3^-$$
(4.1)

アルカリ度の要因になるものは，ここに示した重炭酸イオンの他に，水酸イオン[OH^-]，炭酸イオン[CO_3^{2-}]，アンモニウムイオン[NH_4^+]，リン酸イオン[HPO_4^{2-}]，ケイ酸イオン[$H_3SiO_4^-$]等があるが，これらは水素イオンを中和する，すなわちアルカリの作用を持つものである．こうしたアルカリ物質が例えばナトリウムイオン等と共存して存在すると，この溶液はアルカリ度の高いものとなる．

メタン発酵液のアルカリ度は，一定の緩衝能を要するということで 1,000 mg/L 以上，アルカリ性にあまり偏らないということで 5,000 mg/L 以下が推奨されている．上記のように消化タンクの中では，消化ガスの二酸化炭素濃度と消化液のアルカリ度が影響しあって消化液の pH を決めている．図-4.4 は，消化温度 35℃における消化ガスの二酸化炭素濃度，消化液 pH，アルカリ度の関係を示している[18]．この図には，嫌気性消化で通常となる処理条件の範囲が示されている．

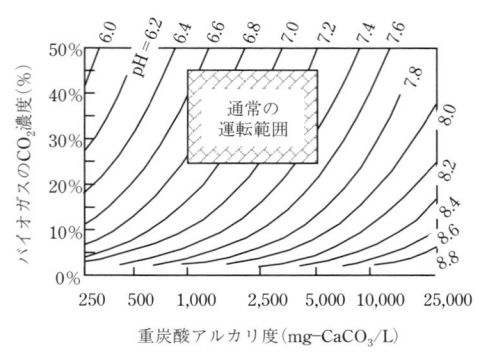

図-4.4 pH とアルカリ度の関係（35℃）[18]

pH, アルカリ度は，メタン発酵の中間生成物である揮発性有機酸濃度に影響を受ける．揮発性有機酸濃度が高くなればそれだけアルカリ度は消費され，最終的には pH の値を下げる．揮発性有機酸 100 mg/L に対するアルカリ度の消費は，70 mg/L 程度であるので，通常の有機酸濃度（数 100 mg/L 以下）では pH を下げるに到らないが，1,000〜2,000 mg/L の濃度を超えるとその可能性も出てくるので，所定の濃度以下の管理が要請される．

pH を中性に保持するためにアルカリ度を補充する pH 調整剤には，一般的には重炭酸ソーダが用いられる．他の薬剤，例えば，カ性ソーダ，ソーダ灰，石灰を添加すると，消化液中の溶解二酸化炭素を消費し，一時的に消化ガスに負圧を生じるためである．

4.6 基質組成（C/N 比）とアンモニア阻害

メタン発酵の対象となる代表的な廃棄物系バイオマスとしては，下水汚泥，し尿，食品生ごみ等がある．これらの素材は，メタン発酵に供されるとその有機成分がメタンと二酸化炭素に変換されるが，タンパク質系の成分は，アンモニア性窒素を同時に生成することとなり，これが消化液に残留する．これらの素材を C/N 比の指標で並べてみると，表-4.3 のようになり，C/N 比の小さい素材ほど消化液のアンモニア性窒素が高いことがわかる．また，このアンモニア性窒素の濃度は，素材の

濃度が高いほど，すなわち含水率が低いほど高くなることは明らかであり，最近取り組まれている脱水汚泥のメタン発酵(乾式メタン発酵)の場合にアンモニア性窒素の濃度は高くなる．

表-4.3 廃棄物系バイオマスのC/N比と消化液のアンモニア性窒素濃度

	C/N比	TS濃度(mg/L)	アンモニア性窒素(mg/L)
下水汚泥(混合)[19]	5.5	37,000	1,008
最初沈殿池汚泥	10.0	39,000	574
余剰汚泥	3.9	37,000	1,386
し尿[20]	6.0[21]	25,000	3,000
食品生ごみ[21]	14.6	50,000	876

アンモニアは，水中でアンモニウムイオンと遊離アンモニアの双方で存在するが，毒性としては遊離アンモニアの方が強い．遊離アンモニアの存在比率は，pHが高いほど，また温度が高いほど増加するので，アンモニアの毒性は，高pH領域または高温消化でより顕著になる．下水汚泥の嫌気性消化に対するアンモニア性窒素の影響に対しては，一般的に表-4.4に示されるような理解がなされてきた[22]．すなわち，低濃度では有効であるが，高濃度では特にアルカリ域で毒性の影響が出るというものである．また，この毒性影響は濃度が急激に上がった時には強く現れ，徐々に濃度が上がる場合は，その影響度合いは弱くなるということが観察されている．

表-4.4 嫌気性消化に対するアンモニア性窒素の影響[22]

アンモニア性窒素濃度(mgN/L)	影響
50～200	有効
200～1,000	悪影響なし
1,500～3,000	pH7.4～7.6以上で阻害要因
>3,000	毒性

わが国は，し尿の嫌気性消化について長年の経験を有している．し尿消化ではアンモニア性窒素濃度が3,000 mg/L程度あり，pHの値も8.0～8.5とアルカリ域である．これらのことから，アンモニアによる何らかの阻害の影響下で運転がなされてきたものと考えられる．しかしながら，図-4.5に示す生ごみと汚泥の実験結果のように，メタン発酵におけるアンモニア性窒素の安全濃度を，中温消化では4,500～5,000 mg/L以下，高温消化では2,500 mg/L以下とみなす成果が得られている[23]．

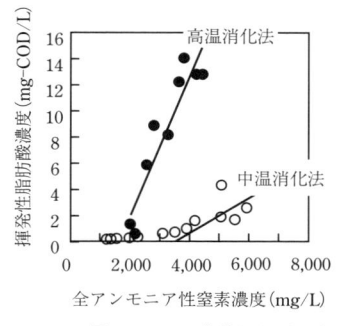

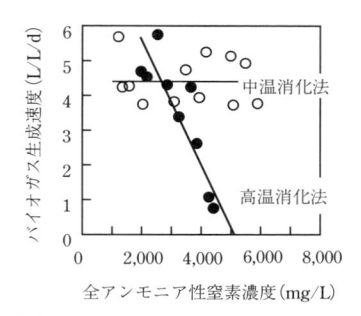

図-4.5 VFA蓄積およびバイオガス生成から見たアンモニア阻害に関する中温消化と高温消化の比較[23]

4.7　重金属等による阻害と反応の促進

　メタン発酵に及ぼす重金属の影響については，過去に幾つかの研究がなされ，ガス発生量に影響を及ぼす重金属の毒性の強さは，クロム＞銅＞亜鉛＞カドミウム＞ニッケルの順としているものがある[24]．しかしながら，メタン発酵プロセスの汚泥は，重金属の毒性に対しかなりの馴化を示し，相当量の金属濃度まで耐性を示す場合がある．下水汚泥のメタン発酵等では硫化物が充分に存在するので，流入する重金属は直ちに硫化物となり，毒性が発揮されないと考えられる．重金属の阻害の影響が現れるのは，主として溶存する金属によってであり，クロム 3 mg/L，ニッケル 2 mg/L，亜鉛 1 mg/L，銅 0.5 mg/L の溶存濃度が目安となるとしている[22]．

　一方，ある種の金属は，メタン発酵を司る嫌気性細菌に対して必須元素である．メタン生成細菌の増殖活性に促進効果を及ぼす元素として，鉄，銅，セレン，コバルト，マンガン，タングステン，ニッケル，モリブデン，ホウ素，亜鉛の10種類が報告されている．このうち，最も重要な元素は，鉄，ニッケル，コバルトの3種類である[25]．これらの必須元素の欠乏による運転障害は，運転初期に現れなくても，種汚泥起因のものが利用し尽される2〜3ヶ月後で顕著になる場合が多い．これら微量金属の欠乏の問題は，下水汚泥では一般的には現れないが，生ごみや食品廃棄物のメタン発酵を行う場合には留意する必要がある．メタン発酵におけるこれらの必須元素（栄養塩）の要求量と至適濃度について，Speeceは**表-4.5**のように整理している[26]．

表-4.5 メタン発酵に対する栄養塩要求量[26)]

元素	要求量 (mg/g-COD)	至適濃度 (mg/L)	代表的な添加剤
栄養塩			
N	5〜15	50	NH_3, NH_4Cl, NH_4HCO_3
P	0.8〜2.5	10	NaH_2PO_4
S	1〜3	5	$MgSO_4 \cdot 7H_2O$
微量栄養塩			
Fe	0.03	10	$FeCl_2 \cdot 4H_2O$
Co	0.003	0.02	$CoCl_2 \cdot 2H_2O$
Ni	0.004	0.02	$NiCl_2 \cdot 6H_2O$
Zn	0.02	0.02	$ZnCl_2$
Cu	0.004	0.02	$CuCl_2 \cdot 2H_2O$
Mn	0.004	0.02	$MnCl_2 \cdot 4H_2O$
Mo	0.004	0.05	$NaMoO_4 \cdot 2H_2O$
Se	0.004	0.08	Na_2SeO_3
W	0.004	0.02	$NaWO_4 \cdot 2H_2O$
B	0.004	0.02	H_3BO_3
一般のカチオン			
Na^+		100〜200	NaCl, $NaHCO_3$
K^+		200〜400	KCl
Ca^{2+}		100〜200	$CaCl_2 \cdot 2H_2O$
Mg^{2+}		75〜250	$MgCl_2$

●(第4章)引用・参考文献

1) 日本下水道協会(2001)."汚泥消化．下水道施設計画・設計指針と解説　後編－2001年版－", pp.381-411．日本下水道協会.
2) 下水道新技術推進機構(2007)."汚泥消化タンク改築・修繕　技術資料", 2007/3．下水道新技術推進機構.
3) 小野英男(1978). 紙・パルプ工場の廃液及び廃棄物のメタン発酵処理について", 紙パルプ技術協会会誌, Vol.32, No.3, pp.71-78.
4) 河村清史(1996)."汚泥処理プロセスでの微生物の挙動", 金子光美編著, 水質衛生学, pp.243-245．技報堂出版.
5) 李玉友(1998)."汚泥・生ごみなどの有機廃棄物の高温メタン発酵", 水環境学会誌, Vol.21, pp.644-649.
6) Iranpour R. (2006). "Retrospective and Perspectives of Thermophilic Anaerobic Digestion:part I", *Wat. Environ. Res.*, Vol.78, p.99.
7) 今井剛(1998)."排水の高温嫌気性処理", 水環境学会誌, Vol.21, pp.640-643
8) 佐藤和明(1998)."高温嫌気性消化の現状と課題", 水環境学会誌, Vol.21, pp.626-629
9) 中原清志(2006)."バイオガスシステムの現状", 平成18年度バイオマス利活用基礎講座, 社団法人日本有機資源学会．p.5.
10) 楠本光秀(2005)."大阪市における汚泥処理施設の更新と機能向上─汚泥の分離濃縮と高温高濃度消化システムへの発展─", 下水道協会誌, Vol.42, No.516, pp.31-35
11) Han, Y. and Dague, R. R. (1997). "Laboratory Studies on the Temperature-phased Anaerobic Digestion of Domestic Primary Sludge", *Wat. Environ. Res.*, Vol.69, pp.1139-1143.
12) U.S.Environmental Protection Agency (1979). Stabilization, In "Process Design Manual for Sludge Treatment and Disposal", EPA 625/1-79-011, pp.6-1-157, U.S.Environmental Protection Agency, Cincinnati.
13) McCarty, P. L. (1964). "Anaerobic Waste Treatment Fundamentals /part four /process design", *Public Works for December*, pp.95-99.

14) 和田洋(1995)."メタン発酵による高濃度有機性排水処理技術",環境管理,Vol.31, pp.812-820.
15) 依田元之(1993)."嫌気性排水処理技術",上木勝司,永井史郎編著 嫌気微生物学,pp.265-284,養賢堂.
16) 佐藤和明,大嶋吉雄(1985)."トレーサー法による消化タンクの有効容量の実測とその評価",下水道協会誌,Vol.22, No.250, pp.67-73.
17) 遠藤銀朗,野池達也,松本順一郎(1983)."嫌気性消化の酸生成相に及ぼす温度とpHの影響",土木学会論文集,330号,pp.49-57.
18) McCarty P.L. (1964). "Anaerobic Waste Treatment Fundamentals/Part 2/Environmental Requirements and Control", *Public Works*, October 1964, p.123.
19) 坂元裕,佐藤和明(1978)."エネルギー回収を目的とした嫌気消化法の検討—最初沈殿池汚泥および余剰汚泥のガス発生量について",下水道研究発表会講演集,Vol.15, pp.579-581.
20) 野中徹一,針生昭一(1973)."下水・し尿の分析",講談社.
21) 李玉友(2005)."バイオマス利活用(その3)—メタン発酵技術—",農業土木学会誌,Vol.73, No.8, pp.739-744.
22) U.S. Environmental Protection Agency (1979). "Process Design Manual for Sludge Treatment and Disposal", EPA 625/1-79-011, September 1979, p.6-37, Cincinnati.
23) Li Y.Y., Ko I.B., Noike T., Funaishi K. and Sasaki H. (2004). "Comparison of Ammonia Inhibition between the Methophilic and Thermophilic Anaerobic Digestion of Municipal Solid Wastes", *Proc. of 10th World Congress on Anaerobic Digestion*, Volume 1, pp.507-514, 29/Aug-2/Sep/2004, Montréal, Canada.
24) 松本順一郎,野池達也(1973)."汚泥消化に及ぼす重金属類の影響(Ⅱ)—半連続投入実験による検討—",下水道協会誌,Vol.10, No.115, pp.2-18.
25) 李玉友,西村修(2007)."メタン発酵法による廃棄物系バイオマスの循環利用",混相流,Vol.21, No..1, pp.29-38.
26) Speece, R.E. (1996)."産業廃水処理のための嫌気性バイオテクノロジー",技報堂出版(2005),監訳:松井三郎,高島正信.

第5章 メタン発酵槽の運転管理

5.1 メタン発酵プロセスの立上げ

5.1.1 種汚泥の導入

メタン発酵の効率的な立上げを行うには,以下の5項目に留意することが必要である.

①種汚泥の量および質
②処理対象物の組成
③種汚泥ならびに処理対象物中の栄養塩濃度と pH 緩衝能
④初期 HRT(水理学的滞留時間)
⑤容積負荷上昇率

種汚泥は,立ち上げようとしているプロセスとできるだけ同じ条件で運転を行っているメタン発酵施設から採取することが望ましい.豚排泄物,生ごみ,食品廃棄物,下水汚泥や高濃度食品排水等を処理対象とする場合は,種汚泥として,これらと類似な物質を処理しているメタン発酵施設の発酵液(消化液)や消化汚泥の他,し尿処理場や下水処理場の嫌気性消化槽の消化液あるいは脱水汚泥等を用いることができる.

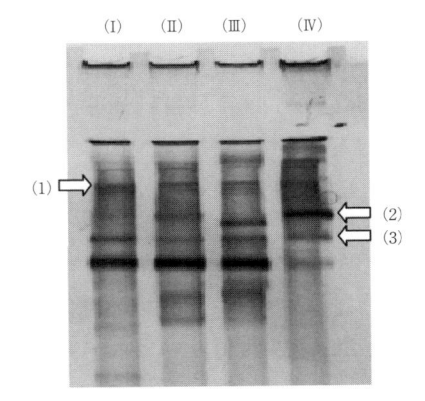

写真-5.1 日本各地の牛排泄物に含まれる古細菌 PCR − DGGE プロファイル
Ⅰ:群馬県 M 牧場,Ⅱ:千葉県 S 牧場,Ⅲ:北海道 K 牧場,Ⅳ:岩手県 K 牧場
(1):*Methanocorpusculum parvum*
(2):*Methanocorpusculum labreanum*
(3):*Methanobrevibacter smithit*

一方,牛をはじめとする反芻動物の家畜排泄物を処理対象とする場合は,その糞にメタン生成細菌が含まれるため,他施設からの汚泥を用いることなく,糞を種汚泥に利用して立ち上げることもできる.これについて,日本各地から採取したサンプルにおいて,古細菌群集のパターンを分析した結果を**写真-5.1**に示す[1].牛排泄

物中の古細菌群集パターンは，飼育方法が異なる牧場であっても似かよっており，*Methanocorpusculum*属や*Methanobrevibacter*属の水素資化性メタン生成細菌が優占していた．また，このパターンは，牛排泄物等を処理する家畜排泄物のメタン発酵施設から採取した汚泥と類似していた．この結果は，牛排泄物をそのまま種汚泥に用いてメタン発酵プロセスを立ち上げられる可能性を生態学的に裏付けている．

また，消化汚泥を種汚泥に用いる場合には，汚泥の滞留時間（SRT）があまり短い施設のものや長いものを用いることは望ましくない．図-5.1は，下水汚泥の嫌気性消化実験として，SRTが異なる複数の嫌気性消化槽から汚泥を採取し，これらを種汚泥に用いて回分的にバイオガスの発生量を比較した結果である．バイオガスの発生は，種汚泥をSRTが15 d程度の施設から採取したものが早く起こり，300 dの施設から採取した場合は遅れが認められた．この理由は，SRTの短い施設の汚泥には嫌気性細菌がまだ充分に増殖しておらず，逆にSRTが極端に長い施設ではかなりの細菌が死滅・不活性化しているためである．このことは，種汚泥中に存在する嫌気性細菌の種類に加えて，その量も立上げに重要な影響を与えることを意味する．つまり，メタン発酵プロセスの立上げには，適切な種汚泥を選び，それをできるだけ多く投入することが大切である．

図-5.2は，種汚泥の添加量の影響を定性的に示した実験結果である．これは，処理対象であるし尿と種汚泥の比（F/M比）を段階的に変えて回分的にバイオガスの発生量を比較したものである．バイオガスに分解されたし尿の量（グラフの面積）は

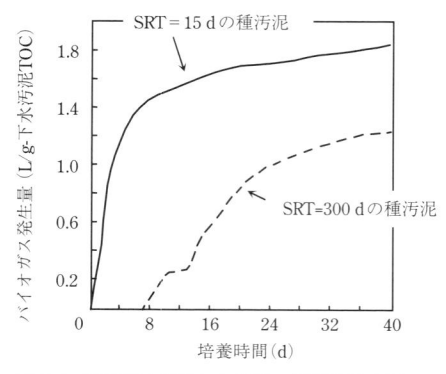

図-5.1 種汚泥を採取した施設の汚泥滞留時間がバイオガス発生量に与える影響
（処理対象：下水汚泥）

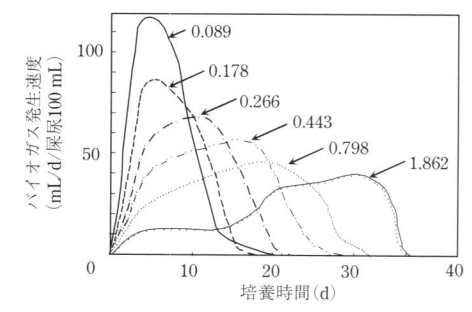

図-5.2 種汚泥の添加率（F/M比）がバイオガス発生量に与える影響
［処理対象：し尿，グラフの数値はF/M比（g/g）］

F/M 比の影響をほとんど受けないが，F/M 比が低い条件（種汚泥の割合が多い）ほど培養初期に発生するバイオガスが多くなると共に，最大のバイオガス発生速度（ピーク）に到達する時間が早まることがグラフから明らかに認められる．

5.1.2 運転管理指標

メタン発酵が段階的に進行する過程は，模式的に**図-5.3**のように表される[2]．初期の酸発酵段階で，pHは5付近まで低下する．このpHは，酸発酵に関わる酸生成細菌が反応するほぼ下限の値である．この急なpHの低下は，易分解性の有機物から酢酸をはじめとする揮発性脂肪酸が過剰に生成することで起きる．この揮発性脂肪酸(酢酸)からメタン生成細菌によってメタンが生成する一方で，この反応に平行して分解速度が比較的遅い基質からも揮発性脂肪酸が生成する．このことで，pHはおよそ5～6まで上昇する．そして，揮発性脂肪酸に分解可能な基質が消費され尽くされると，pHがさらに上昇し始め，およそ7を超えるようになる．

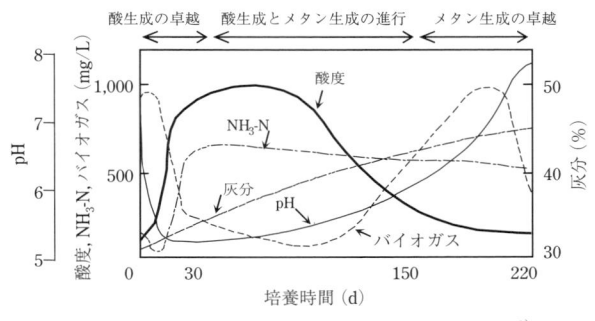

これによってメタン生成細菌の活性が高まり，バイオガス中のメタン分圧は高くなり，メタンガスの発生は顕著に上昇する．原料の追加投入が無い場合は，揮発性脂肪酸は最終的にほぼ完全に消費される．**図-5.4**は，牛排泄物の嫌気性貯留槽から採取した汚泥をメタン発酵槽に容積比で10％ほど投入し，豚排泄物のメタン発酵プロセ

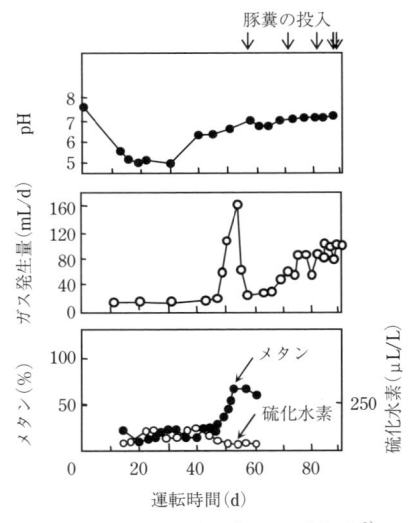

図-5.3 メタン発酵が段階的に進行する過程の模式図[2]

図-5.4 メタン発酵の種汚泥馴養経過[3]

ス用に種汚泥を馴養した例である[3]．

メタン発酵の状態は，発酵液(消化液)のpH，揮発性脂肪酸濃度，メタン発酵の阻害要因の一つであるアンモニア性窒素濃度と発生するバイオガス(消化ガス)の量と，ガス組成(特にメタンおよび二酸化炭素濃度)を測定することによって把握できる．また，生ごみ等を対象としたメタン発酵プロセスでは，これに加えてM-アルカリ度がプロセス安定性の指標となりうる[4]．アルカリ度は，炭酸(H_2CO_3)，炭酸イオン(CO_3^{2-})，重炭酸イオン(HCO_3^-)，水酸イオン(OH^-)と，わずかな有機酸や弱酸の塩(ケイ酸，リン酸，ホウ酸)等の酸を消費する成分の濃度を表す指標の一つである．

牛排泄物等の家畜排泄物は，アルカリ分が多いのでアルカリ度は高いことが普通だが，生ごみではアルカリ分はあまり含まれていない．メタン発酵プロセスでは，強還元状態下で有機物がメタンと二酸化炭素に分解されるので，反応の進行に伴いアルカリ度が高くなる．また生成した有機酸によってもアルカリ度は変化する．アルカリ度は，投入物のC/N比に影響を受ける．投入物のTS濃度が約10％の場合，アルカリ度は6,000～10,000 mg/L程度になる．また，メタン発酵プロセスの安定性を把握するには，投入物濃度，量，組成の記録に加えて運転温度の監視も必要なことはいうまでもない．

5.1.3 定常状態までの馴致

メタン発酵プロセスの立上げに種汚泥を投入しなかったため，可燃性ガスが得られるまでに半年を要した例がある[5]．種汚泥の投入は，早い立上げに役立つので，実務のうえでも好ましい．メタン生成細菌の倍加時間は，大腸菌(約20 min)，酵母(約2 h)と比べて非常に長い[6]．このため，メタン発酵プロセスの立ち上がりは，時間を要する．しかしながら，メタン生成経路で補酵素として働くCo^{2+}やNi^{2+}を添加することで，表-5.1の実験値に示すように増殖速度は向上する．

京都府八木町バイオエコロジーセンター(現 南丹市)で高温メタン発酵槽を増設

表-5.1 メタン発酵プロセスに関わる微生物の平均倍加時間

		平均倍加時間	
		既往文献	実験値*
酢酸資化性メタン生成細菌	*Methanosaeta* spp.	3～7d	1.0～1.2d
水素資化性メタン生成細菌	*Methanobacterium* spp.	2～4h	－
嫌気的酢酸酸化細菌		約30d	14～28d

*：酢酸のみを炭素源とし，Co^{2+}とNi^{2+}を添加した実験

したケースでは，立上げに約6ヶ月を要し，乳牛排泄物尿を処理対象とした高温メタン発酵プラントでは，73 d が必要であった[7]．また，寒地土木研究所で乳牛排泄物尿の中温メタン発酵プラントが検討された時は，定常状態に至るまでに 70〜80 d を要したと報告されている[8]．サトウキビ廃糖蜜排水およびテンサイ製糖排水の処理では，立上げに 3 ヶ月程度，またワイン醸造排水では 6〜8 ヶ月ほど要するようである[9]．

立上げ時は，メタン発酵槽の気密と温度を適切に維持し，投入量を設計量の 1/4 もしくは 1/3 から徐々に増加させていくことが一般的である．5.1.2 で述べた運転管理指標のうち，発酵液の温度，pH およびバイオガス発生量の監視は必ず実施する．立上げにおいては，pH の値とバイオガス発生量に特に注意を払いながら投入量を増やしていくとよい．メタン生成が充分に進まないうちに投入量を増やすと，揮発性脂肪酸の蓄積に伴う pH の低下によって酸敗が起きる．槽内の pH が大きく下がる前に揮発性脂肪酸の濃度が明らかに上昇するので，これを測定しておくことは，立上げの失敗を防ぐためにきわめて大切である．

ガス組成を分析することは，さらに望ましい．一般的にメタン濃度は約 60 %，二酸化炭素濃度は約 40 %である．pH が低下した時や逆に高すぎる場合は，メタン濃度が約 40 %，二酸化炭素濃度が約 60 %となることがある．

図-5.5 は，種汚泥の種類がプロセスの立上げ期間を左右することを実証した実験結果の一つである[10]．この実験では，種汚泥に，家畜排泄物と食品廃棄物（おから）を主な処理対象とした中温メタン発酵槽から採取したもの（種汚泥 A）と，汚泥と生ごみを処理対象とした中温メタン発酵槽から採取したもの（種汚泥 B）をそれぞれ用

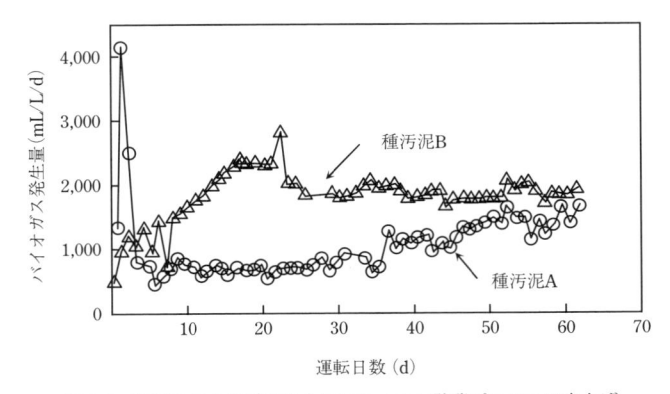

図-5.5 起源の異なる種汚泥を用いたメタン発酵プロセスの立上げ

い，乳牛排泄物と家庭生ごみを模擬した標準生ごみの混合物(乳牛排泄物:標準生ごみ = 9:1)を添加して，バイオガス発生量の経時的な変化を比較した．種汚泥を採取したメタン発酵槽は，投入物質の種類が異なる以外は全く同じ運転条件であった．

種汚泥Aの場合，バイオガスの発生量が充分に増えてメタン発酵槽の立上げが完了したと判断できるまでに約2ヶ月の期間が必要であった．これに対し，種汚泥Bでは，バイオガスの発生量はかなり初期の段階から速やかに上昇し，ほぼ2週間で所定の値に達した．これら2種類の運転で定期的に採取した発酵液中のメタン生成細菌を含む古細菌の群集構造を，PCR-DGGE法によって分析した結果を**写真-5.2**に示す．

種汚泥Aを用いたメタン発酵槽では，微生物叢は運転を開始してから4ヶ月を経てもなお変動しており，6ヶ月を過ぎてようやく安定するようであった．一方，種汚泥Bのメタン発酵槽では，2ヶ月以降の微生物叢はあまり変化しておらず，汚泥Aを用いた場合よりも早く安定した．しかしながら，微生物叢の安定化に要する時間は，バイオガスの発生量やメタン濃度といったプロセス性能の安定化よりも長くかかるようである．

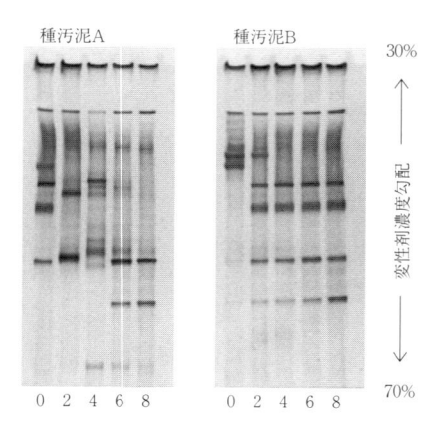

写真-5.2 PCR-DGG法によるメタン発酵槽の古細菌群集の変動分析結果
(写真の数値は運転経過月数を示す)

5.1.4 不安定状態の原因

適切な槽負荷の条件下では，順調にメタン発酵プロセスが立ち上ると，安定した運転性能が得られる．一方，何らかの原因でプロセスが不安定状態に陥ると，有機物の分解率が低下し，所定のバイオガス発生量を確保できなくなる．

所定のバイオガス発生量が得られない状態は，適切な温度域からの逸脱，高すぎる槽負荷(高濃度，大量投入等)の運転，タンパク質を多く含む有機性廃棄物の大量投入—アンモニア生成—による発酵阻害，脂肪を多く含む有機性廃棄物の有機酸分解律速—脂肪酸の蓄積—による発酵阻害，さらに，撹拌の不良や一時的な過負荷等によって起きる．

5.2 槽負荷とバイオガス発生量

メタン発酵反応を安定させるには,適切な槽負荷およびHRTでシステムを制御する必要がある.槽負荷は,容積当りの有機物(VS)あるいはCODの投入量で定義することが一般的である.適切な槽負荷は,対象有機性物の種類やシステムの運転温度等で異なる.代表的な有機物における適切な槽負荷は,以下のとおりである.

- 下水汚泥
    - 中温メタン発酵プロセス:2〜3 kg-VS/m^3/d
    - 高温メタン発酵プロセス:5〜7 kg-VS/m^3/d
- 家畜排泄物
    - 中温メタン発酵プロセス:2〜3 kg-VS/m^3/d
    - 高温メタン発酵プロセス:5〜6 kg-VS/m^3/d
- し尿汚泥と生ごみの混合物
    - 高温メタン発酵プロセス:4〜8 kg-VS/m^3/d
- 生ごみ
    - 高温メタン発酵プロセス:4〜6 kg-VS/m^3/d

HRTは,槽負荷と高い関連があり,また,有機物分解率や細菌濃度の維持に大きく影響する.固形物を対象とした高温メタン発酵では,10〜20 d,中温メタン発酵では,20〜30 d程度が一般に採用されている.一方,メタン生成細菌等を担体で固定したプロセスあるいはUASB法のような生物膜リアクターでは,高負荷・短いHRTの運転が可能である.

適切な槽積負荷の条件では,**表-5.2**にまとめたようなバイオガス発生量が期待できる[11]〜[13].もし,期待どおりのバイオガスが発生しない場合は,運転温度,槽負荷(1 d当りの原料投入量,投入 TS,場合により投入原料組成),発酵液のpH,

表-5.2 様々な有機性廃棄物からのバイオガス発生量およびメタン含有量

区分		固形物濃度(%)	有機物(VS)分解率(%)	ガス発生倍率(Nm^3/t-分解VS)	メタン濃度(%)
畜産系	乳牛	6.5〜9.2	42.6〜49.0	483.6〜485.7	59.0〜64.5
	豚	4.4〜8.9	47.4〜52.0	665.7〜713.1	65.0〜65.9
食品系	生ごみ	10.1〜16.0	79.6〜83.0	454.9〜624.1	56.4〜58.4
汚泥系	余剰汚泥	10	35〜40	793	62.5
	下水汚泥	3	50	1,097	62

アンモニア性窒素濃度や有機酸濃度とその組成等を分析すると，解決のヒントが得られることが多い．

5.3 有機酸の蓄積と酸敗対策

装置に投入された有機性廃棄物は，加水分解を経て酸生成細菌によって酢酸，プロピオン酸，乳酸，酪酸，吉草酸等に転換する．酢酸はメタン生成細菌の基質の一つである．メタン発酵プロセスが円滑に運転されている場合は，これら有機酸濃度は大変低い．しかしながら，槽負荷が高くなると，それが一時的であっても有機酸濃度はたやすく上昇する．有機酸が蓄積するとpHが低下し，pHが6.5を下回るとメタン生成細菌が強く阻害されるようになる．これが酸敗である．酸敗によってバイオガスのメタン分圧が下がると共に二酸化炭素分圧が増加し，液のpHがさらに低下しやすくなる．

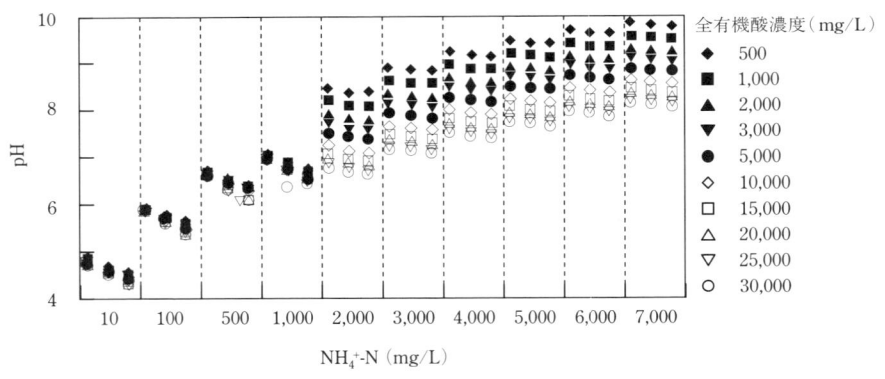

図-5.6 有機酸濃度に依存するpH値と緩衝能[14]
（各アンモニア性窒素濃度において，[左]のプロット = pCO_2 0.3 atm，[中央]のプロット = pCO_2 0.4 atm，[右]のプロット = pCO_2 0.5 atm）

図-5.6は，アンモニア性窒素濃度，全有機酸濃度，バイオガス中の二酸化炭素濃度とpHの相関を示したものである[14]．発酵液中のアンモニア性窒素濃度および全有機酸濃度があまり変わらなくても，バイオガス中の二酸化炭素濃度（pCO_2）が大きくなるとpHは低下する．

プロセスの反応が適切に進行していない場合，プロピオン酸が蓄積しやすい．そして，脂質分解の律速段階である高級脂肪酸の分解が遅いと，高級脂肪敢の蓄積に

よって様々な阻害が起きる．高級脂肪酸の分解そのものも，水素や揮発性脂肪酸の蓄積により阻害を受ける．炭素数が偶数の高級脂肪酸は，*Syntrophobacter wolinii* に代表される水素生成性酢酸生成細菌によって，酢酸と水素に分解される．炭素数が奇数の場合は，酢酸と水素の他に 1 mol の脂肪酸から 1 mol のプロピオン酸が生成する．このプロピオン酸は，水素生成性酢酸生成細菌によって最終的に酢酸と水素に分解される．この過程で生成する酢酸と水素は，メタン生成細菌によってメタンに転換される．

Syntrophobacter wolinii は，**表-5.3** に示すように，水素資化細菌（メタン生成細菌あるいは硫酸塩還元細菌）と共生することで増殖でき，その増殖速度はかなり低い[15]．また，**表-5.4** に示すように，酢酸と水素を生成する微生物の基質分解速度はメタン生成細菌よりも低く，菌数も少ない[15]．さらに，プロピオン酸から酢酸と水素を生成する細菌は，酢酸資化性メタン生成細菌に対して 1/50〜1/100 しかない．このことから，プロピオン酸の分解反応の方が酢酸の分解反応よりも律速となりやすい．脂肪酸が蓄積した場合は，有機物の投入量を下げる，発酵液を希釈する，重炭酸ナトリウムや消石灰（水酸化カルシウム）等の添加によって pH を中和する，などで対処する．

表-5.3 *Syntrophobacter wolinii*(DB)，硫酸塩還元細菌(G11)とメタン生成細菌(JF1)の共生系におけるプロピオン酸の代謝

共生系	反応	消費 (mmol/L) プロピオン酸	生成 (mmol/L) 酢酸	HCO_3^-	HS^-	CH_4	世代時間 (h)
DB+G11	I	−13.4	+12.0	+13.4	+10.6	ND	87
DB+JF1+G11	II	−12.8	+11.5	+3.2	ND	+9.2	161

I の反応（菌体の合成を含めない）
$4CH_3CH_2COO^- + 3SO_4^{2-} \rightarrow 4CH_3COO^- + 4HCO_3^- + H^+ + 3HS^-$ (−151 kJ/reaction)

II の反応（菌体の合成を含めない）
$4CH_3CH_2COO^- + 12H_2 \rightarrow 4CH_3COO^- + HCO_3^- + H^+ + 3CH_4$ (−103 kJ/reaction)

表-5.4 メタン発酵槽内の各細菌群のバイオマスとその基質分解速度

	バイオマス (Cell/mL)		基質分解速度 (μmol/mL/min)	
	中温	高温	中温	高温
メタン生成細菌（水素を資化）	2.1×10^8	9.3×10^8	N.A.	N.A.
メタン生成細菌（酢酸を資化）	4.6×10^7	2.1×10^8	30	40
プロピオン酸分解細菌（酢酸と水素を生成）	9×10^5	1.5×10^6	3	4.5
酪酸分解細菌（酢酸と水素を生成）	5×10^6	1.5×10^7	1	2

N.A.：未測定

5.4 安定運転のための管理項目

　安定したメタン発酵を維持するために，メタン発酵施設の運転管理者は，原料投入濃度，投入量および原料組成を的確に把握する必要がある．さらに，日常的な管理項目として，運転温度，バイオガス発生量，発酵液 pH の把握は必須である．バイオガスの組成を，オンラインで測定できることが望ましい．また，定期的な監視項目として，プロピオン酸をはじめとする発酵液中の揮発性脂肪酸の濃度と組成，アンモニア性窒素濃度，アルカリ度等がある．

　メタン発酵施設の槽の容量がかなり大きいことと，発酵液の熱容量が大きいことで，運転温度は変動しにくい．ただし，高温メタン発酵プロセスは，中温メタン発酵プロセスよりも温度管理を徹底することが必要である．メタン生成細菌の増殖に適する pH は中性付近なので，メタン発酵槽は，中性から弱アルカリ性で制御することが好ましい．これは，万一，過剰に生成した有機酸の阻害を避けるためにも役立つ．良好なメタン発酵プロセスの場合，pH は，6.5～8.2 の範囲にあることが多い．ただし，下水汚泥，家畜排泄物やタンパク質を多く含む生ごみの処理では，アンモニア性窒素濃度が高いため，pH はやや高めになることもある．

●(第5章)引用・参考文献

1) 渋谷勝利，児島敏一(2004)．"乳牛糞尿および乳牛糞尿と野菜屑との混合メタン発酵"，第15回廃棄物学会研究発表会講演論文集，pp.493-495．
2) Methane Fermentation Processes (2000). *AOTS-AIT-EBARA International Training Course*, No. EHMF-08218, 21/Aug.-1/Sept/2000, Ebara corporation.
3) 遠藤勲，坂口健二，古崎新太郎，安田武夫 編(1985)．羽賀清典，第2節メタン発酵(2)，家畜排泄物の処理，生物反応プロセスシステムハンドブック，pp.300-306，サイエンスフォーラム．
4) 地域資源循環技術センター(2005)．"メタン発酵利活用施設技術指針(案)"，pp.5-6．
5) 農業技術体系畜産，(8)環境対策(2001)．農山漁村文化協会，pp.454-456．
6) 木田健次(2002)．第12講 バイオマスのメタン発酵によるサーマルリサイクル，バイオマスエネルギーの特性とエネルギー変換・利用技術，pp.338-379, NTS．
7) 小川幸正，藤田正憲，中川悦光(2005)．"ふん尿・食品残渣の中温および高温メタン発酵の性能比較に関する研究"，廃棄物学会論文集，Vol.16, No.1, pp.44-54．
8) 北海道開発土木研究所(2005)．"積雪寒冷地における環境・資源循環プロジェクト(平成12～16年度)最終報告書"．
9) Speece R. E. (1996)．"産業廃水処理のための嫌気性バイオテクノロジー"，技報堂出版(2005)，監訳：松井三郎，高島正信．
10) 渋谷勝利，成富隆昭，野池達也(2004)．"異なる種汚泥を用いたメタン発酵特性の比較"，工業水，No.555, pp.66-77．

11) 畜産環境整備機構(2001)．家畜排せつ物を中心としたメタン発酵処理施設に関する手引き，p.37.
12) 日本有機資源協会(2004)．バイオガスシステムの現状と課題，p.15.
13) 日本有機資源協会(2006)．バイオガス化マニュアル，p.47.
14) Langhans G.(2002)．"Use and Treatment of Manure and Biowaste in European Agriculture"，酪農学園大学大学院共催講演会資料，北海道バイオガス研究会．
15) 鈴木周一編(1983)．"バイオマスエネルギー変換"，講談社，pp.100-122.

第6章 廃棄物系バイオマスのメタン発酵

近年，地域における環境の保全や循環型社会の創造に加えて，地球規模で生じている温暖化への対策やエネルギー対策等が強く要望されるようになり，これに大きく貢献する廃棄物系バイオマスのメタン発酵が注目されている．その対象は，下水汚泥をはじめ，都市活動や生活に由来する生ごみ，一般ごみ，浄化槽汚泥，家畜排泄物，食品加工残渣，公園緑地管理由来の草木等，多岐にわたる．本章では，それらの中から代表的な事例を紹介する．

6.1 下 水 汚 泥

下水汚泥のメタン発酵は，近代下水道の始まりと時を同じくして嫌気性消化法の呼名で採用されてきた．2006年度末現在で，わが国に2,076箇所ある下水処理場のうち，比較的規模の大きい300施設ほどでメタン発酵が行われている．これは，全国で発生する下水汚泥の約1/3に相当する．

下水汚泥のメタン発酵プロセスには，単段消化と二段消化の別，加温式と無加温式の別，さらにガス撹拌と機械撹拌の別がある．これらによって分類した施設の基数を**表-6.1**にまとめた．メタン発酵槽に投入される下水汚泥の濃度は，加温式で0.6〜5.4 %（6〜54 g-TS/L）の範囲にあり，平均で3 %（30 g-TS/L）である．また，無加温式では0.2〜5.4 %の範囲で，平均は2.2 %である．全国の下水汚泥メタン発酵法の平均的な性能を，運転温度に着目して**表-6.2**にまとめた．ここで，運転温度はメタン発酵槽の温度，消化率は投入固形物の分解率（減少率）をそれぞれ意味する．

表-6.1 下水汚泥のメタン発酵槽の種類別基数

メタン発酵プロセス	撹拌	加温式	無加温式
単段消化	ガス	43	12
	機械	95	6
二段消化	ガス	251	23
	機械	85	5

表-6.2 わが国における下水汚泥メタン発酵の平均性能

運転温度	投入VS当りのガス発生倍率 (m^3/t-VS)	消化率	
		TS基準(%)	VS基準(%)
33℃未満	504	48.8	58.3
33〜38℃	513	52.1	61.9
38〜48℃	538	53.1	68.1
48℃以上	606	57.1	68.7

【実施例：横浜市北部汚泥資源化センター】

横浜市は，市内11箇所の下水処理場で発生する下水汚泥を，パイプ網で北部汚泥資源化センターと南部汚泥資源化センターに集約し，全量をメタン発酵している．北部汚泥資源化センターは，1987年9月に，わが国で最初の卵形のメタン発酵槽（嫌気性消化槽）が導入されたことでも有名であり，**写真-6.1**にように12基の卵形消化タンク（メタン発酵槽）を有するものである．

横浜市北部汚泥資源化センターは，5箇所の下水処理場から集約されてきた汚泥を**図-6.1**に示すフローで処理している．集約された汚泥は，遠心濃縮機により約5％（50 g-TS/L）に濃縮され卵形のメタン発酵槽（6,800 m^3×12基）に送られる．メタン発酵槽では中温36℃，滞留時間30 dのメタン発酵が行われる．そこから発生したガスは，コージェネレーション発電に用いられ

写真-6.1 横浜市北部汚泥資源化センターの全景

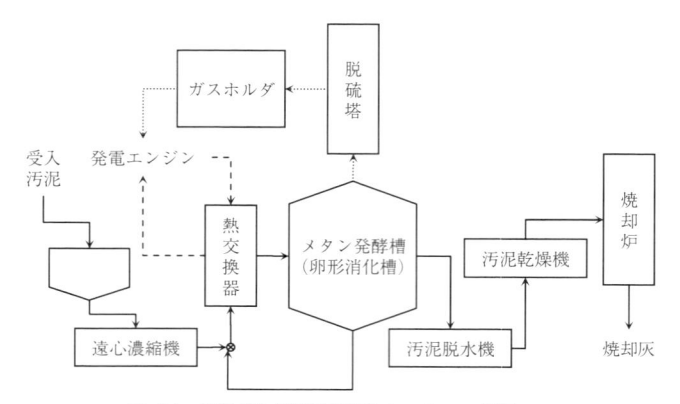

図-6.1 横浜市北部汚泥資源化センターの処理フロー
(実線：汚泥，点線：ガス，破線：温水)

ると共に，一部は汚泥焼却炉の補助燃料にも利用される．発電機は920 kWが4台，1,100 kWが1台，他に燃料電池システムがある．2002年度における消化ガス生産と利用量の実績を**表-6.3**に示す[1]．

表-6.3 横浜市北部汚泥資源化センターにおける消化ガス発生量と利用の内訳

投入汚泥量	43,700 t-TS/年
消化ガス発生量	16,325,202 Nm^3/年
消化ガス使用内訳	
ガス発電	11,629,863 Nm^3/年
燃料電池	655,712 Nm^3/年
焼却炉	3,872,309 Nm^3/年
空調機	35,819 Nm^3/年
安全燃焼	131,499 Nm^3/年

2002年度実績

6.2 生ごみ

わが国における生ごみのメタン発酵の展開は，1990年代後半に厚生省が策定した「し尿処理汚泥施設の更新方針—汚泥再生処理センター事業—」によるところが大きいと思われる．この時期より，生ごみとし尿および浄化槽汚泥との混合メタン発酵の研究開発が盛んに行われるようになった[2]～[5]．そして，1997年度から本格的に事業が着手され，2004年度末時点で14施設に達した．これらのほとんどが完成，

表-6.4 生ごみのメタン発酵性能

原料・プロセス*		温度	発酵日数(d)	分解率(%) TS基準	分解率(%) VS基準	ガス発生倍率 Nm^3/t-湿重	ガス発生倍率 Nm^3/kg-TS	ガス発生倍率 Nm^3/kg-VS	CH$_4$濃度(%)	出典
人工生ごみ	TS 5%	T	15	75.4	80.5	37			58.4	[9]
	TS 7.5%	T	15	73.0	77.8	50			56.4	
	TS 10%	T	15	69.3	75.3	69			59.7	
	TS 12%	T	15	73.6	77.8	83			57.5	
人工生ごみ	TS 10%	M	5	62.5	65.5		0.64	1.09[a]		[10]
		M	7.5	68.5	72.0		0.625	1.00[a]		
		M	10	70.0	74.0		0.67	1.00[a]		
		M	15	73.0	78.0		0.73	1.01[a]		
		M	30	78.5	83.0		0.70	0.90[a]		
人工生ごみ	TS 10%	T	5	72.0	75.5		0.68	1.00[a]		[10]
		T	7.5	78.0	80.0		0.60	0.87[a]		
		T	10	75.0	78.0		0.67	0.92[a]		
		T	15	74.0	79.0		0.69	0.93[a]		
		T	30	73.0	80.5		0.695	0.93[a]		
IMCシステム		M			82.9			0.834[a]	60.1	[11]
食品残渣		T	20				0.47			[12]
生ごみ		M	10～20		53	121.8			52	[13]
学校給食ごみ/固定床		T	8		81.6	160.2				[14]
		T	10		78.6	162.7				
		T	20		84.2	205.6				
学校給食ごみ/固定床		T	3.2		75.3	168.5				[15]
		T	4		78.9	175.6				
		T	8		90.3	203.7				
乾式メタン発酵		T			84	172		0.679[b]		[16]
膜型メタン発酵		T	11.7			132				[16]
WTMシステム		M		80↑		183		0.87[a]		[17]

*：プロセス名が明記されていないものは，完全混合の連続運転プロセスを示す．
T：高温メタン発酵(55℃)，M：中温メタン発酵(35～37℃)，単位は a)：分解VS当り，b)：投入VS当り

稼動に至っている[6),7)].

現在は，生ごみ単独のメタン発酵も注目されてきており，新エネルギー・産業技術総合研究機構の調査によれば，生ごみを原料としているメタン発酵施設は47箇所あり，そのうちの9箇所は生ごみ単独の施設と思われる．食品加工残渣のみを原料としている施設も21箇所ある[8)]．生ごみのメタン発酵性能の報告事例を**表-6.4**に示した．

【実施例：中空知衛生施設組合】

中空知衛生施設組合リサイクリーンは，北海道空知地方で発生するごみのリサイクルと資源化を徹底的に推進するために整備された3つの広域ごみ処理施設の1つである．ここでは，滝川市，芦別市，赤平市，新十津川町，雨竜町の3市2町（対象人口 95,308 人，平成 12 年国勢調査）から発生するすべての生ごみを分別収集してメタン発酵する施設が 2003 年 8 月 1 日から稼動している．

各家庭や個人，事業所から発生する生ごみは，3，6，12 L 容の中から自由に選択できる指定の有料生ごみ袋で回収され，随時，メタン発酵施設の受入れホッパ（34 m^3 ×3 基）に搬入される．施設の全景を**写真-6.2**に示した．

写真-6.2 中空知衛生施設組合リサイクリーン施設の全景

メタン発酵槽は 700 m^3×3 基で，35 ℃の温度，20 d の滞留時間の中温発酵法によって運転される．メタン発酵槽の汚泥は，発生する発酵ガスによって無動力で撹拌される．ガスホルダは 1,000 m^3×1 基で，発電は，燃料油と混合するデュアルガス発電機で行われ，80 kW × 5 基の規模である．リサイクリーン施設の処理フローを**図-6.2**に示した．

現地技術者は，生ごみのメタン発酵プロセスでは，次の2つの点が課題になることを指摘している．

①発酵ガス中の硫化水素濃度が 1,000 ppm を超えるほどに高く，脱硫経費が多いことがエネルギー利用の制約になりつつあること．

②大量に混入するタマゴの殻が直接的に，あるいはカルシウム成分がメタン発酵過程で溶解・再析出して間接的に設備機器の摩耗損傷の主因となっていること．

2006 年度の実績に基づく生ごみの処理状況を**図-6.3**にまとめた．対象人口 89,847 人（2005 年度国勢調査）から収集された生ごみから生成したバイオガスの

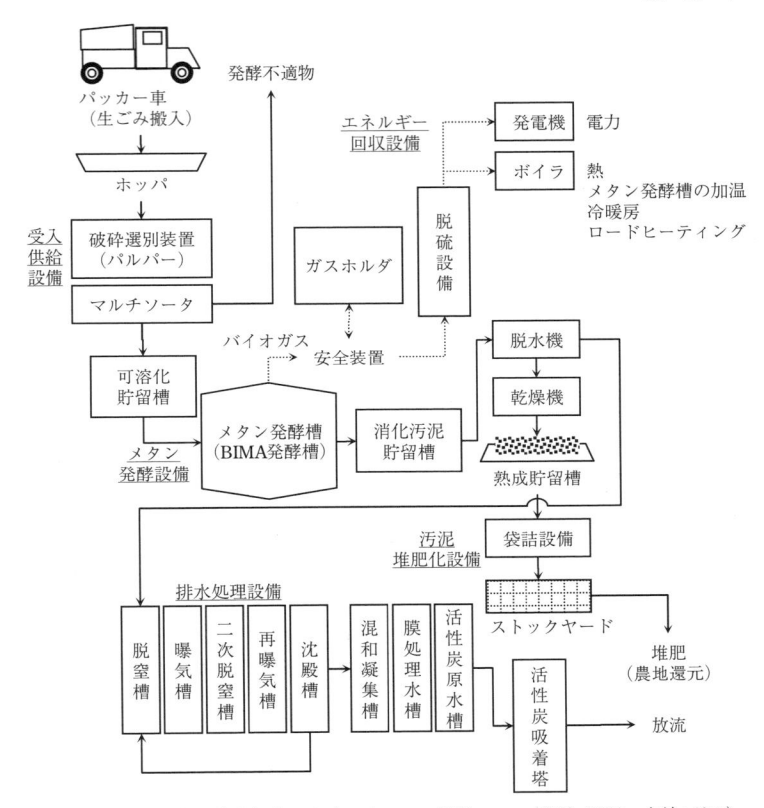

図-6.2 中空知衛生施設組合リサイクリーンの処理フロー(実線:汚泥, 点線:ガス)

CH_4 濃度は 51～58 % で，生ごみ当りのガス発生倍率は 166 Nm^3/t-生ごみ(湿重)であった．年間の総発電量は，1,385,400 kWh でリサイクリーン施設全体の電力使用量の 52 % を賄っていた．また，排熱はメタン発酵槽の加温に用いると共に，発酵残渣をコンポスト化に供するための脱水汚泥の乾燥に用いられた．

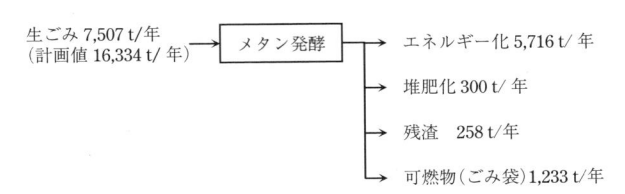

図-6.3 中空知衛生施設組合リサイクリーンの生ごみ処理実績(2006 年度)

6.3 家畜排泄物

家畜排泄物を主原料としたメタン発酵施設が近年広く普及し,70施設が報告されている[8].家畜排泄物のメタン発酵性能を報告した事例を**表-6.5**に示した.

表-6.5 家畜排泄物のメタン発酵性能

原料・プロセス*	温度	発酵日数 (d)	分解率(%) TS基準	分解率(%) VS基準	ガス発生倍率 Nm^3/t-湿重	ガス発生倍率 Nm^3/kg-TS	ガス発生倍率 Nm^3/kg-VS	CH_4濃度(%)	出典
家畜排泄物の圧搾液	M	15.4	52		25[d]			67	18)
豚排泄物			45〜55		20		0.695[c]	55〜65	19)
牛排泄物			25〜35		14.5		0.485[c]	55〜65	
豚排泄物の圧搾液	M	12	60		27.5[d]				20)
	M	14	32		15.6[d]				
高濃度の牛排泄物	M	7.5	25		14.7		0.180	61.9	21)
	M	15	38		19.6		0.240	63.0	
	M	30	45		25.7		0.315	63.7	
豚排泄物の汚水	M	20			24.3		0.640		22)
高濃度の乳牛排泄物	T	10	26				0.153	60〜63	23)
	T	20	32				0.229	60〜63	
	T	30	32				0.259	60〜63	
	T	40	37				0.283	60〜63	

*:プロセス名が明記されていないものは,完全混合の連続運転プロセスを示す.
T:高温メタン発酵(55℃), M:中温メタン発酵(35〜37℃), 単位は[c]:Nm^3-CH_4/kg-分解VS.
[d]:排泄物の圧搾液

家畜排泄物メタン発酵施設のうちの58施設は,家畜排泄物の専用施設であり,他は生ごみとの混合,あるいはそれに汚泥を含めた3者を混合,またはそれ以外の剪定枝葉等の多くを混合,メタン発酵する施設である.これらの中で,42施設では発生ガスによる発電を行い,他の28施設は発生ガスを熱利用している.2006年8月に実施された聞き取り調査によれば,酪農が盛んな北海道では43の専用施設が稼動しているとのことである.

【実施例:酪農学園大学】

学校法人酪農学園は,「酪農における情報と物質のリサイクルシステムの開発研究」のために,2000年11月に酪農学園大学・大学院および同短期大学部にインテリジェント牛舎システムを完成させ,「酪農情報の管理と利用」,「酪農における物質循環」の研究を行っている.インテリジェント牛舎には,**写真-6.3**に示すように,わが国初の実用規模の研究用バイオガスプラントが組み込まれている.この牛舎では,乳牛150頭の糞尿をメタン発酵して,良質で低臭の液体有機肥料(液肥)を生産すると共に,発生するメタンガスで発電機を運転して電気と80℃の温水を得ている.

インテリジェント牛舎における糞尿処理のフローを図-6.4 に示す．施設の床面積は 336.96 m^2 で，牛舎で発生した糞尿や汚水は原料槽に送られ，混入している粗敷料等が除かれて，液を主成分とした有機物が 1 d に 9〜10 m^3 ほどメタン発酵槽に送られる．メタン発酵槽は，37〜40℃の温度，25 d の滞留時間で運転される．

写真-6.3 酪農学園インテリジェント牛舎の全景

発生されるバイオガス量は，計画の 250〜300 m^3 を超えており，これによって 400 kWh 以上の発電量を得て，約 130 kWh をプラント運転に，300 kWh ほどの電力を大学に供給している．発電には，研究比較のためにガソリンエンジン (25 kW) とディーゼルエンジン (25 kW) を改造した 2 種類が適用されている．発酵後の液は，貯留槽に蓄えられて，必要な時期に学園内の飼料畑に肥料として散布される．これにより，化学肥料の使用量が約 3 割削減されている．

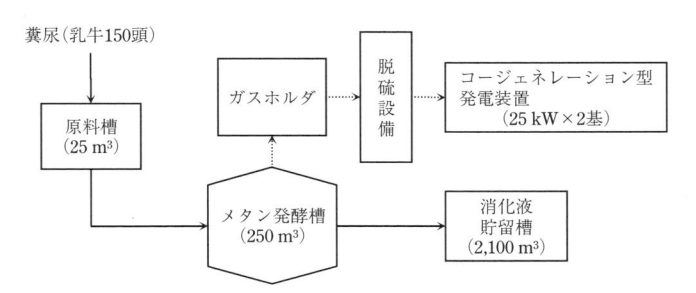

図-6.4 酪農学園インテリジェント牛舎バイオガスプラントの処理フロー
(実線：汚泥，点線：ガス)

6.4 草木植物

草や木の植物だけを原料とするメタン発酵施設は，現時点では存在しない．草と木は，いずれも炭水化物主体の有機物なので，メタン発酵プロセスの原料には基本的に適している．特に草は微生物に分解されやすいく，直ちにメタン発酵の原料に

できる．これに対して，木は表面積が少なく，微生物で容易に分解されにくいため，破砕処理が必要である．さらに，木の細胞はリグニン等によって互いが堅く結びついた構造なので，シロアリのような特殊な生物以外には分解されにくい．このため，木の木質成分をメタン発酵する際には，物理化学的な前処理(改質)も必要とされる．また，木質は窒素をほとんど含まないことから，メタン発酵に際して窒素源を供給する必要がある．

これらのことから草を主原料とする方がプロセスの実現性は高いと思われるが，木においても剪定枝葉が実際に混合発酵で既に利用されていること，有効な前処理法が活発に検討されていること，等の背景があるため，実現の可能性はある．草木バイオマスのメタン発酵について，これまでに実験レベルで得られた処理性能を**表-6.6**に示した．

表-6.6 草と木のメタン発酵性能

原料・プロセス*	温度	発酵日数 (d)	分解率(%) TS基準	分解率(%) VS基準	ガス発生倍率 Nm^3/t-湿重	ガス発生倍率 Nm^3/kg-TS	ガス発生倍率 Nm^3/kg-VS	CH_4濃度(%)	出典
下水汚泥／稲藁 (1:0.5)[e]	M	30	39	38	0.19		0.24	49	24)
下水汚泥／稲藁 (1:1)[e]	M	30	22	21	0.14		0.17	57	
下水汚泥／稲藁 (1:2)[e]	M	30	41	41	0.14		0.16	37	
下水汚泥／稲藁 (1:0.5)[e]	M	30	47	50	0.18		0.21	33	24)
下水汚泥／熱改質稲藁(1:0.5)[e]	M	30	57	60	0.25		0.29	44	
下水汚泥／熱改質稲藁(1:1)[e]	M	30	62	65	0.24		0.28	43	
下水汚泥／熱改質稲藁(1:2)[e]	M	30	64	72	0.23		0.26	41	
下水汚泥／熱改質稲藁(1:0.5)[e]	M	30	59	62	0.29		0.34	50	
下水汚泥／稲藁 (1:0.5)[e]	M	30	67			0.42		45	25)
下水汚泥／酵素改質稲藁 (1:0.5)[e]	M	30	88			0.43		51	
下水汚泥／水浸改質稲藁 (1:0.5)[e]	M	30	88			0.50		48	
下水汚泥／酵素改質稲藁 (1:1)[e]	M	30	81			0.40		45	
牧草／回分	M		60			0.39		51	26)
下水汚泥／爆砕木質	M	28	66			0.70		43	27)
草木／コンポガス	T		20	90			0.165		16)
剪定枝／コンポガス			20	85					16)

*：プロセス名が明記されていないものは，完全混合の連続運転プロセスを示す．
T：高温メタン発酵(55℃)，M：中温メタン発酵(35〜37℃)，[e]：表の値は稲藁純分相当

6.5 混合物

わが国は，地球温暖化対策と循環型社会の創造を進める政策の一環として「バイオマス・ニッポン総合戦略」に取り組んでおり，様々なバイオマスが研究開発の対象とされている．

表-6.7 混合バイオマスのメタン発酵性能

原料・プロセス*	温度	発酵日数(d)	分解率(%) TS基準	分解率(%) VS基準	ガス発生倍率 Nm^3 t-湿重	ガス発生倍率 Nm^3 kg-TS	ガス発生倍率 Nm^3 kg-VS	CH_4濃度(%)	出典
し尿 / 選別生ごみ (1:0.98)/メビウスシステム	T		53.1		53.5	0.442			28)
し尿 / 選別生ごみ (1:2.44)	T		52.2		45.0	0.476			
し尿 / 選別生ごみ (1:4.37)	T		69.8		88.9	0.649			
生ごみ＋し尿	T	7.5		67.6			0.48		29)
家畜排泄物主体 / 乾式	T			50			0.38〜0.39	52	30)
人工生ごみ / し尿汚泥 (9:1)	M	5	56	62.5	59.5		0.65	58〜60	31)
	M	7.5	57.5	63	61		0.68	58〜60	
	M	10	64	70	58.5		0.685	58〜60	
	M	15	66	72	61.5		0.705	58〜60	
	M	30	72	77.5	57.5		0.675	58〜60	
人工生ごみ / し尿汚泥 (9:1)	T	5	69	73	62		0.68	58〜61	31)
	T	7.5	72	77	64		0.71	58〜61	
	T	10	71.5	78	61.5		0.725	58〜61	
	T	15	74	79	62.5		0.72	58〜61	
	T	30	76	82	65		0.77	58〜61	
家畜排泄物等 / 膜型	T	12.7		35.8			0.67	69〜70	32)
人工生ごみ / し尿									33)
(100:0)	M	15	68	73	0.76	0.81		61	
(90:10)	M	15	62	66	0.63	0.74		58	
(72:25)	M	15	46	59	0.51	0.61		60	
(50:50)	M	15	32	48	0.38	0.49		60	
人工生ごみ / し尿									33)
(100:0)	T	15	75	79	0.72	0.80		57.5	
(90:10)	T	15	77	77	0.69	0.80		59.5	
(72:25)	T	15	63	69	0.48	0.59		58	
(50:50)	T	15	30	50	0.39	0.51		59	
家畜排泄物 / 食品残渣	M	29〜33		44.4	32.4			52〜60	34)
油脂スカム / 人工生ごみ	M	15	65.8	69.1	94.9	0.676		68.3	35)
	T	15	84.1	86.5	103	0.728		70.2	
家畜排泄物 / 食品残渣	M	33			26.3		0.48	55.4	36)
	T	26			31.4		0.57	55.4	
食品残渣 / 生ごみ，メタクレスシステム				78.5	134			62.2	37)
乾式 / コンポガス	T	20〜25		73〜85	175〜223			56.7〜58.5	38)

*：プロセス名が明記されていないものは，完全混合の連続運転プロセスを示す．
T：高温メタン発酵(55℃)，M：中温メタン発酵(35〜37℃)

150　第6章　廃棄物系バイオマスのメタン発酵

　新エネルギー・産業技術総合研究機構の調査によれば，生ごみと家畜糞尿を対象としたメタン発酵施設117箇所のうち，29の施設が複数原料を用いる混合メタン発酵の施設である[8]．混合メタン発酵処理の性能を**表-6.7**に示した．

【実施例：カンポリサイクルプラザ】

　カンポリサイクルプラザ株式会社は，2002年度に農林水産省食品リサイクルモデル緊急事業の採択を受け，京都府船井郡園部町に**写真-6.4**に示すバイオリサイクル施設を2004年3月に完成させた[39]．カンポリサイクルプラザのバイオリサイクル施設は，船井郡近郊から排出される容器包装プラスチックを分別した後のビニール袋入り可燃ごみ，袋やダンボールならびに缶等にて排出される食品工場の賞味期限切れ食品および加工残渣，飲料水等の排液，そして下水汚泥等，様々な有機性廃棄物を受け入れて処理している．

写真-6.4　バイオリサイクル施設の全景

　バイオリサイクル施設における処理フローを**図-6.5**に，施設の概要を**表-6.8**にそ

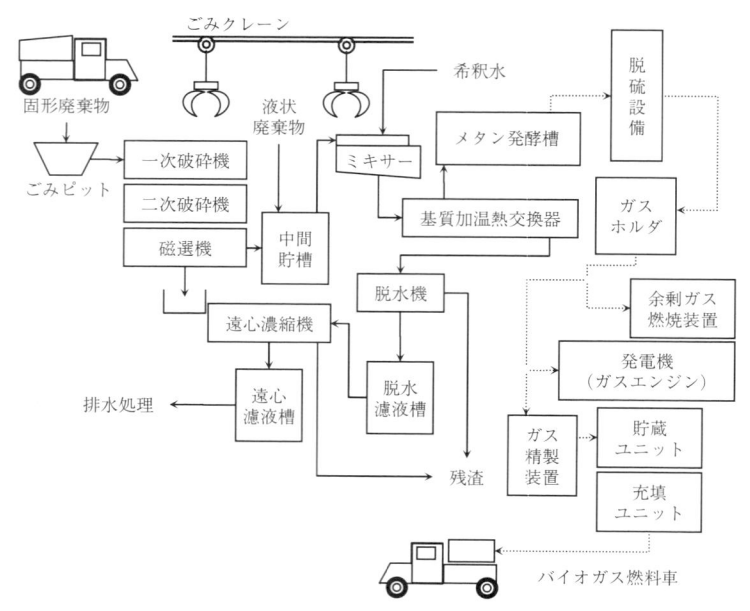

図-6.5　バイオリサイクル施設の処理フロー（実線：汚泥，点線：ガス）

れぞれ示す．本施設は，乾式メタン発酵プロセス（コンポガスシステム）が採用されており，撹拌動力が少ない連続式のプラグフローリアクターである．原料の移送には，異物に強く固形有機物に適したピストンポンプが用いられている．発生したバイオガスは，

表-6.8 バイオリサイクル施設の概要

処理能力	50 t/d
前処理	二軸二段破砕および磁選
メタン発酵設備	
メタン発酵槽容積	$1{,}150\ m^3 \times 2$ 槽
運転温度	55 ℃
発電機	310 kW×2 台
自動車燃料	$55.2\ m^3/d$
排水処理設備	
処理プロセス	生物処理および凝集沈殿処理
処理能力	$85\ m^3/d$
堆肥化設備	
切り返し	ホイルローダ
選別	トロンメル

310 kW × 2 基のガスエンジンによって発電と熱回収に利用されると共に，一部は，高度に精製されて戦後初のバイオガス燃料車両の運行に供されている．

【実施例：珠洲市浄化センター「珠洲・バイオマスエネルギー推進プラン」】

　石川県珠洲市では，下水，農業集落排水とし尿の処理施設ならびに浄化槽から発生する汚泥や生ごみは，個別に処理されてきた．これら5種類の廃棄物系バイオマスの処理について，施設運営の効率化と循環型社会形成の推進，地球温暖化防止への寄与を併せ持つ事業「珠洲・バイオマスエネルギー推進プラン」によって，珠洲市浄化センター（下水処理場）内に複合バイオマスメタン発酵施設が建設された[40]．

　この施設は2007年8月から供用が始まり，宿泊施設や食料品店などからの混合厨芥類，漁協等からの魚アラ，水産加工廃棄物等の事業系生ごみ廃棄物に加えて，下水汚泥や農業集落排水汚泥，浄化槽汚泥，生し尿，生ごみも集約処理されている．複合バイオマスメタン発酵施設の処理フローを図-6.6に示す．メタン発酵槽は，

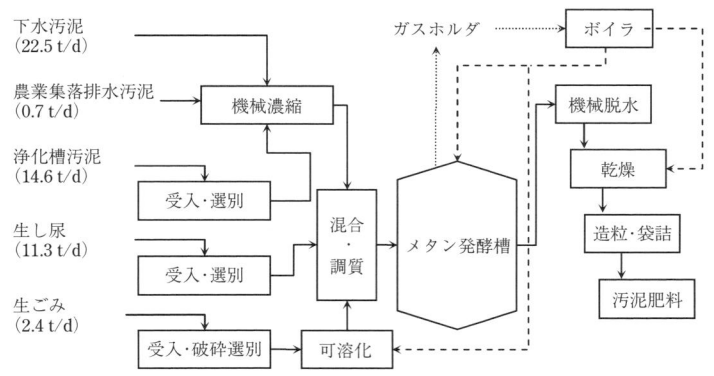

図-6.6 「珠洲・バイオマスエネルギー推進プラン」施設の処理フロー
　　（実線：汚泥，点線：ガス，破線：温水，受入れ廃棄物の数値：日最大の計画量）

37℃の温度で19dの滞留時間で中温発酵法によって運転される．発生するバイオガスは，ボイラ等によりすべて場内で利用し，発酵残渣の汚泥（消化汚泥）は，乾燥・造粒された後，肥料として緑農地に還元される．

6.6 その他の有機物

技術開発，プロセス開発の過程や研究の目的で各種個別の有機物を対象としたメタン発酵も報告されている．これら検討結果の概要を**表-6.9**に示した．

表-6.9 その他の有機物のメタン発酵性能

原料・プロセス*	温度	発酵日数 (d)	分解率(%) TS基準	分解率(%) VS基準	ガス発生倍率 Nm^3/t-湿重	ガス発生倍率 Nm^3/kg-TS	ガス発生倍率 Nm^3/kg-VS	CH_4濃度(%)	出典
肉まん/回分	T				840				41)
餡/回分	T				843				
酒粕/回分	T				940				
コーヒー豆/回分	T				633				42)
スサビノリ/回分	T				368				
おから/回分	T				843				
おから	T	20		79			$0.63^{f)}$	62	43)
ジャガイモ残渣	T	20		89			$0.58^{f)}$	56	
廃乳/ヨーグルト	T	4		83	67			61.5	44)
紙	T			66	488		0.546		16)
紙					350				16)
紙ごみ				66	490				16)
市場野菜				90	70				16)
廃菌床					90				16)
廃菌床/回分	M	39				0.2		60	45)

*：プロセス名が明記されていないものは，完全混合の連続運転プロセスを示す．
T：高温メタン発酵(55℃)，M：中温メタン発酵(35〜37℃)，単位は$^{f)}$：NL/g-分解COD

●(第6章)引用・参考文献

1) 松本修二，大宅憲正(2004)．"横浜市北部汚泥処理センターにおける消化ガスの有効利用"，資源環境対策，Vol.40, No.8, pp.91-95.
2) 奥野芳男，李玉友，佐々木宏，関廣二，上垣内郁夫(1997)．"生ごみと汚泥の高濃度メタン発酵処理特性"，廃棄物学会第8回研究発表講演論文集，pp.308-310.
3) 岩尾充(1998)．"メビウスシステムについて"，環境技術，Vol.27, pp.845-852.
4) 久芳良則(1998)．"REMシステムについて"，環境技術，Vol.27, pp.853-859.
5) 坂上正美(1998)．"リネッサシステムについて"，環境技術，Vol.27, pp.860-866.
6) 李玉友(2004)．"メタン回収技術の応用現状と展望"，水環境学会誌，Vol.27, No.10, pp.622-626.
7) 環境産業新聞社(2005)．"廃棄物処理施設整備事業データブック2005"．
8) 新エネルギー・産業技術総合研究機構(2005)．"バイオマスエネルギー導入ガイドブック"，2005年9月．
9) 李玉友，佐々木宏，奥野芳男，関廣二，上垣内郁夫(1998)．"生ごみの高温メタン発酵に及ぼす投入濃

度の影響",環境工学研究論文集,Vol.35, pp.29-39.
10) 李玉友,佐々木宏,鳥居久倫,奥野芳男,関廣二,上垣内郁夫(1999)."生ごみの高濃度消化における中温と高温処理の比較",環境工学研究論文集,Vol.36, pp.413-421.
11) 浜崎光洋,堂野千里,三村良平,中村幸子,下平和佳子,山本学,守秀治(2002)."厨芥を主体とする生ごみのメタン発酵処理技術",第13回廃棄物学会研究発表会講演論文集Ⅰ,pp.334-336.
12) 男成妥夫,吉岡理,岩崎誠二,堀川勉良,藤ヶ谷厚之,小林正靖(2003)."高温メタン発酵による食品廃棄物のバイオガス化",第14回廃棄物学会研究発表会講演論文集Ⅰ,pp.331-333.
13) 三井昌文,浅野悟,梁瀬克介(2004)."横須賀市における生ごみの資源化に関する研究(第2報)",第15回廃棄物学会研究発表会講演論文集Ⅰ,pp.474-476.
14) 藤本智生,池上典子,平野一澄(2004)."学校給食ごみのメタン発酵実証試験",第15回廃棄物学会研究発表会講演論文集Ⅰ,pp.468-470.
15) 藤本智生,小林寿美子,石川冬比古,清水康次,富内芳昌(2005)."学校給食ごみのメタン発酵実証試験(第2報)",第16回廃棄物学会研究発表会講演論文集Ⅰ,pp.481-483.
16) 川崎重工業㈱,石川島播磨重工業㈱,㈱クボタ,㈱タクマ,Hitz日立造船㈱,JFEエンジニアリング㈱(2005).都市と廃棄物,Vol.35, No.10, pp.34-87.
17) 西崎吉彦,奥野芳男,小泉佳子,八巻昌宏(2006)."二相循環式・無希釈メタン発酵処理システム(WTMシステム)による実生ごみの処理特性",第40回日本水環境学会年会講演集,p.340.
18) 片岡直明,片岡直明,鈴木隆幸,石田健一,山田紀夫,本多勝男(1999)."家畜糞尿のメタン発酵処理システム",第10回廃棄物学会研究発表会講演論文集Ⅰ,pp307-309.
19) 渡邊昭三(2002)."家畜排せつ物を中心としたメタン発酵処理技術研究会報告「家畜排せつ物を中心としたメタン発酵処理技術に関する手引き」について",第15号畜産環境情報ホームページ,http://leio.lin.go.jp/tkj/tkj15/kaise15.htm
20) 岡庭良安,野口真人,生村隆司(2003)."メタン発酵と膜分離法を組み合わせたエネルギー利用型家畜ふん尿処理システムの開発",第20号畜産環境情報ホームページ
21) 櫻井邦宜,李玉友,野池達也(2005)."高濃度牛ふん尿の中温メタン発酵特性",廃棄物学会論文誌,Vol.16, No.1, pp.65-73.
22) 和田浩幹,中西英夫,入江直樹(2005)."豚ふん尿汚水のメタン発酵処理実証プラントの試験報告",第16回廃棄物学会研究発表会講演論文集Ⅰ,pp.518-520.
23) 安納幸子,大羽美香,李玉友,野池達也(2006)."高濃度乳牛ふん尿の高温メタン発酵特性",第40回日本水環境学会年会講演集,p.220.
24) 斉藤忍,小松俊哉,姫野修司,工藤恭平,藤田昌一(2004)."下水汚泥との混合嫌気性消化による稲わらのバイオガス化",環境工学研究論文集,Vol.41, pp.1-8.
25) 井上達康,工藤恭平,小松俊哉,藤田昌一(2006)."稲わらと下水汚泥の混合嫌気性消化におけるバイオガス生成能と処理性",第40回日本水環境学会年会講演集,p.75.
26) 落修一,尾崎正明(2005)."干草と下水汚泥の中温・混合嫌気性消化法",土木学会論文集,No.804,Ⅶ-37,pp.65-72.
27) 落修一,南山瑞彦,鈴木穣,越智崇(2004)."木質に蒸煮爆砕を施すことによる木質と下水汚泥との混合嫌気性消化法に関する研究",下水道協会誌,Vol.41, No.498, pp.97-107.
28) 米山豊,小林英正,岩尾充,松井謙介,岡庭良安,伊東崇,橋爪隆夫(1999)."し尿系汚泥および厨芥のメタン発酵処理",第10回廃棄物学会研究発表会講演論文集Ⅰ,pp.301-303.
29) 鳥居久倫,奥野芳男,上垣内郁夫(2000)."生ごみとし尿汚泥の高温高速メタン発酵処理システムのパイロットテスト",第11回廃棄物学会研究発表会講演論文集Ⅰ,pp.265-267.
30) 黒島光昭,三崎岳郎,石橋保(2000)."家畜ふん尿を主体とした複合廃棄物を原料とする乾式メタン発酵",第11回廃棄物学会研究発表会講演論文集Ⅰ,pp.280-282.
31) 奥野芳男,李玉友,佐々木宏,関廣二,上垣内郁夫(2001)."生ごみとし尿汚泥の高濃度メタン発酵に

及ぼす滞留時間と発酵温度の影響",環境工学研究論文集,Vol.38, pp.141-150.
32) 山本哲也,柴田敏行,上野将,赤尾友雪,金高弘志,福沢昭文,牛山市左門,原田泰弘,道宗直昭(2002),"畜産ふん尿等有機性廃棄物の混合メタン発酵システム",第13回廃棄物学会研究発表会講演論文集Ⅰ,pp.343-345.
33) 奥野芳男,李玉友,佐々木宏,関廣二,上垣内郁夫(2003),"生ごみと汚泥の高濃度混合メタン発酵に及ぼす汚泥比率と発酵温度の影響",土木学会論文集,No.734,Ⅶ-27,pp.75-84.
34) 小川幸正,藤田正憲,中川悦光(2003),"ふん尿・食品残渣のメタン発酵施設における運転データの解析",廃棄物学会論文誌,Vol.14, No.5, pp.258-267.
35) 李玉友,山下耕司,水野修,佐々木宏,関廣二(2003),"高濃度共発酵法を用いた油脂のメタン化技術",環境技術,Vol.32, No.8, pp.43-48.
36) 小川幸正,藤田正憲,中川悦光(2005),"ふん尿・食品残渣の中温および高温メタン発酵の性能比較に関する研究",廃棄物学会論文誌,Vol.16, No.1, pp.44-54.
37) 北島洋二,雨森司瑞利,入村幸一,高砂裕之,畦上慎司(2005),"富山市エコ産業団地の食品廃棄物リサイクル施設の運転状況について",第16回廃棄物学会研究発表会講演論文集Ⅰ,pp.475-477.
38) 中西夫夫,河村公平,入江直樹,益田光信(2005),"カンポリサイクルプラザ・バイオリサイクル施設における運転報告",第16回廃棄物学会研究発表会講演論文集Ⅰ,pp.496-498.
39) 川村公平,中西英夫,入江直樹(2005),"カンポリサイクルプラザにおけるバイオリサイクル施設の運転報告",タクマ技報,Vol.13, No.1, pp.31-37.
40) 表野悦夫(2007),"下水処理場における複合バイオマスメタン発酵施設の導入~「珠洲・バイオマスエネルギー推進プラン」~",再生と利用,Vol.30, No.117, pp.86-88.
41) 男成妥夫,吉岡理(2004),"高温メタン発酵による食品廃棄物のバイオガス化Ⅱ",第15回廃棄物学会研究発表会講演論文集Ⅰ,pp.486-488.
42) 男成妥夫,吉岡理(2005),"高温メタン発酵による食品廃棄物のバイオガス化Ⅲ",第16回廃棄物学会研究発表会講演論文集Ⅰ,pp.478-480.
43) 水野修,李玉友,奥野芳男,関廣二,一瀬正秋(2004),"二相循環式メタン発酵プロセスによる食品加工廃棄物の無希釈処理",環境工学研究論文集,Vol.41, pp.9-17.
44) 人見美也子,小松正,石川冬比古(2005),"高温メタン発酵における油脂含有原料の高速安定運転技術",第16回廃棄物学会研究発表会講演論文集Ⅰ,pp.472-474.
45) 栗栖正憲,桃井清至,落修一(2000),"下水汚泥と廃菌床の混合嫌気性消化法",第27回土木学会関東支部技術研究発表会講演概要集,pp.998-999.

第7章 バイオガスの有効利用

　メタン発酵で発生するバイオガスについて，下水道の分野では嫌気性消化プロセスから発生するガスを消化ガスと称してきた．本章で解説するバイオガスの有効利用の事例は下水道分野のものである．消化ガスの利用については，19世紀末にイギリスにおいて下水処理場の消化ガスを用いて街路のガス灯を点したという史実があるなど，下水道の分野に一日の長があるようである．下水道における消化ガスも，今日バイオガスとその名称を統一することがあるかもしれない．ただし，本章では，消化ガスの名称で下水道におけるバイオガスであることを端的に表すことができるということから，その名称を用いるものとした．本章で示される消化ガスの利用の事例は，そのガス成分特性を事前にチェックすることにより，他の素材のメタン発酵から発生するバイオガスにも充分適用可能と考えられる．

7.1　消化ガスの成分と熱量価

　消化ガスは，メタン，二酸化炭素を主成分とするガスで，その熱量価は，1 Nm^{3}当り 21～25 MJ（5,000～6,000 kcal）である．この熱量価に範囲があるのは，消化ガス中のメタン含有量の多寡によるもので，主に二酸化炭素濃度の影響によるものである．消化ガスのガス成分の構成を表-7.1に示す．主成分は，メタンと二酸化炭素であり，二酸化炭素はメタンに比べ，より水に溶けやすい性質を持つため，気液平衡により消化液の中にかなり溶存する．したがって，メタン発酵により産出されたメタンと二酸化炭素のガスのうち，二酸化炭素の一部は，液相に溶解して排出されることとなる．

　その他の成分としては，窒素ガス，硫化水素ガスがあげられる．実際には酸素ガスも消化ガス中に検出されることがあるが，これは主に大気の混入によるものと考えられる．例えば，下水処理水による湿式脱硫プロセスにより，処理水中の溶存酸素が消化ガス中に移行してくる現象

表-7.1　消化ガスの成分（下水汚泥消化タンク）

成分	濃度 (v/v%)
メタン	60～70
二酸化炭素	30～40
窒素	<5
硫化水素	<0.1

が認められている．
また，消化ガスの成
分として水素が記載
されることがある
が，通常，発生した
水素は，水素資化性
メタン生成細菌によ
り速やかにメタンに
変換されるものと考えられる．

表-7.2　各種ガスの熱量価(低位発熱量)

ガスの種類		低位発熱量　kJ/Nm^3	(kcal/Nm^3)
消化ガス		21,000〜25,000	(5,000〜6,000)
メタン		35,900	(8,580)
プロパン		93,300	(22,280)
都市ガス	13 A	41,540	(9,920)
	6 A	27,170	(6,490)
	5 C	16,800	(4,010)

都市ガス成分の例[1)]
13 A：メタン 88.5%，エタン 4.7%，プロパン 5.2%，ブタン 1.6%
6 A：プロパン 0.4%，ブタン 6.0%，酸素 16.3%，窒素 61.6%
5 C：水素 45.5%，一酸化炭素 3.3%，メタン 11.1%，ブタン 6.0% 等

　メタンの熱量価は，1 Nm^3 当り高位発熱量で 39 MJ (9,500 kcal)，低位発熱量で 35.9 MJ (8,580 kcal) である．高位発熱量とは水蒸気の凝結熱(潜熱)も含めた熱量であり，低位のものは燃焼により生成した水が水蒸気として存在することを前提にした燃焼熱量である．メタンの低位発熱量の値に，消化ガスのメタン含有量である 60〜70 % を乗じれば，その熱量価が上記の値のように計算されることは明らかである．この消化ガスの熱量を我々が一般に用いている都市ガスのそれと比較すると，**表-7.2** のようになる．熱量価の高い液化天然ガス (LNG) を原料とする都市ガス 13 A を除いて，他の都市ガスの熱量価とほぼ匹敵することがわかる．

7.2　消化ガスの利用

　消化ガスの利用は，基本的には主成分であるメタンの熱量の利用である．以下に利用の例を概説する．

7.2.1　消化タンクの加温

　発生消化ガスの熱量をボイラにより水蒸気や温水に変え，これを嫌気性消化タンクの加温に用いるものである．ボイラの熱効率は 90 % に近く，確実に消化ガスエネルギーを熱エネルギーに変換することができる．加温方式としては，発生蒸気を直接消化タンクに注入する直接加温式と，熱交換器により温水の熱量を汚泥に伝達する間接加温式がある．蒸気直接注入式は，システムが簡便であるが，吹込み蒸気量に対応した水の供給が必要であり，またこの水供給量で汚泥が希釈されることとなる．この量は投入汚泥量に対し 5 % 近くになる．間接加温方式では，一般的に熱交換器は消化タンク外部に設置され，ポンプにより交換器を通して汚泥が循環し，

ボイラから供給される温水の熱量が伝達されることとなる．このような間接加温方式は，消化タンク内汚泥の撹拌の機能を一部代替するものとも考えられる．

7.2.2 管理棟の空調

消化タンク加温に対して余剰となった消化ガスエネルギーを，処理場管理棟の冷暖房に使用する例が見られる．これは一般に，タンク加温の必要エネルギーが減少する夏期には余剰ガスが出ることになるので，この余剰ガスエネルギーの有効利用を図るというものである．消化ガスをボイラにより温水あるいは蒸気に変換し，暖房の場合はその熱源を直接，冷房の場合は冷凍機の冷媒を回す（気化する）熱源として利用するが，余剰ガスを無為に燃焼処分する現状を改善する方法として注目される．

7.2.3 都市ガス

1960年代までの都市ガスは石炭ガスの使用が一般的であり，その熱量価も 12 MJ/Nm^3（3,000 kal/Nm^3）程度であったので，消化ガスの熱量で充分これを代替することができた．次に都市ガスの原料となったのが石油系ガスで，この熱量価も通常の消化ガスと大差なかったため，消化ガスの都市ガスへの転用では熱量に関して問題は出なかったものと考えられる．しかしながら，現在は，都市ガスの高カロリー化が進み，順次天然ガス系のものに転換してきている．

天然ガスの組成は，メタン CH_4 を主成分（70〜90 wt %）とし，これにエタン C_2H_6（<20 wt %），プロパン C_3H_8（<20 wt %），ブタン C_4H_{10}（<20 wt %）が加わったものであり，熱量価は 36 MJ/m^3（8,600 kcal/m^3）で純粋なメタンより高くなっている[1]．したがって，このような高熱量の都市ガスに消化ガスを供給する場合は，消化ガス中の二酸化炭素を除去し，純メタンに近いものを都市ガス成分として供給することが必要となる．

消化ガスを都市ガス原料として利用している事例として，北海道北見市と新潟県長岡市の例を紹介する．

北見市では，下水処理場で発生する消化ガスの余剰ガスを都市ガスとして利用する事業を 1976 年より始めている[2]．北見市浄化センター（処理人口11万人，処理水量 49,622 m^3/d，2003年度）では，年間約150万 m^3 発生する消化ガスのうち，余剰ガス 70万 m^3 を市営の都市ガス事業に供給している．脱硫した消化ガスを約 5 km 離れたガス工場に移送して，都市ガスの原料として用いるもので，都市ガス

製造量の全量に対して約5％の供給を行っている．しかしながら，北見市の都市ガス事業も2006年度より民間に移管されると共に，2009年より天然ガスの高カロリー化が実施されるので，これに合わせて供給消化ガスの二酸化炭素除去等の方策を検討している．

長岡市では，北陸ガス株式会社に消化ガスを売却する方式で1999年より事業化が図られている[3]．長岡市中央浄化センター（水洗化人口115,000人，処理水量52,000 m^3/d，2000年度現在）では，年間発生消化ガス量1,200,000 m^3の約半量が余剰ガスとなっていたので，これを2段の湿式洗浄方式により，脱硫処理をすると共に二酸化炭素も除去し，高カロリーの消化ガスを都市ガス原料として売却契約を行ったものである．都市ガス原料としての主要な条件は，二酸化炭素濃度4％以下，熱量36.67 MJ/m^3（9,000 kcal/m^3）以上，供給単価23.40円/m^3ということであったが，湿式洗浄方式により窒素ガスの混入が生じるため，熱量条件は35.58 MJ/m^3（8,500 kcal/m^3）以上に緩和された．

7.2.4 自動車燃料

消化ガスは，これを精製して天然ガス自動車の燃料とすることが可能である．最近神戸市において試験的な導入がなされ，2008年に東灘処理場にガス供給施設が完成することとなった[4]．神戸市では下水処理場から発生する消化ガスは，従来から加温用ボイラや空調の燃料に使用されていたが，発生量の約3割については余剰ガスとして焼却処分していた．神戸市の取組みは，消化ガス100％活用を目指すもので，都市ガスとほぼ同等の品質で天然ガス自動車燃料として活用できる「こうべバイオガス」（メタン濃度約98％）が製造される．精製方法は，下水処理水を用いた高圧湿式洗浄である．「こうべバイオガス」の供給施設は，ガス精製設備，ガスタンク設備，ならびにエコステーションで構成され，ここで1日に約2,000 m^3の精製ガスが生産される．このガス量は，市バス40両分（1日50 km走行の場合）の燃料に相当し，これによる二酸化炭素排出量の削減効果は年間1,200 tと見込まれている．

7.2.5 消化ガス発電

消化ガスから内燃機関を介して動力，電力を取り出す試みは，1920年代に既にイギリスで行われ，1930年代には廃熱を回収して加温に充てる現在のシステムの原型が出来上がっている．

7.2 消化ガスの利用

消化ガス発電システムは図-7.1に示されるように，消化ガスの熱量を30％程度の効率でエンジン動力に換え，発電機を回すものである．残りの70％はエンジン廃熱となるが，これを回収し，消化タンクの加温に充てるものである．図の例では，廃熱回収効率は40％であるが，このシステムの廃熱回収効率は，40～50％の範囲である．このようにガス発電システムは，コージェネレーションのシステムであり，トータルとしての熱効率は70～80％となる．

わが国においても，下水処理場で消化ガスを用いてエンジンを回し動力や電力を取り出していた事例が1960年代以前にも散見されるが，コージェネレーションシステムとして本格的に導入されたのは1980年以降である．

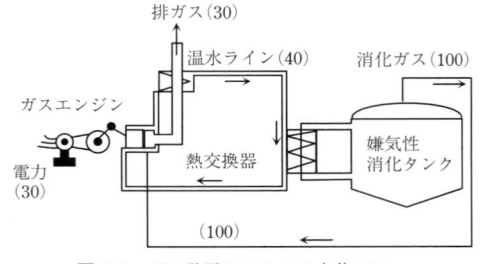

図-7.1 ガス発電システムの全体フロー

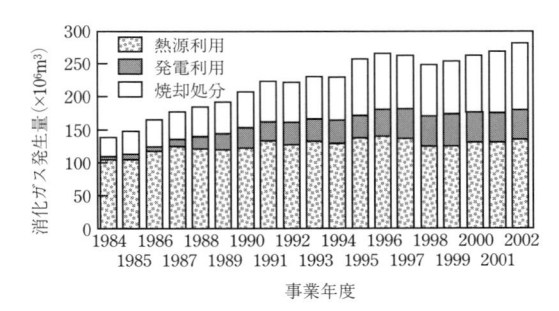

図-7.2 下水処理場における消化ガスの発生量およびその使用量の変遷[5]

図-7.2は，わが国の下水処理場における消化ガスの発生量と使用用途の近年の経緯を示したものである[5]．2002年度では，嫌気性消化プロセスを有する265箇所の処理場から，計$285 \times 10^6 \, m^3$の消化ガスが生成し，このうち，加温等の熱源として約$140 \times 10^6 \, m^3$，ガス発電用として$43 \times 10^6 \, m^3$が用いられている．しかし，消化ガスの全発生量の約1/3は余剰ガス燃焼として，未利用のまま焼却処分されている．

2002年度のガス発電実施箇所は**表-7.3**に示される18箇所の下水処理場であり，発電総量は$86 \times 10^6 \, kWh$に及ぶ．これは下水処理場の総消費電力量$6,077 \times 10^6 \, kWh$の1.4％に相当する．仮に発生消化ガス量全量がガス発電に利用されたとすると，下水処理場の消費電力量の約10％を賄う電力量が生産されることとなる．

表-7.3 消化ガス発電施設

処理場名	機種	定格出力(PS)	基数	総発電施設規模(kW)	総発電量(kWh/年)	場内消費電力節約率(%)
函館市南部下水終末処理場	火花点火式	750	1	500	2,077,531	24.0
旭川市旭川下水処理センター	二重燃料式	1,030	1	700	2,324,510	14.9
江別市江別浄化センター	火花点火式	357	1	250	1,777,587	28.0
岩手県北上川上流流域下水道部南浄化センター	火花点火式	202	1	135	1,074,820	9.0
山形市山形浄化センター	火花点火式	265	1	178	804,876	13.0
日立市滝の川処理場	二重燃料式	750	1	400	991,290	16.0
東京都小台処理場	電気点火式	994	3	2,040	9,873,880	22.0
横浜市北部汚泥資源化センター	火花点火式	1,350	4	3,680	19,259,440	62.0
〃	火花点火式	1,586	1	1,100	7,831,020	25.0
〃	燃料電池		1	200	1,595,210	5.1
横浜市南部汚泥資源化センター	火花点火式	1,743	2	2,400	16,023,300	39.5
大阪市中浜下水処理場	火花点火式	662	2	1,200	5,462,250	27.0
大阪府猪名川左岸流域下水道原田処理場	火花点火式	588	1	400	143,000	3.0
広島市西部浄化センター	火花点火式	300	1	200	1,165,700	4.0
〃	火花点火式	660	1	450	2,975,880	10.0
北九州市日明浄化センター	火花点火式	300	2	400	413,420	2.0
福岡市中部水処理センター	火花点火式	360	1	240	1,285,422	7.7
宮崎市宮崎処理場	火花点火式	378	1	250	1,913,650	20.0
延岡市妙田下水処理場	火花点火式	370	1	250	1,054,447	27.0
名護市名護下水処理場	火花点火式	50	1	50	365,690	13.0
沖縄県中部流域下水道那覇浄化センター	火花点火式	410	1	830	6,084,110	34.3

(社)日本下水道協会:平成14年度下水道統計

　国内で用いられているガスエンジンの容量は，50～1,200 kW ほどの範囲で，200 kW（300 PS に対応）程度のものが多い．ガスエンジンは，ガス専焼の火花点火式の機種がほとんどであるが，ディーゼル油を熱量価で10％程度混入させて駆動する二重燃料式のものも採用されている．二重燃料式はディーゼルエンジンと同様に重厚な構造となっており，また常にディーゼル油の混焼が必要なため，設備費，維持管理費共に高くなるが，消化ガスが不足してもディーゼル油だけで運転できるという利点がある．

　消化ガスを用いて発電するシステムは，ガスエンジン以外にもガスタービンを用いたものがあり，ロンドンのベクトン処理場では 750 kW 規模のものが，1960年代から運転されている．国内では最近になって，都市ガスのコージェネレーションシステムの適用が広範囲に行われるようになったことを背景に，パッケージ型のマイクロガスタービンが普及するようになった．下水処理場にも 30 kW の規模のものが 2004 年に導入されている[6]．

　ガス発電システムについては，現在その運転についてかなりのノウハウが蓄積されている．山形市浄化センターで運転されたガス発電システムについて，8年間の

運転実績を基にした詳細な報告がある[7]．この報告は，①蒸気加温ボイラの運転管理より温水加温を基本とするガス発電システムの管理の方が容易であったこと，②エンジン排ガスのNO_x対策のノウハウも得られたこと，③ガス発電システムの経済性については，発電電力コストはランニングコストを超えるものの，国庫補助を差し引いた設備投資額を回収するためには，20年以上の耐用年数が前提となるという試算が得られたこと，等が述べられている．

また，計画設計上の留意点として以下の項目があげられている．
① 発生汚泥量，ガス発生量，ガス発熱量等の基本的な数値は正確に把握し，安全側の数値を用いる．
② オーバーホール，定期点検，故障を想定し，これに要する日数を差し引いたものを実稼働日数とする．
③ ガス発生量に追随するようシステムは複数の並列運転とし，1台は常時発電する状態にすると，処理場の買電容量を下げることができ，より経済効果が高くなる．

ガス発電システムは，往々にして余剰ガス量の利用と考えられがちであるが，この山形市の例にあるように，発生ガス全量を発電システムに適用し，消化タンクの加温は，このシステムの廃熱回収から充てるというコージェネレーションシステムを基本としている．つまりボイラによる加温をエンジン廃熱による加温に切り替えて消化タンクシステムを運転しているということが，ガス発電システムでは重要なポイントになる．

7.2.6 燃料電池による発電

ガス発電システムの新しいタイプとして注目されているのが，燃料電池システムである．燃料電池の原理の概略を**図-7.3**に示すが，燃料電池システムでは水の電気分解の逆反応により，水素含有ガスと空気によって，燃料を燃焼させることなく直接電気エネルギーとして取り出すことができる装置である．

燃料電池の燃料としては，天然ガス，メタノール，炭化水素(メタン)等が使用できる．消化ガスを燃料として用いる場合，前段の改質器によりメタンから水素が取り出される．高温に保たれる改質器に水を供給すると水蒸気となり，この水蒸気がメタンと反応すると，水素と二酸化炭素あるいは水素と一酸化炭素となる．このうち一酸化炭素は再び水蒸気と反応し，水素と二酸化炭素になる．全体としては1 molのメタンが，4 molの水素と1 molの二酸化炭素に変換される．もちろん，

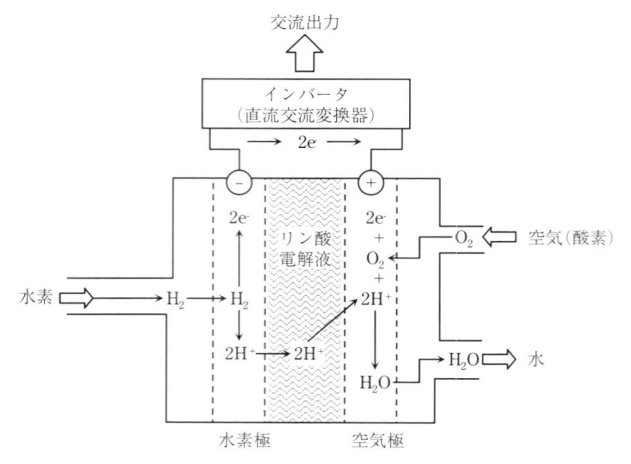

図-7.3 燃料電池の原理（リン酸型）

この反応には外部からの熱の供給が必須である．

　　反応（1）　　$CH_4 + 2H_2O \rightarrow 4H_2 + CO_2$
　　反応（2）　　$CH_4 + H_2O \rightarrow 3H_2 + CO$
　　反応（3）　　$CO + H_2O \rightarrow H_2 + CO_2$

　燃料電池システムは，ガスエンジンシステムとの比較において，①熱効率が40％近く見込めること，②騒音問題が出ないこと，③排ガスのNO_x問題がでないこと，などの利点が見込まれるが，消化ガスのメタン濃度を85％以上，硫化水素濃度を5.5 ppm以下にしなければならない等，消化ガスの精製にはガスエンジン以上の注意が必要である．現在の技術水準では，消化ガスの精製ならびに燃料電池セルの定期交換等の費用がかさむため，燃料電池によるガス発電の単価は，現状のガスエンジンシステムより高く見積もられている[8]．

7.3　バイオガスの精製

　消化ガスを有効利用する場合，ボイラ器機あるいはガスエンジンの腐食の問題から，特に消化ガス中に含まれる硫化水素の除去が課題となり，一般的に脱硫装置が設置される．また前に，都市ガスとしての利用の項で触れたように，消化ガスの熱量価を一定以上に確保するため，二酸化炭素を除去し，メタン含有率を上げるということから消化ガスの精製が行われることがある．その他，ガスエンジンの故障原

因にシロキサン(ケイ素を含有する高分子有機物,シリコーン)が報告されている.
これらの概要と対策について本節で説明する.

7.3.1 硫化水素の除去

下水汚泥の嫌気性消化プロセスの場合,発生する消化ガス中の硫化水素は,一般に200〜800 ppmにとどまるが,し尿の嫌気性消化プロセスでは,10,000 ppm近くの濃度に達することが知られている.硫化水素は,無色の気体で腐敗臭を有するが,非常に毒性が高く,注意が必要である.また,燃焼すると腐食性の強い亜硫酸ガスを発生するので,消化ガスの有効利用に当たっては脱硫処理が一般的に適用される.処理ガスの硫化水素濃度は,50 ppm以下であることが望ましいとされている[9].

乾式脱硫装置(酸化鉄粉式)は,酸化鉄粉とおが屑とを混合したものを塔内に充填し,消化ガスと接触させるもので,飽和した脱硫剤は,散水して空気にさらした後に再利用する.この反応は以下のようで,乾式脱硫による硫化水素の除去率は80％以上である.

$Fe_2O_3 \cdot 3H_2O + 3H_2S \rightarrow Fe_2S_3 + 6H_2O$ (硫化水素の固定)

$2Fe_2S_3 + 3O_2 + 6H_2O \rightarrow 2Fe_2O_3 \cdot 3H_2O + 3S_2$ (脱硫剤の再生)

湿式脱硫装置(水洗浄方式)は,下水の二次処理水等で消化ガスを洗浄するものである.硫化水素は水に比較的溶けやすいため,水による吸収によって60〜80％は容易に除去できる.しかし,この方法は多量の排水が出る.

これに対して,アルカリ洗浄方式は,2〜3％の炭酸ナトリウムまたは水酸化ナトリウム溶液と消化ガスを向流接触させるもので,薬液の循環使用が行われ,きわめて高い除去率が得られる.

その他に,厨芥ごみや畜産廃棄物のメタン発酵装置を対象に,生物学的脱硫法が適用される事例が出てきている.この生物学的脱硫方法は,消化ガス中の硫化水素を硫黄酸化細菌により硫黄粒子あるいは硫酸にまで酸化することを原理とするもので,消化ガス中に一定量の酸素を供給することによって生物学的な酸化が進む.これは,1980年代にドイツで開発された技術であり,硫化水素濃度が1,000 ppmを超える時,上述の化学的脱硫法に経済的に競合できるようである[10].ガスドームあるいはガスラインに湿潤な生物担体部分を設け,これに消化ガス流量に対し数％の空気を通気する方式である.

7.3.2 二酸化炭素の除去

二酸化炭素は，比較的水に溶けやすいので，湿式脱硫による吸収法でかなりの二酸化炭素が除去できることは知られていた．都市ガスへの消化ガスの利用，あるいは燃料電池への利用に当たって，熱量価を上げる意味で二酸化炭素の除去が行われる．二酸化炭素除去を主とした消化ガス精製方法には，下水処理水を用いる湿式吸収法の他，ゼオライトなどの吸着剤を使用するPSA法，メタンと二酸化炭素の拡散速度の差を利用する膜分離法がある．大阪市の燃料電池導入プロジェクトでは，これらの精製方法の比較を表-7.4のように行い，湿式吸収法を選択している[11]．処理水というコストのかからない水を使用できる下水処理場では，湿式吸収法に優位性のあることは明らかである．

表-7.4 消化ガス精製方法の性能比較

評価項目		吸収法	PSA法 (含前処理)	膜分離法 (含前処理)
経済性	ランニングコスト	小	大	大
	イニシャルコスト	小	大	大
	メタン濃度	90〜95%	約90%	80〜90%
	敷地面積	小	大	大
安定性	消化ガス組成変動への対応	容易	煩雑	煩雑
	性能劣化	なし	吸着剤	膜
維持管理	操作量	少	多	多
	メンテナンス	容易	煩雑	煩雑
安全管理	供給ガス圧力(kgf/cm^2)	約0.1	0.5〜10	25〜30
総合評価		優	良	良

下水道新技術研究年報[11]

大阪市の消化ガス精製システムフローを**図-7.4**に示す．第1吸収塔では処理水による二酸化炭素の吸収が行われ，第2吸収塔では水酸化ナトリウムによるアルカリ吸収剤により仕上げの吸収が行われる．二酸化炭素の吸収に用いられる水量はガス量の1〜1.5倍である．図に示す200 kW燃料電池施設の消

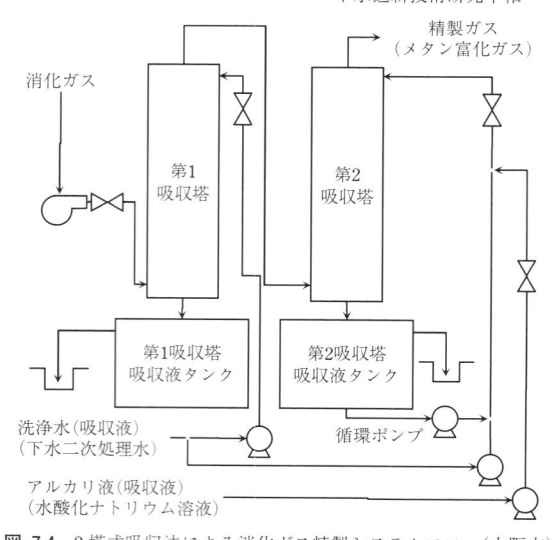

図-7.4 2塔式吸収法による消化ガス精製システムフロー(大阪市)

化ガス精製装置，2塔式吸収法の設計仕様は以下のとおりである．

　　　消化ガス量：　　　　82.4 Nm^3/h
　　　第1吸収塔　処理水：　130 m^3/h
　　　第2吸収塔　処理水：　0.3 m^3/h
　　　水酸化ナトリウム：　 12.5 kg/h

　また，これによる精製ガスの組成目標値を**表-7.5**に示した．本システムでは，第1吸収塔の処理水吸収プロセスでかなりの二酸化炭素が除去されるが，処理水量とガス量の比（L/G比）と二酸化炭素の除去の実態を計測したデータを**図-7.5**に示す[8]．L/G比1以上で所定の除去率に達していることがわかると共に，冬期で夏期よりも高率の除去率となっていることがわかる．この理由は，水温が低いと，二酸化炭素の水への溶解度が高まるためである．

表-7.5　2塔式吸収法による精製ガス組成目標値

成分	濃度(v/v%)
メタン	85% 程度
二酸化炭素	10% 以下
窒素	4% 以下
酸素	0.8% 以下
硫化水素	5.5ppm 以下

下水道新技術研究年報[8]

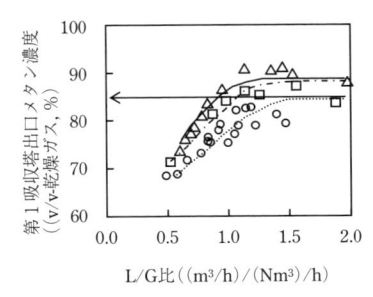

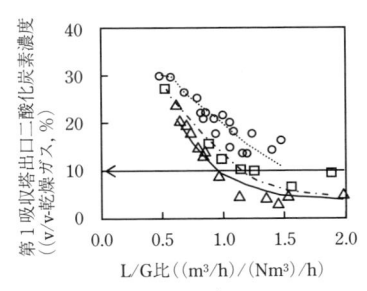

図-7.5　第1吸収塔出口におけるメタンならびに二酸化炭素の濃度[8]
（○：夏期，□：秋期，△：冬季）吸収液温を基に計算した理論値：点線＝29〜31℃，
鎖線＝22〜24℃，実線＝16〜18℃

7.3.3　シロキサンの除去

　消化ガス中にシロキサンが存在し，これがガス発電システムの点火プラグの劣化を早めるなどの問題の原因になっているということが最近になって明らかとなった．これは，消化ガス発電に用いられているガスエンジン排ガス中のNO_xを処理するための脱硝触媒が，異常に劣化した原因を究明したことに始まる[12]．都市ガスのみをエンジンの燃料とした場合には生じない多量の二酸化ケイ素（シリカ）が，

消化ガスを燃料とすると触媒表面に認められた．このシリカの由来を究明する過程で消化ガスを分析した結果，有機ケイ素化合物（シリコーン）の存在が確認された．シリコーンの基本構成物質であるシロキサンが，エンジン中や触媒表面で燃焼した結果として，酸化物であるシリカを発生させたものと考えられている．

下水中に流入するシリコーンは，主として香粧品に属するシャンプーやリンス等の頭髪仕上げ剤に含まれるものと考えられる．頭髪仕上げ剤に使用されるシリコーンは，年間5,000tといわれ，そのうち約半分がシャンプーやリンスに使用されている．そして，このうち85～90％が環状と高分子（低重合）のシロキサンで，残りの10～15％が重合度の高い（3,000～5,000）ものであるといわれている．シリコーンは今後共，シャンプー，リンス，ヘアムース，スキンクリーム，ならびにファンデーションなど各種化粧品への添加剤および基材として，その用途が拡大するとみられている[13]．

消化ガス中のシロキサンの分析例を**表-7.6**に示す[12]．そしてシロキサンの分子構造式を**図-7.6**，**図-7.7**に示す．消化ガス中のシロキサンは，汚泥に吸着されたものが消化過程でガス側に移行してきたものと考えられる．この分析例では，環状シロキサンが多く，環状，鎖状共にテトラシロキサン（重合度4）が多い．その後の下水処理場におけるシロキサンの挙動解析の結果によると，消化ガス中のシロキサン主成分は，環状で重合度5のデカメチルシクロペンタンシロキサンならびに重合度4のオクタメチルシクロテトラシロキサンであった[14]．

これらの成分は下水流入水でも測定されるが，下水処理水ではかなり低くなっており，沈殿池やエアレーションタンクでの揮散および余剰汚泥中への濃縮が実測されている．このように，下水中に検出されるシロキサンの濃度，下水処理プロセス

表-7.6 汚泥消化ガス中のシロキサン[12]

分類／化合物名	濃度 ppm	濃度 mg/Nm^3
鎖状低分子シロキサン		
メトキシトリメチルシラン	0.009	0.04
ジメトキシトリメチルシラン	不検出	不検出
ヘキサメチルジシロキサン	0.113	0.84
鎖状高分子シロキサン		
オクタメチルトリシロキサン	不検出	不検出
デカメチルテトラシロキサン	0.75	10.4
ドデカメチルペンタシロキサン	0.11	1.9
環状シロキサン		
ヘキサメチルシクロトリシロキサン	0.049	0.49
オクタメチルシクロテトラシロキサン	2.9	38.4
デカメチルシクロペンタシロキサン	0.684	11.3
ドデカメチルシクロヘキサシロキサン	0.054	1.04

鎖状低分子シロキサン

　　　　CH₃　　　　　　　　　　　CH₃　　　　　　　　　　CH₃　　CH₃
　　　　│　　　　　　　　　　　　│　　　　　　　　　　　│　　　│
CH₃-Si-OCH₃　　　　　　　CH₃-Si-OCH₃　　　　　　CH₃-Si-O-Si-CH₃
　　　　│　　　　　　　　　　　　│　　　　　　　　　　　│　　　│
　　　OCH₃　　　　　　　　　　CH₃　　　　　　　　　　CH₃　　CH₃

ジメトキシジメチルシラン　　　メトキシトリメチルシラン　　　ヘキサメチルジシロキサン

鎖状高分子シロキサン

　　　CH₃　CH₃　CH₃　　　　　　CH₃　CH₃　CH₃　CH₃　　　　　CH₃　CH₃　CH₃　CH₃　CH₃
　　　│　　│　　│　　　　　　　│　　│　　│　　│　　　　　│　　│　　│　　│　　│
CH₃-Si-O-Si-O-Si-CH₃　　CH₃-Si-O-Si-O-Si-O-Si-CH₃　　CH₃-Si-O-Si-O-Si-O-Si-O-Si-CH₃
　　　│　　│　　│　　　　　　　│　　│　　│　　│　　　　　│　　│　　│　　│　　│
　　　CH₃　CH₃　CH₃　　　　　　CH₃　CH₃　CH₃　CH₃　　　　　CH₃　CH₃　CH₃　CH₃　CH₃

オクタメチルトリシロキサン　　　デカメチルテトラシロキサン　　　ドデカメチルペンタシロキサン

図-7.6 シロキサンの分子構造(鎖状)

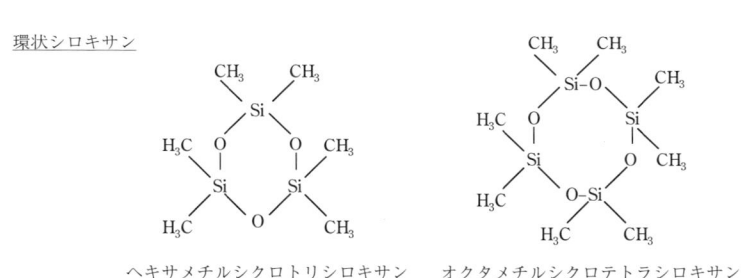

環状シロキサン

ヘキサメチルシクロトリシロキサン　　　オクタメチルシクロテトラシロキサン

デカメチルシクロペンタシロキサン　　　ドデカメチルシクロヘキサシロキサン

図-7.7 シロキサンの分子構造(環状)

での揮散，ならびに汚泥への吸着や消化ガス中への移行について，概要が明らかにされつつある．このような情報を基に，下水道におけるシロキサン対策についても多角的な検討がなされる必要がある．

　消化ガス中のシロキサンは，湿式吸収法ではあまり除去できない．効果的な除去プロセスは，活性炭吸着法である[8), 12)]．

7.4 コージェネレーション

ガスエンジンをはじめとする内燃機関は，熱エネルギーを仕事のエネルギーに変換する能力を有する．しかし，熱エネルギーを完全に仕事エネルギーに換えることは熱力学的に不可能で，技術的に最も効率の優れた火力発電所のシステムであっても，その変換効率は40％のオーダーにとどまる．残りの熱エネルギーは，すべて系外に廃熱として放出される．

この内燃機関からの廃熱を温水等にうまく利用することが可能であれば，エネルギー利用効率向上の観点からは，大いに推奨されることとなる．コージェネレーションとは，1種類の1次エネルギーから2種類以上のエネルギーを発生させるという原意であるが，こうした廃熱利用も伴った発電システムはコージェネレーションの典型である．

嫌気性消化プロセスは，一般にその生物反応速度を高めるための加温システムが組み込まれている．そして消化ガスを熱源とした加温ボイラによって温水や蒸気が作られ，これが消化タンクの加温に充てられる．加温ボイラは，消化ガスの熱エネルギーを温水や水蒸気の熱エネルギーに受け渡す変換する装置である．熱から熱への変換効率はかなり高く，その熱効率は90％程度までに達する．

ガス発電システムは，消化ガスのエネルギーを電気エネルギーに換えるシステムであると共に，その廃熱を温水や水蒸気として回収し，これを消化タンクの加温に充てるものであり，コージェネレーションの代表的なシステムである．しかしながら，電力への変換熱効率が約30％，残りの廃熱の回収効率は40～50％であることから，ボイラ加温方式に比べて加温エネルギーが約半量に制限される．このため，限られた加温熱量のもとで安定した消化処理を行うためには，ガス発電システムの設定に際し，充分な熱収支上の検討を行っておく必要がある．

ここではガス発電システムの熱収支に関するシミュレーションモデルの概要を示し，消化ガス発電システムを適切なコージェネレーションシステムとして組み上げるためのポイントを述べる[15]．

7.4.1 ガス発電システムの熱収支計算モデルの概要

わが国の下水処理場においては，地域によって気温や流入下水温が異なるので，これらの違いを反映して熱収支計算の外部条件を，それぞれの下水処理場個々に設

定する必要がある．また，それぞれの下水処理場の運転管理を反映して，消化タンクに投入される汚泥濃度等の設定値が変わってくる．ガス発電システムの熱収支を検討するためには，これらの外部条件や設定条件を充分に反映したシミュレーションモデルであることが必要である．このように種々の条件下において熱収支計算の検討を行うため，**図-7.8** に示す消化タンクを含めたガス発電システムに対し，熱収支を計算するシミュレーションモデルを作成した．

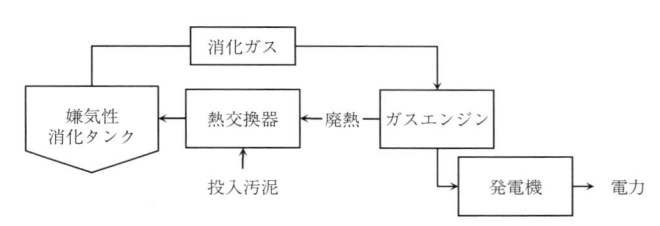

図-7.8 ガスエンジンによる消化ガス発電システム

多くの場合，消化ガス発生量には，冬期に高く夏期に低くなるという季節的変動が認められている．これは，夏期に投入汚泥濃度が低くなるためと考えられてきたが，下水処理場への負荷の季節変動ならびに下水処理場の発生汚泥の質・量の温度依存性を考慮すると，このような発生ガス量の季節変動は，充分有意な現象であると考えられる．下水処理場への流入水量は夏期に高くなるものの，下水の有機物濃度は冬期にそれ以上高くなり，負荷量としては冬期に高いというデータが示されている．また，発生汚泥の有機物含有率は，夏期よりも冬期で高いのが一般的であり，水温の高い夏期には種々の要因により有機物の分解が促進され，結果として発生汚泥中の有機物含有率が低下していると考えられる．

シミュレーションモデルは，この消化ガス発生量の季節変動を充分組み入れるものとした．また，発生消化ガス量は，全量をガスエンジンに供給することを前提に，この時に得られる廃熱が加温に充分かどうかを判断することを主要な事項とした．

シミュレーションモデルの計算フローシートを**図-7.9** に示す．下水処理場の処理規模を日平均下水量で与え，水質強度は流入水 SS で代表させて発生汚泥量の計算をしている．このモデルでは月別の計算結果を求めるようにしているので，発生汚泥量も月別の値を計算し，その最大値に対して設計されたモデル消化タンクで熱収支の計算が月別に行われる．投入汚泥温，周囲の外気温が重要な入力パラメータとなる．これらのデータは年平均気温 15 ℃（関東，東海地域），10 ℃（東北地域），5 ℃

(北海道寒冷地域)の3条件に対して標準的なデータのセットが用意されている．また，このモデルでは，汚泥の返流負荷率も組み込んで計算できるようにしてある．これは，実際の下水処理場では計算した真の発生汚泥量に加えて，消化タンク脱離液等に含まれる比較的高濃度の固形物が水処理系に返流され，この返流汚泥を伴って汚泥が発生しているからである．返流負荷が高いと発生汚泥量が多くなり，その分，実際の消化日数が短縮して発生ガス量が多少低下することにもなるし，より重要なことはそれだけ加温する汚泥量が増えることになるので，熱収支的にかなり不利になることが予測される．

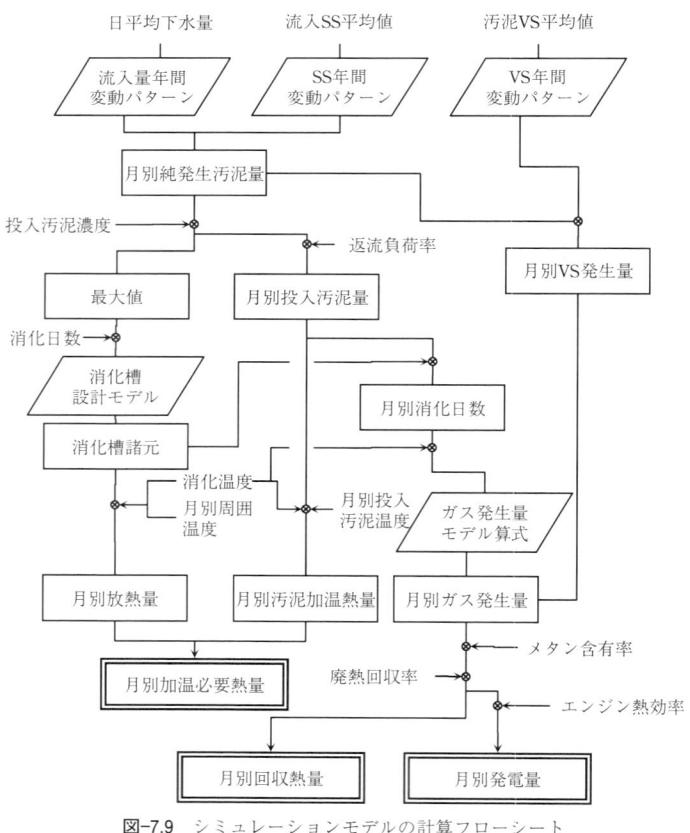

図-7.9 シミュレーションモデルの計算フローシート

7.4.2　熱収支計算結果の例

　ガスエンジンの熱効率は，発電機までを含めた発電効率を 30 %，廃熱回収効率は 40 % として一連の検討計算を行った．日平均下水量が 30,000 m³/d のモデル処理場における消化ガス発生量と回収電力量の計算結果を**図-7.10**に示した．

　消化ガスの年平均発生量は 1,500 Nm³/d，年平均ガス発電量は 2,900 kWh/d である．下水処理場における処理水量 1 m³ 当りの消費電力量はおよそ 0.3 kWh であるので，処理場消費電力の約 32 % が消化ガス発電により回収可能という関係を示している．発生ガス量は，冬期に高く夏期に低いという季節変動を示し，その変動幅はおよそ上下 2 割という大きさである．発電量の方もガス発生量と連動して同様な季節変動を示している．

　図-7.11 は，投入汚泥濃度をパラメータとして，加温必要エネルギー量と廃熱回収エネルギー量の関係を示したものである．また，**図-7.12** は，年平均気温の違いを基に処理場の立地条件が与える影響を示したものである．これらの図に示されるように，投入汚泥濃度や処理場の立地条件によって，廃熱回収と加温のエネルギー

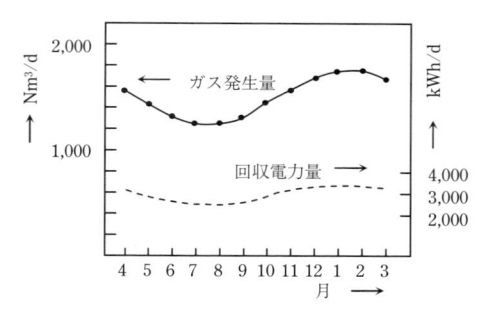

図-7.10　30,000 m³/d 規模の下水処理場におけるガス発生量と回収電力量

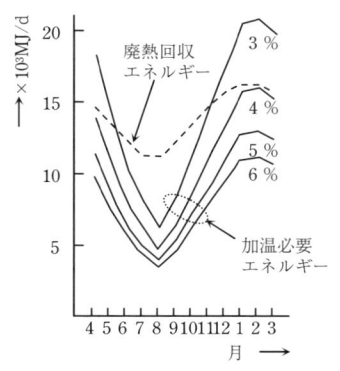

図-7.11　投入汚泥濃度と加温必要エネルギー
（流量 30,000 m³/d，返流負荷率 20 %，年平均気温 15 ℃）

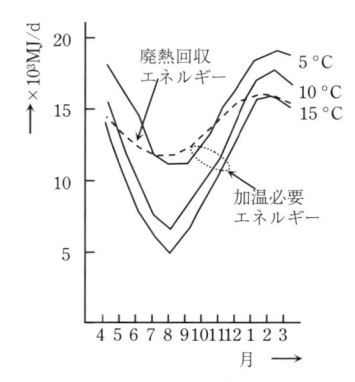

図-7.12　年平均気温と加温必要エネルギー
（流量 30,000 m³/d，返流負荷率 20 %，投入汚泥濃度 4 %）

バランスは大きく影響を受ける．

図-7.13は，返流負荷の多寡とそのエネルギーバランスを示したものである．厳密には，廃熱回収エネルギー量も返流負荷量の多寡に影響されるが，本モデルでは消化日数の設計値を 20 d，つまり真の発生汚泥量に対し最小の消化日数が 20 d と充分に長いために，返流汚泥量の増加 20 % 以内ではほとんど消化ガス発生量には影響が出ないという計算結果となった．そのため廃熱回収量はグラフでは 1 本の線で示されている．

図-7.14は，下水処理場の規模によるエネルギーバランスへの影響を示したものである．処理場規模が大きくなるに従って廃熱回収エネルギーの余剰率が高くなる傾向にある．これは，消化タンクの 1 基の容量が大規模処理場ほど大きくなるようにモデルを設定したことで，容量に対するタンクの表面積の比が次第に小さくなり，単位汚泥量に対する放熱量の値が減少したためである．

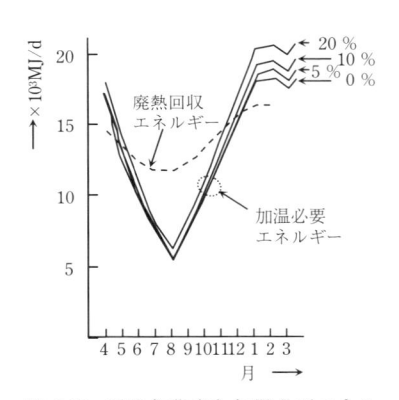

図-7.13 返流負荷率と加温必要エネルギー
（流量 30,000 m^3/d，年平均気温 15 ℃，投入汚泥濃度 3 %）

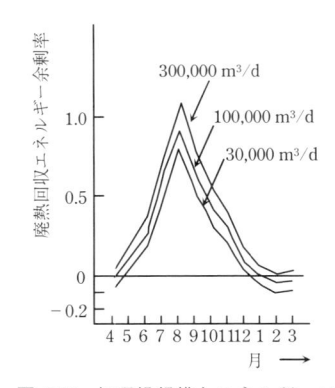

図-7.14 処理場規模とエネルギーバランス
（返流負荷率 20 %，年平均気温 10 ℃，投入汚泥濃度 4 %）

7.4.3 コージェネレーションシステムを確立するための条件

以上のシミュレーションモデルを用いれば，種々の条件での加温量と廃熱回収量のバランスを検討することができる．例えば，年平均気温が 15 ℃，すなわち関東，東海地域以南では，投入汚泥濃度 4 %（40 g-TS/L）を確保することにより，年間を通して発生消化ガス全量を発電システムに適用することが可能である．また，東北地方等冷涼な地域においても，投入汚泥濃度 5 %（50 g-TS/L）を確保することにより上記の全量消化ガス発電が可能である．実際，**7.2.5** で示した山形市の事例では，

投入汚泥濃度 4 ％（40g-TS/L）で発生ガス全量の消化ガス発電ができている．これは，①当地のガス発電システムの熱回収効率が 50 ％近いものになっており，本シミュレーションモデルの設定値 40 ％より大分効率がよいということ，②また汚泥の有機物含有率も随分と高く単位汚泥量当りのガス発生量も，モデルの設定値より少し高くなるためなどによっているのではと考えられる．これらのことから，本シミュレーションモデルの設定値は，幾分安全側の数値が用いられていることがわかる．

　コージェネレーションであるガス発電システムの熱収支を万全なものとするためには，熱回収効率をまずできるだけ高くすることが必要である．これは機器のシステム造りに負うところが大きいが，蒸気より温水の加温システムで，より高い熱回収効率が得られるので，温水加温を基本としてシステムを設計することが望ましい．もう一つ重要な点は，加温エネルギーを極力抑える方策を確実に行うことである．投入汚泥濃度の確保は最も肝要な方策となるが，余剰汚泥の機械濃縮を前提とする分離濃縮法の導入などが，具体的な対応策となる．また，返流汚泥量を極力減らすことも必要である．さらに，消化タンクからの放散熱量を減らす方策として，タンクの表面積／容積の比をできるだけ小さくすることが有効である．これには，消化タンクの容量をできるだけ大きくすることや，卵形消化タンクのように表面積が小さい形状を選ぶことで対処できる．また，適切な断熱壁を設けることも効果的である．

●（第 7 章）引用・参考文献

1) 日本ガス協会(1997)．"都市ガス工業概要(基礎理論編)" 平成 9 年．p.172.
2) 北見市企業局 HP．http://www.city.kitami.lg.jp/kitkigyo/index.html
3) 宇崎一将(2002)．"長岡市における消化ガスの都市ガス原料化の取り組みについて"，再生と利用，Vol.25, No.94, pp.55-63.
4) 神戸市建設局 HP．http://www.city.kobe.jp/cityoffice/30/031/pdf/bio.pdf
5) 落修一(2005)．"下水汚泥と各種有機性廃棄物との混合嫌気性消化に関わる研究"，東北大学博士学位論文，2005 年 3 月，p.126.
6) 竹腰勇ノ助(2004)．"日本初の消化ガスを利用したマイクロガスタービンコージェネレーションシステムの本格導入について"，下水道協会誌，Vol.41, No.506, pp.27-30.
7) 丹野隆広(1998)．"下水汚泥消化ガス発電システム実用運転における評価"，再生と利用，Vol.21, No.78, pp.76-85.
8) 下水道新技術研究年報(2005)．"消化ガスを燃料とする燃料電池システムの性能評価研究"，2004 年度下水道新技術研究所年報，2/2 巻，下水道新技術推進機構 2005 年 10 月，pp.147-153.
9) 日本下水道協会(2001)．"下水道施設計画・設計指針と解説 後編"，p.405.
10) シュルツ H., エデル B. "バイオガス実用技術"，オーム社(2002)，監訳：浮田良則，pp.106-108.

11) 下水道新技術研究年報(1997), "消化ガスを燃料とする燃料電池の実用化研究", 1996年度下水道新技術研究所年報, 2/2巻, (財)下水道新技術推進機構, 1997年9月, pp.85-90.
12) 山田昭捷, 竹尾義久, 柴田庸平(1995), "シロキサンに着目した脱硝・脱臭触媒の劣化", 下水道協会誌, Vol.32, No.389, pp.76-88.
13) 亀井正直(2000), "ケイ素化合物研究の現状と展望", FRAGRANCE JOURNAL, Vol.28, No.11, pp.17-22.
14) 大下和徹, 小北浩司, 高岡正輝, 武田信生, 松本忠生, 北山憲(2007), "下水処理システムにおけるシロキサンの挙動に関する研究", 下水道協会誌, Vol.44, No.531, pp.125-137.
15) 佐藤和明(1987), "嫌気性消化法の機能改善に関する研究", 土木研究所報告172号, pp.43-55.

第8章　メタン発酵に関わる問題点と対応策

8.1　メタン発酵システムの基本構成と主要問題点の整理

　メタン発酵システムは，前処理設備—メタン発酵設備—エネルギー回収設備の3つを基本設備として，次の2種類に分けられる[1]．
　①消化液を液肥として貯留設備に貯留し，緑農地還元を行うシステム．
　②消化液を排出基準値まで処理し，下水道や河川に放流するシステム．
　ただし，①の場合，液肥を散布できる充分に広い圃場や農家の協力が必須である．また，②の場合は，水処理施設の建設と維持管理費用がかさむため，バイオガスの利用による経済的利点を期待しにくいことが多く，ことに留意が必要である．西欧諸国では，液肥散布のための広大な圃場を有するので，ほとんどのメタン発酵施設は①の方式を採用している．
　メタン発酵法が，バイオマスからのエネルギー回収の面において，下水汚泥，生ごみ，家畜排泄物等の大量のバイオマスが原料として年間を通じて確実に供給される点において，他のいかなるバイオエネルギー生産プロセスにも優る利点を有することは，地球環境保全に対して重要な意義がある．しかし，一方では以下のような課題を抱えており，メタン発酵法が普及するうえでの問題点となっている[2]．
　①消化タンクの大型化による敷地面積の確保．
　②返流水による水処理プロセスへの負荷の増大．
　③アンモニア性窒素の蓄積によるメタン発酵の阻害．
　④脱離液中の窒素濃度の増大．
　⑤消化液の液肥利用による圃場や耕地の窒素過多障害，土壌や地下水の汚染．
　これらに加えて，消化液を環境水中に放流する場合，排水基準値に処理するための水処理施設建設費およびその維持管理費の費用が高く，一方，わが国ではバイオガス発電による電力は，西欧諸国と異なり通常の電力より低価格で取引されるため，バイオガスエネルギーの生産を行っても，消化液の水処理まで行うと経済性が得られない実情がある[3]．したがって，消化液の処理には，液肥としての農地還元，し

尿処理施設での処理および下水道への放流等の方法が検討されている[4]．メタン発酵法が，地球環境時代の廃棄物系バイオマス処理法として広く普及するためには，これらの課題が緊急に解決されなければならない．

8.2 高濃度高温メタン発酵による高効率化

通常，都市下水処理場下水汚泥消化槽には，固形物濃度3％以下の下水汚泥が投入され，消化後脱離液は水処理プロセスに返送される．これが返流水による負荷の増大をもたらしている．近年，横浜市・大阪市等では，投入下水汚泥固形物濃度5％以上の高濃度消化を行い高効率化を図っている．

図-8.1は，固形物濃度5％以上，消化温度55℃および35℃における高濃度高温消化実験におけるメタン生成速度を比較したものである．これによれば，メタン生成速度は高温消化法の方が中温消化法よりもかなり増大する[5]．

近年，生ごみの循環型処理システムの要素技術として，メタン発酵によるエネルギー回収およびコンポスト生産が注目されるようになり，パイロットおよび実規模のプラントが稼働している．これらのシステムでは総じて，10～20％の高固形物濃度の生ごみに対して，高温メタン発酵プロセスが適用され，安定的な操作が行われている．ラボスケールの生ごみメタン発酵実験によって，滞留時間10 d以下において，55℃の高温メタン発酵の有機物分解率は，35℃の中温メタン発酵よりも有機物分解率・メタン生成量が共に増大することを明らかにしている[6]．脱水下水汚泥の嫌気性消化の研究でも，35℃の中温消化法においても固形物濃度11％までは安定的な嫌気性消化が可能である[7]．それ故，汚泥処理施設を有しない小規模下水処理場で発生する脱水汚泥ケーキをトラック輸送し，大規模下水処理場の消化槽において嫌気性消化を行う脱水汚泥の集約嫌気性消化方式が有益な方法と考えられている．

高濃度嫌気性消化法の効率的な適用によって，8.1で述べた普及上の問題点の①の課題に対して，消化槽容量の減少ひいては加温エネルギーの節減をもたらすことになる．また，②のように，従来からの大きな課題であった二次処理施設への返流

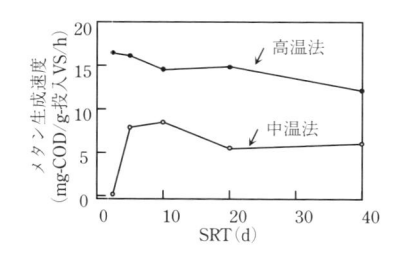

図-8.1 高濃度高温および中温メタン発酵におけるメタン生成速度の比較

負荷も極度に削減されることになる．

8.3 アンモニア性窒素の蓄積と阻害に対する対応

嫌気性消化に及ぼすアンモニア性窒素の影響の影響に関しては，これまで多くの研究が行われてきたが，ほとんどは通常の固形物濃度における下水汚泥の嫌気性消化に関するものであった[8)～10)]．脱水下水汚泥を固形物濃度3.0～11.0％に調整した高濃度嫌気性消化実験に関して，**表-8.1** に示す実験結果がある[11)]．

表-8.1 固形物濃度の影響（下水汚泥の嫌気性消化回分実験結果）

TS 濃度（％）	3.0	5.4	7.1	8.9	11.0
ガス生成速度（mL/L/d）	679	1,343	1,908	2,190	2,596
メタン生成速度（mL/L/d）	450	880	1,240	1,420	1,700
ガス生成量（mL/g-投入 VSS）	426	477	513	466	451
メタン生成量（mL/g-投入 VSS）	280	310	330	300	290
メタン含有割合（％）	66.3	65.1	64.8	65.6	65.3
pH（－）	7.4	7.5	7.7	7.8	8.1
TS（％）	1.85	3.93	5.04	6.65	8.35
VS（％）	1.23	2.50	3.26	4.44	5.69
全タンパク質（g/L）	5.94	11.20	14.80	18.00	19.10
全炭水化物（g/L）	2.38	5.18	6.50	14.40	21.50
全脂質（g/L）	1.79	3.36	4.49	5.33	7.74
アンモニア性窒素（mg/L）	710	1,370	1,820	2,480	3,100
酢酸	72	214	103	253	232
プロピオン酸（mg/L）	41	63	51	260	858

表中，投入汚泥濃度（TS）が3.0％，5.4％，7.1％の条件では，pHは7.38，7.50，7.68といずれもメタン生成が順調に進行する範囲であったものの，TS濃度が8.9％および11.0％の条件では，アンモニア性窒素濃度はかなり高くなって，pHは7.84，8.13に上昇した．表から，投入TS濃度を増やすと，タンパク質の分解はさほど影響を受けないが，炭水化物の分解は著しく低くなることがわかる．

この結果を基に，バイアル瓶による回分実験によって，炭水化物およびタンパク質の嫌気性消化に及ぼすアンモニア性窒素の阻害について検討したところ，アンモニア性窒素の存在は炭水化物の加水分解に対して強く影響を与えることが明らかとなった．従来，アンモニア性窒素は，主にメタン生成段階に影響を与えると考えられていた

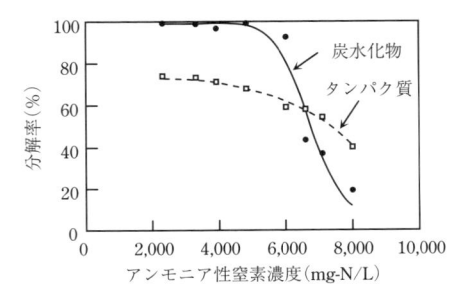

図-8.2 炭水化物およびタンパク質の分解に及ぼすアンモニア性窒素の影響

が，今後は炭水化物の加水分解に及ぼす影響を解明し，さらに対応策を検討するべきであることが示された．この実験結果を図-8.2 に示した．

8.4 消化液の処理

8.4.1 液肥利用

メタン発酵消化液を農地還元に用いる場合は，これを液肥と呼ぶ．消化液の圃場散布に関して，広大な圃場を有するドイツやデンマーク等のヨーロッパ諸国では実績が多く，表-8.2 に示すように，西欧諸国においては，メタン発酵消化液を土壌に還元させるための飼養密度の基準および技術が確立している[12]．

表-8.2 肉牛奨励金に関する飼養密度の条件

	雄牛特別奨励金	繁殖雌牛奨励金	粗放化奨励金
飼育密度制限	申請頭数(年間)の上限は 1.0LU/ha*		1.4LU/ha 以下の生産者が対象***
交付上限頭数	国別に年間の交付上限頭数が設定**	生産者毎に年間の交付上限頭数が配分	

*：家畜単位(LU/ha)：飼料用地当りの面積に換算される家畜数(雄牛，乳牛およびその他2歳以上の牛＝1.0LU/ha，6ヶ月齢から24ヶ月齢までの牛＝0.6LU/ha，綿羊＝0.15LU/ha)
**：奨励金の交付：10ヶ月齢と22ヶ月齢の2回(去勢牛は10ヶ月齢のみ)それぞれの月齢の申請に対して交付上限を90頭／年に設定
***：1.0LU/ha 未満の場合は奨励金が増額

これに対して，充分な圃場を持たないわが国においては，家畜排泄物は，コンポストや液肥として農地還元利用することが自然であるとの観念が定着しているものの，メタン発酵消化液を農地に還元するための機械システムや栽培作物に対する施肥の効果に関しては，化学肥料に代替して利活用されるには，今後の充分な検討が必要とされている．近年，自治体で取り組んでいる液肥利活用に関する実証試験等の状況については，(社)地域資源循環技術センターによる報告書にまとめられているので参照されたい[13]．また，家畜排泄物のメタン発酵消化液を液肥として稲の窒素肥料に用いる効果についても，多年にわたり実証研究が行われている[14]〜[20]．表-8.3，表-8.4 に，家畜排泄物(牛排泄物，豚排泄物)および生ごみを主体とするメタン発酵消化液の性状例を示す[21],[22]．これらによれば，特にアンモニア性窒素が高濃度に含有され，消化液の液肥利用における課題となっている．

また，EC 諸国では，メタン発酵消化液をはじめとする家畜糞尿製品を肥料に用いる際に備えて，病原体に対する安全性確保のために，表-8.5 に示す衛生化規定がある．このような液肥の農地還元におけるリスク管理について，最近，わが国におけるメタン発酵消化液の農業利用においても，70℃，60分間の熱処理を行う場合

が多く見られる.

表-8.3 家畜排泄物メタン発酵消化液の性状例

	乳牛排泄物		豚排泄物	
	原料	メタン発酵液	原料	メタン発酵液
TS(%)	7.45	5.46	1.11	0.84
VS(%TS)	72.6	66.5	67.7	53.6
pH(−)	8.1	8.5	7.7	8.8
全窒素(mg/kg)	5,360	5,610	2,080	2,380
アンモニア性窒素(mg/kg)	1,560	3,310	1,000	1,100
カリウム(mg/kg)	3,530	3,530	1,190	1,480
全リン(mg/kg)	650	670	250	230
全VFA(mg/kg)	2,331	631	658	425
酢酸(mg/kg)	1,670	580	640	402
プロピオン酸(mg/kg)	495	46	17	23
酪酸(mg/kg)	80	2	trace	trace

表-8.4 生ごみのメタン発酵消化液の性状例

項 目	単位	選別生ごみ		メタン発酵液	
		範囲	平均	範囲	平均
TS	g/kg	209〜298	242	36.1〜45.6	41.5
VS	g/kg	192〜278	222	26.6〜34.7	31.4
SS	g/kg	−	−	19.8〜31.3	23.8
VSS	g/kg	−	−	17.2〜27.5	20.5
全COD_{Cr}	g/kg	189〜295	8,210	37.4〜60.6	45.3
溶解生COD_{Cr}	g/kg	−	−	8.46〜13.5	10.9
全窒素	mg/kg	5,230〜8,210	6,660	5,520〜6,770	6,170
アンモニア性窒素	mg/kg	−	−	3,440〜4,020	3,790
全リン	mg/kg	462〜917	917	402〜493	441
酢酸	mg/kg	1,090〜2,760	1,940	412〜3,430	1,270
プロピオン酸	mg/kg	36.0〜152	61.7	955〜3,570	1,970
iso-酪酸	mg/kg	46.0〜212	104	63.0〜413	152
n-酪酸	mg/kg	16.0〜146	61.6	2.00〜91.0	21.5
iso-吉草酸	mg/kg	150〜246	179	49.0〜370	131
n-吉草酸	mg/kg	0.00〜2.00	0.267	7.00〜70.0	31.6
VFA(COD)	mg/kg	2,120〜3,930	2,830	2,670〜9,560	4,990

表-8.5 EC諸国の衛生化規定(2002年10月制定,2003年4月施行)

製 品
　EC規定に従った承認機関が認定したバイオガスプラントまたはコンポストプラントで製造されたものであること.
衛生化処理
　最大粒径を12mmとし,70℃以上,60分間以上の熱処理を行うこと.
基 準
　サルモネラ菌:検出されないこと(25gの試料5セットで0個).
　Enterobacter(エンテロバクター):1gの試料5セットで10〜300個の出現が2セット以内.
保 管
　衛生化処理後の消化液は,密閉されたサイロ・容器に保管し,未処理の消化液との混合や二次加水を避けること.

8.4.2 水 処 理

　都市下水処理場およびし尿処理場においては，嫌気性消化槽からの消化液（脱離液）は，返流水として活性汚泥法による排水処理プロセスで処理される．したがって，8.1の課題②のような返流水による排水処理プロセスへの負荷の増大はあるものの，下水処理およびし尿処理の全体システムの中で消化液の処理が行われるので，環境水中への放流に関する制約を直接的に受けることはない．

　下水道の普及等に伴い，し尿処理施設に搬入されるし尿および浄化槽汚泥は，建設した当初の搬入量よりも減少している．これらの状況から，メタン発酵消化液の処理のために余力あるし尿処理施設を活用することは，施設整備に関わる経済的負担の軽減につながり，地域の環境保全を実現するために有効な方法と考えられる．

8.4.3 下水道放流

　下水処理場の処理能力に余裕がある場合，メタン発酵消化液の下水道放流の可能性が考えられる．消化液の液肥利用が行われない，圃場や農地が存在しない都市域における産業排水や生ごみのメタン発酵プロセスにおいては，消化液を下水道に放流する途が開かれている．これについて，近年開発された好気性可溶化プロセスを適用した生ごみの二相式メタン発酵プロセスを，**図-8.3**に示す[23]．本プロセスでは，生ごみを微好気的に可溶化した後，酸生成槽で生じた酸生成液をメタン発酵槽（EGSB法）において，メタン発酵を行う．これにより，下水排除基準に適合した処理液を下水道放流できる．消化液の下水道放流に当たって，公共下水道への下水排除基準を**表-8.6**に示し

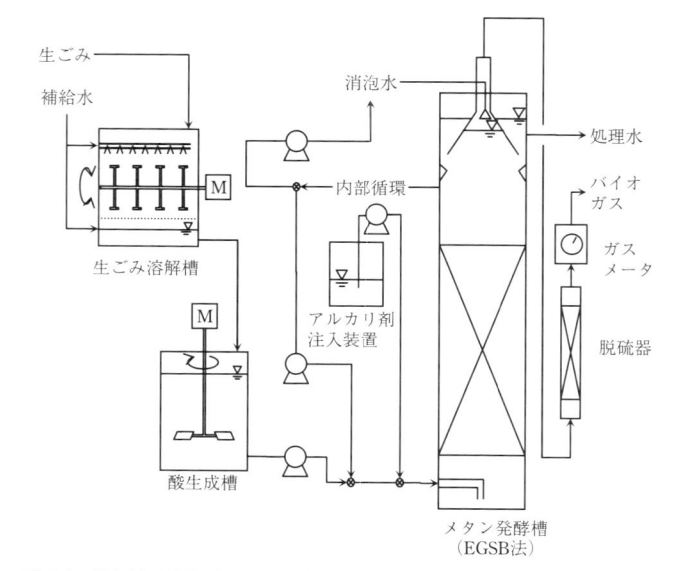

図-8.3 嫌気性可溶化プロセスを適用した生ごみの二相式メタン発酵プロセス

た．消化液の処理では，この基準を満たす必要がある [24]．

表-8.6 メタン発酵消化液に関する主要な下水排除基準

BOD_5 濃度	600 mg/L
SS 濃度	600 mg/L
総窒素濃度	380 mg/L
リン濃度	32 mg/L

8.4.4 消化液中の窒素およびリン除去

メタン発酵消化液中には，約 1,500～4,000 mg/L もの高濃度のアンモニア性窒素が存在する．ＥＣ諸国では液肥として圃場への散布する場合の散布量の基準が設けられているが，わが国ではまだ定められていない [12]．

わが国では，大量の食肉やタンパク質の豊富な家畜飼料を外国から輸入しているため，廃棄物系バイオマス中の窒素含有量が高く，メタン発酵消化液中にも高濃度のアンモニア性窒素が含有してしまう．したがって，コンポストあるいは液肥利用によって，圃場，耕地の窒素過多，土壌および地下水の汚染が懸念される．地下水質環境基準では，亜硝酸性窒素と硝酸性窒素の濃度合計が 10 mg/L とされている [25]．亜硝酸性窒素だけで，この地下水基準を超える地域が報告されている [26]．

(1) 窒素除去の新技術

消化液の液肥利用の目的に応じて，窒素濃度を削減できる技術の開発が必要とされる．最近では，以下のような新技術が開発されている．

a. 電気化学的処理

高電圧パルスと化学的活性種を利用して，水を電気分解して生じる O ラジカルと OH ラジカルで有機物を酸化分解する方法である．高圧パルスから発生するラジカルは，消化液中の有機物やアンモニアを強力に分解する．また，リン除去に必要な薬剤投与も不要となり，環境ホルモン等の難分解性物質も分解可能である．生物処理と比較して処理時間が大幅に短縮できる他，処理費用，設置面積，投入エネルギーを軽減できる利点がある [27]．

b. 脱窒素機能を備えたメタン発酵プロセス

排水から窒素を除去する代表的な処理方法として，生物学的硝化脱窒素法があげられる．本法は，排水中に存在するアンモニア性窒素を好気性条件下で，独立栄養細菌である硝化細菌 (*Nitrosomonas* spp., *Nitrobacter* spp. 等) の作用により亜硝酸および硝酸性窒素に酸化させ，次にそれらを無酸素条件下で排水中の有機物を電子供与体とする脱窒素細菌の作用によって窒素ガスに還元し，大気中に放出する処理方法である．脱窒素槽は無酸素状態であることから，環境条件の類似したメタン発酵法が，メタン生成および脱窒素反応双方の機能を兼ねることが可能であれば，メタ

ン発酵槽から排出されるアンモニア性窒素を低減することが可能となる．

生物学的脱窒素は，無酸素状態で生じ，反応には電子供与体として有機物が必要である．同じく嫌気性条件下で進行するメタン発酵は，有機物の酸生成過程（微細化・加水分解を含む）とメタン生成過程からなる．一般に，脱窒素反応に適した条件（pH 7.0〜7.5，温度 34〜37℃，ORP -100〜-220 mV）は，メタン発酵の酸生成過程における環境条件に近く，また酸生成細菌はメタン生成細菌と比較して，pH，揮発性脂肪酸の蓄積，温度の変化等外的環境因子の変動に対して非常に抵抗性が強いことが知られており，酸生成反応と脱窒素反応を同時に生じさせ，硝酸塩によるメタン発酵の阻害を防ぎ，排出されるアンモニア性窒素を低減させることが可能である．

以上の考えに基づいて，図-8.4 に示すような窒素除去機能を有するメタン発酵システムが構築される．このシステムでは，調整槽において，生ごみ等の有機性固形廃棄物の濃度調整およびスラリー化を行う．この調整槽を酸発酵として機能させ，メタン発酵後の発酵液を硝化処理した後，一部の硝化液を調整槽へ添加し，SRT を調整することで，酸発酵反応に加えて脱窒素反応としての機能を付加させるシステムである．

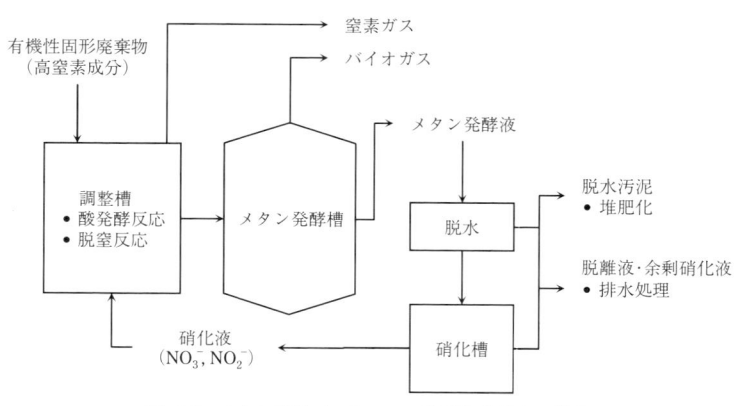

図-8.4 メタン発酵プロセスへの窒素除去機能の導入

通常の排水処理施設における脱窒素処理は，易分解性で比較的安価なメタノールや有機性排水等を電子供与体として用いている．また，メタン発酵に及ぼす硝酸性窒素の影響（COD/NO_3-N 比）や有機炭素源等の研究も幾つか報告されている．しかし，生ごみのような実用対象物かつ固形廃棄物である有機炭素源を用いた研究例

は少ない．メタン発酵プロセスの酸生成相において生成された揮発性脂肪酸等を脱窒素細菌の有機炭素源(電子供与体)として利用可能であれば，窒素除去処理における有機物添加を必要とせず，経済的にも効率的であると考えられる．

本法に関して，有機性廃棄物として乳牛ふん尿(NH_4^+-N = 1,672 mg/L)を用いたパイロットプラントによる実証実験を行った[28),29)]．250 L/dの乳牛ふん尿を2倍に希釈し，酸生成槽($2\,m^3$)と35℃の中温メタン発酵槽($15\,m^3$)を組み合わせたリアクターに投入した．酸生成槽に返送する硝化液量は，排出する発酵液の1/2とし，硝化槽での発酵液の硝化を亜硝酸型硝化に制御した．硝化槽でのNH_4^+-Nは，88%がNO_2^--Nに転換された．この硝化液を投入の乳牛ふん尿希釈液として1/2の流量を酸生成槽に返送することにより，NO_2^--Nは完全に脱窒素された．この時のメタン生成槽からのバイオガスのメタン含有割合は，60%であり，充分に高いものであった．硝化液の酸生成槽への返送量を増加すれば，脱窒素量をさらに増やせる可能性がある[30)]．

c. 嫌気性アンモニア酸化法(Anammox法)

高濃度のアンモニア性窒素を含む排液から，電子供与体を新たに供給することなく，無酸素条件下でAnammox細菌の働きによってアンモニアを亜硝酸によって直接的に脱窒素するプロセスである．

このプロセスでは，まず，原水の亜硝酸化工程で，アンモニアおよび亜硝酸濃度がほぼ同濃度になるように制御する．そして，アンモニアの脱窒素工程で，生成した亜硝酸を電子受容体，残留のアンモニアを電子供与体として脱窒素を行う．**図-8.5**にAnammox細菌による嫌気性アンモニア酸化の過程を示した[31),32)]．

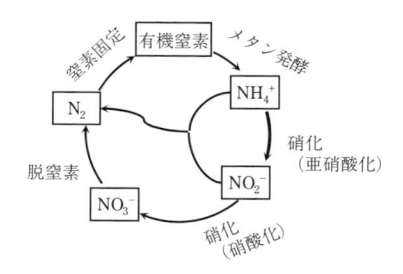

図-8.5 Anammox細菌による嫌気性アンモニア脱窒素反応

(2) 晶析法によるリン除去

メタン発酵消化液中に高濃度に含有するリンは，リン鉱石の枯渇が近い将来に懸念されている今日，貴重な資源と考えられる．リンの回収方法としては，HAP(リン酸ヒドロキシアパタイト)やMAP(リン酸マグネシウムアンモニウム)で難溶性の塩として液から分離する晶析法が開発されている[33)]．**図-8.6**は，MAP法のプロセスフローを示したものである[34)]．

島根県宍道湖東部浄化センターでは，嫌気好気活性汚泥法により発生した余剰汚

泥をメタン発酵し，多量のリンを汚泥脱水返流水中に放出するため，メタン発酵消化汚泥の脱水返流水からのMAP法によるリン回収実施設が稼動している．

8.4.5 分離消化プロセス

わが国の下水処理においては，湖沼や閉鎖性海域の富栄養化対策のため窒素，リンの除去が最重要な課題となってきている．消化プロセスについては，これまで汚泥の減量，安定化とい

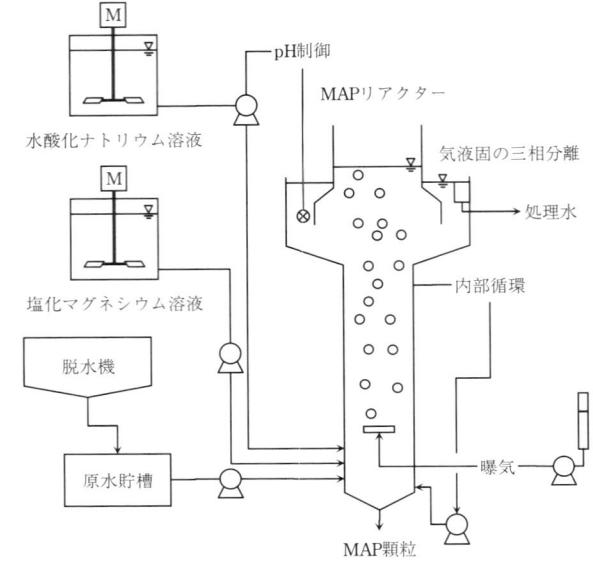

図-8.6 MAP法のプロセスフロー

う観点から標準的な汚泥処理プロセスとして用いられてきており，最近ではメタンによるエネルギー回収の観点からも注目されてきた．しかし，汚泥を消化することにより汚泥中の窒素，リンの可溶化が進み，汚泥脱離液を基とした汚泥処理系からの返流負荷が増加し，窒素，リンの高度処理に対する負荷を増すものとして，問題点が指摘されてきた．

わが国の窒素，リンに関する高度処理法は，活性汚泥法を基本とした生物学的処理法，あるいはリンの除去は凝集剤を添加する生物化学的処理法で実施されるのが一般的である．この時，処理場から発生する下水汚泥は，最初沈殿池からの最初沈殿池汚泥ならびに生物反応タンク(活性汚泥処理槽)からの余剰活性汚泥である．標準活性汚泥法では両者の発生汚泥の固形物比はおおむね1:1であるが(1996年時点で分離濃縮を実施している86処理場のデータ平均では，最初沈殿池汚泥:余剰汚泥=61:39)[36]，高度処理法では，生物反応タンクの容量が大きくなり，それだけ活性汚泥処理プロセスの汚泥滞留時間が長くなることにより，余剰汚泥の発生量は減ずる．

最初沈殿池汚泥と余剰汚泥の消化ガス発生量を比べると，有機物(VS)当りのガス発生量は，最初沈殿池汚泥の方がかなり大きいことが知られている．幾つかの下

水処理場の汚泥について，消化ガスの発生量を比較した例を**表-8.7**に示す[35]．表のように，VS当りの消化ガス発生量は，最初沈殿池汚泥が余剰汚泥よりも 1.6 倍ほど高く，メタン発生量も約 1.5 倍高いものであった．調査対象とした下水処理場は，通常の二次処理のものであったので，高度処理法の処理場では，このガス発生量の比の数値はより大きくなる可能性がある．これに加えて，余剰汚泥の割合の少ない高度処理法の下水処理場では，消化ガスのかなりの部分が最初沈殿池汚泥に起因することになると考えられる．

表-8.7 汚泥の種類によるガス発生量の違い

	消化ガス発生量(m^3/kg-VS)			メタン発生量(m^3/kg-VS)		
	余剰汚泥	初沈汚泥	混合汚泥	余剰汚泥	初沈汚泥	混合汚泥
A 処理場	0.42	0.70	0.58	0.28	0.40	0.36
〃	0.48	0.69		0.31	0.39	
B 処理場	0.27	0.35		0.18	0.24	
C 処理場	0.52		0.69	0.35		0.42
D 処理場	0.33		0.41	0.22		0.29
E 処理場	0.41	0.76		0.25	0.48	
F 処理場	0.31		0.40	0.21		0.26
平均	0.39	0.62	0.52	0.26	0.38	0.33
余剰汚泥から発生する量に対する比		1.60	1.33		1.46	1.29

生物処理プロセスの方式：A〜E 処理場＝標準活性汚泥法，F 処理場＝好気性濾床法

表-8.8 最初沈殿池汚泥と余剰汚泥の栄養塩含有率[36]

	窒素(g-N/kg-DS)	リン(g-P/kg-DS)	カリウム(g-K/kg-DS)
最初沈殿池汚泥	37.4	7.40	3.48
余剰汚泥	92	22.1	11.19

また，消化ガスの発生量の違いに加えて，**表-8.8**に示すように汚泥に含まれる窒素やリンの割合は，最初沈殿池汚泥の方が余剰汚泥よりも少ない．このことを勘案し，最初沈殿池汚泥のみを消化する分離消化プロセスが提案されている[36]．分離消化プロセスと通常の混合汚泥消化プロセスの比較を**図-8.7**に示した．

分離消化プロセスの消化ガス発生量は，両者を併せて消化する場合よりも 30 %ほど少なくなるが，窒素とリンの水処理プロセスへの返流負荷は約 1/3 に低減する．さらに，分離消化プロセスを基本として，最初沈殿池汚泥からの消化ガス熱量で余剰汚泥を乾燥すれば，窒素とリンを多く含む乾燥肥料として汚泥をリサイクルすることも可能である．これは，窒素とリンの高度処理と消化ガスの有効利用を合理的に組み合わせることができるフローである．分離消化プロセスの他の利点としては，

①消化汚泥の脱水性の向上，

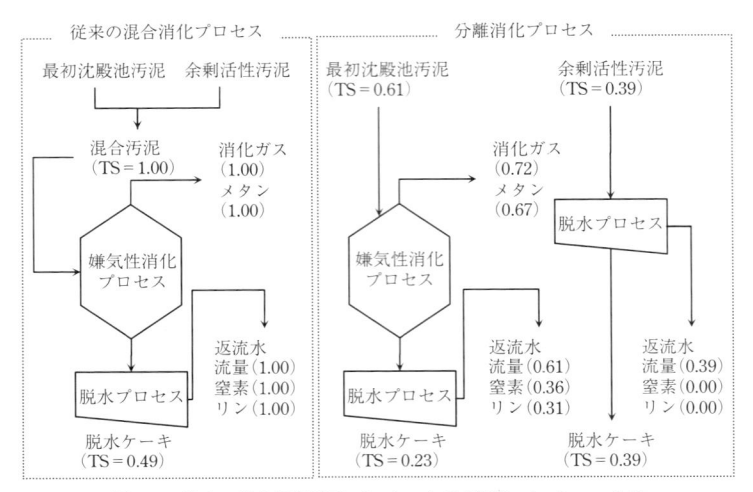

図-8.7　従来の混合汚泥消化プロセスと分離消化プロセスの比較

②配管中のMAP析出障害の回避，

③嫌気性消化槽内における余剰汚泥に由来した発泡障害の回避，

等があげられる．

　既存の嫌気性消化プロセスを部分的に変更すれば分離消化プロセスと似た運転ができるため，わが国でも試みられた例がある．また，アメリカでは，主として脱水性の向上を目的に分離消化プロセスを適用した事例がある[37]．最初沈殿池汚泥は嫌気性消化，余剰汚泥は好気性消化という組合せもある．これらは，いずれも汚泥処理の最適化を図った実施例である．栄養塩除去の下水高度処理システムに整合した汚泥消化法に改善できることが，分離消化プロセスで最も大切な特長である．

● (第8章) 引用・参考文献

1) 地域資源循環技術センター (2006)．"メタン発酵施設技術指針 (案)"．
2) 野池達也 (2000)．"研究展望 地球環境の保全に対する嫌気性消化法の重要性"，土木学会論文集，No.657/ Ⅶ-16, pp.1-12.
3) 松田従三 (2006)．"北海道におけるバイオガスプラントの現状"，日本畜産環境学会会誌，Vol.5, No.1, pp.13-19.
4) 日本有機資源協会地域生物系廃棄物資源化システム専門委員会 (2005)．"畜尿？消化液処理の現状と展望"，pp.1-59.
5) 清原雄康，宮原高志，水野修，野池達也，李玉友 (1998)．"高温嫌気性消化法を用いた高濃度下水汚泥の処理特性"，土木学会論文集，No.601/ Ⅶ-8, pp.35-43.
6) 李玉友，佐々木宏，鳥居久倫，奥野芳男，関廣二，上垣内郁夫 (1999)．"生ごみの高濃度消化における

中温と高温の比較", 環境工学論文集, 第36巻, pp.413-421.
7) 藤島繁樹, 宮原高志, 水野修, 野池達也 (1990). "脱水汚泥の嫌気性消化に及ぼす固形物濃度の影響", 土木学会論文集, No.662/Ⅶ-11, pp.73-80.
8) McCarty P. L. and McKinney R. E. (1961). "Salt Toxicity in Anaerobic Digestion", *J. WPCF.*, Vol.33, pp.399-415.
9) Velsen van A. F. M. (1979). "Adaptation of Methanogenic Sludge to High Ammonia Nitrogen Concentration", *Wat. Res.*, Vol.13, pp.995-999.
10) Eom T., Noike T. and Matsumoto J. (1988). "Effects of Ammonia Nitrogen on Anaerobic Acidogenesis of Night soil", *Water Pollution in Asia*, pp.199-205.
11) 藤島繁樹, 宮原高志, 角田俊司, 野池達也 (2000). "嫌気性消化に及ぼすアンモニア性窒素の影響", 土木学会論文集, No.650/Ⅶ-15, pp.33-40.
12) 池田一樹, 井田俊二 (1998). "農業に関連したEUの環境関連政策-その歴史と各国の措置-", 海外駐在員レポート, 畜産情報ネットワーク推進協議会, http://lin.lin.go.jp/alic/month/fore/1998/jun/repeu.htm
13) 地域資源循環技術センター (2005). "平成17年度農業資源利活用検討調査委託事業報告書".
14) 梅田幹雄 (2007). "バイオマスタウン構想の推進に向けて", 第40回バイオマスサロン「有機性資源循環利用グリーンフォーラム」講演資料集, pp.1-25.
15) 柳讃錫, 村主勝彦, 梅田幹雄, 稲村達也 (2004). "リモートセンシングによるイネの窒素保有量の推定", 農業機械学会誌, 第66巻, 2号, pp.85-96.
16) 柳讃錫, 飯田訓久, 村主勝彦, 梅田幹雄 (2004). "収量変動削減のための可変施肥が食味値に及ぼす影響の分析", 農業機械学会誌, 第66巻, 5号, pp.49-62.
17) 柳讃錫, 村主勝彦, 西池義延, 梅田幹雄 (2005). "ハイパースペクトルリモートセンシングによるイネの窒素保有量モデル作成及びモデルによる窒素保有量の推定について", 農業機械学会誌, 第67巻, 6号, pp.46-54.
18) 柳讃錫, 村主勝彦, 西池義延, 梅田幹雄 (2005). "窒素肥料の多段階施用による食味値及び収量の変動", 農業機械学会誌, 第67巻, 6号, pp.55-61.
19) 柳讃錫, 村主勝彦, 飯田訓久, 梅田幹雄 (2007). "施肥量による食味成分の変動及び隔測による推定", 農業機械学会誌, 第69巻, 1号, pp.52-58.
20) Inamura, T., Goto, K., Iida, M., Nonami, K., Inoue, H. and Umeda, M. (2004). "Geostatical Analysis of Yield, Soil Properties and Crop Management Practices in Paddy Rice Fields", *Plant Prod. Sci.*, Vol.7, No.2, pp.230-239.
21) 日本有機資源協会 有機資源熱・エネルギー化調査検討専門委員会 (2006). "バイオガス化マニュアル", pp.70-74.
22) 全国都市清掃会議 (2006). "無希釈二相循環式メタン発酵技術-アタカWTMシステム-検証・確認報告書".
23) 坂本勝, 長野晃弘, 鈴木昌治, 野池達也 (2004). "生ごみの二相式メタン発酵による処理特性", 廃棄物学会論文誌, Vol.15, No.2, pp.86-95.
24) 下水道法施行令第九条, http://law.e-gov.go.jp/htmldata/S34/S34SE147.html
25) 環境庁告示第10号 (1997). "地下水環境基準", http://www.env.go.jp/kijun/tika.html
26) 但野利秋 (2007). "わが国における家畜ふん尿の大量発生とそれに基づく環境負荷の現状解析ならびに問題点", 第40回バイオマスサロン「有機性資源循環利用グリーンフォーラム」講演資料, pp.26-37.
27) 前川孝昭, 馬伝平 (2001). "電気化学的プロセスによる窒素・リンの削減と資源化技術", 資源環境対策, Vol.37, No.2, pp.147-151.
28) 具仁秀, 宮原高志, 野池達也 (2001). "嫌気性消化法における硝酸性窒素の挙動", 土木学会論文集, No.678/Ⅶ-19, pp.61-68.

29) 渋谷勝利, 野池達也 (2005). "乳牛ふん尿を対象とした酸生成相における窒素除去およびその酸生成液を用いたメタン発酵特性", 廃棄物学会論文誌, Vol.16, No.1, pp.20-27.
30) 日本有機資源協会地域生物系廃棄物資源化システム専門委員会 (2005). "畜尿・消化液処理の現状と展望", p.105.
31) Jetten M. S. M., Horn S. J. and van Loosdrecht M. C. M (1997). "Towards a More Sustainable Wastewater Treatment System", *Wat. Sci. Tech.*, Vol.35, No.9, pp.171-180.
32) 安井英斉, 徳富孝明 (2004). "Anammox 反応を用いた窒素除去技術", 環境技術, Vol.33, No.2, pp.134-137.
33) 堺好雄, 野月宏美, 林安男, 中村剛 (1986). "汚泥処理返流水からのリン酸マグネシウムアンモニウム (MAP) の回収", 第33回下水道研究発表会講演集, pp.856-858.
34) 亀山建一, 杉森伸子 (1995). 日本下水道事業団技術開発部技報, pp.42-50.
35) 佐藤和明 (1987). "下水汚泥の嫌気性消化法の機能改善に関する研究", 土木研究所報告, 第172号, p.23.
36) Sato K. Ochi S. and Mizuochi M. (2001). "Up-to-date Modification of the Anaerobic Sludge Digestion Process Including a Separate Sludge Digestion Mode", *Wat. Sci. Tech.*, Vol.44, No.10, pp.143-147.
37) Metcalf & Eddy Inc. (1991). "水質環境工学―下水の処理・処分・再利用", 技報堂出版 (1993), pp.593-594. 監訳:松尾友矩, 浅野孝, 丹保憲仁, 大垣真一郎, 宗宮功, 村上健.

第9章 水素発酵プロセスの可能性

　地球温暖化をはじめとする地球環境問題が認識され，二酸化炭素の削減や二酸化炭素を排出しないクリーンエネルギーの開発の必要性が強く認識されるようになった．水素は，燃焼すると水しか発生しないので，クリーンなエネルギー源としてだけではなく，化学工業，ロケットの燃料や燃料電池をはじめ多くの分野において幅広い用途を有しており，次世代の有力なエネルギー源として期待されている．

　今日の世界の水素生産量は約5,000億Nm^3であり，その大半は天然ガス等の化石燃料に由来している．わが国の水素生産量は年間約150億Nm^3であり，2020年における必要量は387億Nm^3/年に達すると推定されている．水素エネルギーの導入のメリットとして，以下の3点があげられる．

①エネルギー効率が高いことによる省エネルギー効果．
②エネルギーの多様化による脱化石燃料化．
③環境負荷物質排出の低減．

　水素の製造には，化石燃料の水蒸気改質や水の電気分解等をはじめとする化学的手法の他に，微生物を用いた生物学的手法もある．水素を発生する微生物は，主に光合成微生物（光合成細菌，藍藻，緑藻）および非光合成微生物（通性嫌気性細菌，偏性嫌気性細菌）に分けられる．特に光合成によらない水素発酵は，再生可能なバイオマス資源を原料として水素を生産できることから，近年注目されている．水素自体は，クリーンなエネルギー源であるが，化石資源を原料にすると製造段階で大量の二酸化炭素が発生するので，この方法は「真のクリーンエネルギー製造プロセス」とはなりえない．本章では，まず水素発酵の原理，嫌気性水素生成細菌および水素発酵条件を説明し，そして水素発酵のリアクター，効率，水素・メタンの二相プロセスを紹介する．最後に，水素発酵と廃棄物系バイオマスの安全管理との関係を説明する．

9.1 嫌気性細菌による水素発酵

9.1.1 水素生成の原理

嫌気性細菌による水素発酵は，嫌気性細菌の基質特異性やエネルギー獲得のしやすさ等の理由から，基質として主に炭水化物が利用される．嫌気性発酵において炭水化物の高分子である各種糖，デンプン，セルロース等は，加水分解細菌，細胞外酵素によって低分子である単糖に加水分解される．嫌気性代謝において多くの細菌群は解糖系を利用して，単糖，主にグルコースからピルビン酸を生成し，ピルビン酸から様々な発酵産物を生成している．この経路を**図-9.1**に示した．

嫌気的条件におけるグルコースからの水素生成は，以下の3経路が代表的に知られている．

① NADH 経路　　1 mol のグルコースが解糖系を経て 2 mol のピルビン酸を生成

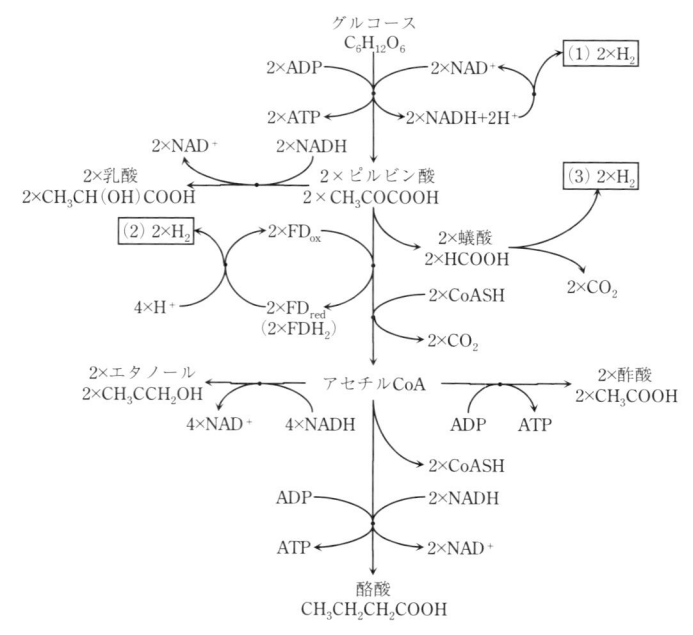

図-9.1 グルコースから水素が生成する経路

する過程において 2 mol の還元力が生成する．この還元力により，余剰のプロトンが還元されて式(9.1)のように水素が生成する．

$$2NADH + 2H^+ \leftrightarrow 2NAD^+ + 2H_2 \tag{9.1}$$

② フェレドキシン経路　ピルビン酸と補酵素 A（CoA）からアセチル CoA が生成する過程で還元型フェレドキシン（FD_{red}）が生成する．この還元型フェレドキシンが酸化される時に，式(9.2)のようにヒドロゲナーゼの働きで水素が生成する．

$$\text{ピルビン酸} + CoA + 2FD_{ox} \rightarrow \text{アセチル } CoA + CO_2 + 2FD_{red}$$
$$2FD_{red} \rightarrow 2FD_{ox} + 2H_2 \tag{9.2}$$

③ 蟻酸経路　蟻酸の分解によって式(9.3)のように水素が生成する．これは，*Enterobacter* 属細菌などの腸内細菌に特徴的な代謝経路である．

$$\text{ピルビン酸} + CoA \rightarrow \text{アセチル } CoA + \text{蟻酸}$$
$$\text{蟻酸} \rightarrow H_2 + CO_2 \tag{9.3}$$

グルコース 1 mol からは最大 4 mol の水素が生成する．この反応式は，式(9.4)で表される．

$$C_6H_{12}O_6 + 2H_2O \rightarrow 4H_2 + 2CO_2 + 2CH_3COOH \quad (\Delta G° = -206 \text{ kJ/mol}) \tag{9.4}$$

水素発酵では，酢酸や酪酸が生成することもある．酪酸の生成（酪酸発酵）は，式(9.5)のように表される．水素発酵において，酢酸と酪酸は特に重要な分解生成物である．

$$C_6H_{12}O_6 \rightarrow 2H_2 + 2CO_2 + C_3H_7COOH \quad (\Delta G° = -254 \text{ kJ/mol}) \tag{9.5}$$

グルコースからの水素発酵において，主要な発酵代謝産物は，蟻酸，酢酸，乳酸，プロピオン酸，酪酸，エタノールである．これらの発酵代謝産物と水素生成の関係について，グルコースを基質とした場合の理論式を**表-9.1**に示す．

表-9.1　グルコース基質の発酵代謝産物と水素生成の理論式

水素生成	
酢酸発酵	$C_6H_{12}O_6 + 2H_2O \rightarrow 2CH_3COOH + 4H_2 + 2CO_2$
酪酸発酵	$C_6H_{12}O_6 \rightarrow CH_3CH_2CH_2COOH + 2H_2 + 2CO_2$
基質競合（グルコース・水素の消費）	
エタノール発酵	$C_6H_{12}O_6 \rightarrow 2CH_3CH_2OH + 2CO_2$
ホモ乳酸生成	$C_6H_{12}O_6 \rightarrow 2CH_3CH(OH)COOH$
ヘテロ乳酸発酵	$C_6H_{12}O_6 \rightarrow CH_3CHOHCOOH + C_2H_5OH + CO_2$
プロピオン酸・酢酸生成	$3C_6H_{12}O_6 \rightarrow 4CH_3CH_2COOH + 2CH_3COOH + 2CO_2 + 2H_2O$
ホモ酢酸発酵	$4H_2 + 2CO_2 \rightarrow CH_3COOH + 2H_2O$

最大の水素収率は，酢酸生成を伴う場合の 4 mol-H_2/mol-glucose である．この値は，代謝反応に関与する酵素の生成や活性は，環境条件によって大きく影響されることが知られている．たいていの環境条件では，微生物反応による生成物は複雑になる場合が多い．混合系の細菌群を用いた場合は，細菌種により代謝特性が異なるので，水素発酵細菌の群集構造や水素発酵条件等を適切に制御することはきわめて重要である．

9.1.2 嫌気性水素生成細菌

嫌気性条件下で水素を生成する細菌自体は，水素生成量に多少の差があるものの環境に広く存在し，特に珍しいものではない．水素生成細菌の代表は，*Clostridium* 属，*Enterobacter* 属の微生物である．また，嫌気性細菌群を前処理したり，環境条件を制御したりすることで，水素生成が活発な水素生成細菌群を集積することも可能である．

(1) *Clostridium* 属

Clostridium 属は，高い水素収率が得られる細菌として知られており，様々な研究が進んでいる．*Clostridium* 属を用いた研究は，19 世紀末頃にアセトン・ブタノール発酵等の溶剤生産を目的としたことが始まりであった．水素回収を目的として研究が始まったのは最近のことである．この属による水素発酵の検討結果を**表-9.2** にまとめた[1]．

Clostridium 属は偏性嫌気性細菌であり，胞子形成能を有するため，物理化学的

表-9.2 *Clostridium* 属による水素発酵の培養条件と水素収率

Clostridium 属		基質	培養条件	HRT (h)	pH (−)	温度 (℃)	水素収率 mol-H_2/mol-glucose
C. acetobutyricum		糖類	B	−	−		1.35
C. butyricum		デンプン	B	−	5.25	37	2.4
C. butyricum		グルコース	C	2	N.C.	36	2.3
C. butyricum	strain SC-E1	グルコース	C	8	6.7	30	2.0〜2.3
C. pasteurinum	strain LMG3285	グルコース	B	−	5.5〜8.0	37	2.14〜2.33
C. pasteurinum	strain LMG3285	グルコース	C	11	6	37	1.86
C. beijerinckii		グルコース	B	−	−	36	16.4[a]
C. beijerinckii	AM21B	ふすま	B	−	5.7	37	133[b]
C. beijerinckii	AM21B	還元糖	C	3.3	5.9	37	464[c]
C. fallax	strainYK1	グルコース	B	−	−	30	0.48
Clostridium sp.	strain No.2	グルコース	C	5.9	6	30	2.14
Clostridium sp.	KT-7B	デンプン	C	12	6.3〜6.4	30	1.4〜1.7

B:回分培養, C:連続培養, N.C.:制御なし, [a]:mmol/g, [b]:mL/g-substrate, [c]:mL/g-glucose

刺激に対する抵抗性が強い．そのため，前処理(熱処理)によって細菌群内での優占化を図りやすい．また，炭水化物またはペプトンから有機酸や溶剤を生成することをはじめ，代謝は非常に多様であり，セルロース，ヘミセルロース，デンプン等の高分子物質も分解できる．

Clostridium 属の中でも，特に *C. acetobutyricum* は，溶剤の生産で用いられる細菌である．この代謝では溶剤以外にも酢酸や酪酸の生成があることから，同時に水素生成も起きると予想される[2)～4)]．この種以外に，*C. butyricum*，*C. pasteurianum*，*C. beijerincki*，*C. fallax* 等が用いられている．これらを用いると，炭水化物を基質として 30～40℃の温度範囲で，回分または連続の方式で約 2.4 mol-H_2/mol-glucose の水素収率が得られる．また，50℃以上を至適温度とする高温性の *Clostridium* 属も存在する．これらの細菌には，*C. thermocellum*（60～65℃），*C. cellulose*，*C. thermosaccharolyticum*，*C. thermohydrosulfuricum*（65～70℃）等が知られている[5)～7)]．

(2) *Enterobacter* 属

Enterobacter 属は通性嫌気性細菌であり，酸素の存在下でも生存可能であるため，偏性嫌気性細菌である *Clostridium* 属に比べて扱いが容易である．また，淡水，土壌，下水，植物，野菜，動物，人間の排泄物等広く自然界に分布する細菌である．

Enterobacter 属では，*E. aerogenes*，*E. cloacae* が水素生成能を有する．*Enterobacter* 属は至適度が 30～37℃で，ほとんどの炭水化物を分解可能であり，その水

表-9.3 *Enterobacter* 属による水素発酵の培養条件と水素収率

Enterobacter 属		基質	培養条件	HRT (h)	pH (−)	温度 (℃)	水素収率 mol-H_2/mol-glucose
E. aerogenes		加水分解デンプン	C	10～100	5.5	40	1.36～3.02
E. aerogenes		加水分解デンプン	C	−	5.5	40	3.06
E. aerogenes	strain HO-39	グルコース	C	−	6.5	38	1
E. aerogenes	strain HO-39	グルコース	C	1	−	37	0.73
E. aerogenes	AY-2	グルコース	C	−	7	37	1.17
E. aerogenes	AY-2	グルコース	C	1.5～12.5	約6.0	37	1.1
E. aerogenes	strain E.82005	糖蜜	C	−	6	38	1.58
E. aerogenes	strain E.82005	糖蜜	C	3.1	6	38	2.5
E. cloacae	ⅡT-BT08	グルコース	C	−	−	36	2.2
E. cloacae	ⅡT-BT08	グルコース	C	10	6	36	2.3
Enterobacter sp.	BY-29	グルコース	C	−	7.5	37	0.99～1.46
Enterobacter sp.	BY-29	グルコース	C	6	7.5	37	0.8

C:連続培養

素収率は最大 2.3 mol-H_2/mol-glucose である．この属による水素発酵の検討結果を**表-9.3** にまとめた[1]．

(3) 混合系による水素発酵

水素生成細菌群は環境中の様々なところに存在する．したがって，メタン発酵汚泥，コンポスト，下水汚泥等を種汚泥とした混合系のシステムでも水素発酵は可能である．水素生成細菌群を優占化するには，汚泥中に存在する水素資化性細菌や基質が競合する細菌の活性を抑制すればよい．この方法には，熱処理，pHとHRTの制御が用いられる．

一般に，自己増殖しつつある細菌は，最高生育温度より10〜15℃高い温度にさらされると急速に死滅する．しかし，胞子形成細菌（*Clostridium*属等）の胞子は100℃，30分〜数時間の加熱に耐えることができる．一方，腐敗細菌，病原細菌は，胞子を形成しないため60℃，30分の加熱でほぼ完全に死滅する．熱処理により水素生成細菌群を取得する方法は，これらの特性を生かした方法である．この検討例は**表-9.4**のとおりである．

表-9.4 熱処理による水素生成細菌群の優先化

微生物源	熱処理	処理時間	出典
消化汚泥	煮沸	15min	8),9)
コンポスト	105℃	2h	10),11)
下水汚泥	100℃	45min	12),13)

次に，pHとHRTの制御によって水素を得る典型的な操作条件は，pHを酸性，HRTを1d以下に制御し水素生成細菌群を優占化することである．メタン生成細菌の最適pHは，ほとんどがpH 6.5以上の環境である[7]．これに対して，水素生成細菌は，酸性側でも生育可能である．また，水素生成細菌は，増殖速度が速く，2〜3h程度の短いHRTにおいても反応槽内に菌体を保持できる．一方，メタン生成細菌の世代交代時間は，一般的には水素生成細菌のものよりも長い[7]．このことから短いHRTに制御することで，メタン生成細菌をウォッシュアウトさせ，水素生成細菌を優占化させることができる．これについて，**表-9.5**，**表-9.6**の条件で水素生成に成功したことが報告されている[1]．

表-9.5 pHとHRT制御による水素生成細菌群の優先化

微生物源	基質	pH	HRT	出典
中温嫌気性汚泥	グルコース	5.7および6.4	6h	14)
下水汚泥	スクロース	6.7	8h	15)
下水汚泥	グルコース	5.5	6.6h	16)

表-9.6 水素生成細菌群による水素発酵の培養条件と水素収率

水素生成細菌群	基質	培養条件	HRT (h)	pH (−)	温度 (℃)	水素収率 mol-H$_2$/mol-glucose
汚泥コンポスト	グルコース	C	12	6.6	60	1.19
汚泥コンポスト	粉末セルロース	C	72	6.4	60	2.0
熱処理コンポスト	スクロース	B	−	N.C.	37	214[d]
	デンプン					125[d]
熱処理コンポスト	スクロース	B	−	−	36	146[e]
消化汚泥	グルコース	C	6	5.7	35	1.71
消化汚泥	デンプン	C	17	5.2	37	1,290[d]
熱処理消化汚泥	セルロース	B	480	N.C.	37	2.21[f]
熱処理消化汚泥	有機固形物	B	−	N.C.	37	140[g]
熱処理活性汚泥	スクロース	B	−	−	35	4.8[h]
下水汚泥	グルコース	C	−	5.5	36	2.09
下水汚泥	スクロース	C	3〜13.3	6.7	35	1.42〜4.52[h]
熱処理下水汚泥	スクロース	C	8〜20	6.7	35	1.5[h]

B:回分培養,C:連続培養,N.C.:制御なし
[d]:mL/g-COD, [e]:mL/g-sucrose, [f]:mmol/g-cellulose, [g]:mL-H$_2$/g-VS, [h]:mol/mol-sucrose

9.1.3 プロセスの運転条件

水素発酵の代謝経路に関与する酵素の生成や活性は,環境条件により大きく影響を受ける.水素発酵に与える影響としては,基質の種類,基質濃度,発酵槽負荷,C/N 比,pH,温度,HRT,水素分圧,PO_4^{3+},SO_4^{2-},Ca^{2+},Al^{3+},Fe^{2+},NH_4^+,微量金属など非常に多岐にわたる.

(1) 温度

水素発酵の最適温度は,細菌種等などの違いから研究によってばらつきが見られるが,おおむねメタン発酵と同様に中温域(30〜40℃)および高温域(50〜60℃)で行われる.最近の研究によれば,中温条件より高温条件の方が水素発酵に適すると報告されている.

(2) 滞留時間

水素生成細菌は,増殖速度が比較的速いため,滞留時間は数時間でも発酵槽内に菌体を保持できる.滞留時間が短くなると,水素生成速度は増加するものの,基質の分解率が低下して,高い水素収率を得ることができなくなる.そのため,高い水素収率を得るには,基質の種類や濃度によって数 h〜数 d の滞留時間を確保する必要がある.

(3) pH

水素発酵における最適 pH については,基質の種類,濃度等によって異なるが,pH はおおむね 5.0〜6.5 の範囲で制御されている.pH と基質分解率,分解生成物

は密接に関係しており，pH 5.0 以下の低い pH 条件では基質分解率が低下し，菌体の増殖が抑制され，乳酸生成が起こりやすい．逆に pH が 7.0 以上となると，基質分解率は高く，菌体収率が増加するが，水素資化性酢酸生成細菌，プロピオン酸生成細菌等が活発となり水素収率は低下する．つまり，最適 pH はその間の 5.0〜6.5 であるが，pH が中性に近づくと水素資化性酢酸生成細菌が増殖し，酪酸生成細菌が減少するため水素収率は低下する傾向にある．また，基質濃度が高くなると水素生成に最適な pH は，中性側へと変化することも知られている[17]．

(4) 水 素 分 圧

水素生成細菌は，生成物である水素が蓄積すると増殖および水素生成が阻害される．この条件では，代謝経路における電子の流れが変化し，代謝産物が変化する．*C. butyricum* をグルコース基質で連続培養し，培養槽に窒素ガスを吹き込むことで水素分圧を低くしたところ，酢酸／酪酸比が増大し，対応して水素生成量も増加した[18]．また，連続反応槽の撹拌速度を増加させ，液相中の水素分圧を減少させることでデンプンからの水素生成量が 2 倍となった[19]．このように液相部における水素分圧を低く保つことが，水素生成を活発に行わせるためにも重要である．

9.2 水素発酵プロセスの効率

9.2.1 原　　料

水素発酵に用いられている基質としては，グルコース，スクロース等の純粋基質を用いた研究が多く，デンプン，セルロース等の高分子の炭水化物からも水素生成が可能である．

また，実際の有機性排水としては製糖工場排水，醸造工場排水の例があり，いずれも炭水化物を主成分とする基質であり，水素生成細菌群により連続実験で高い水素収率が得られている[20),21]．有機性廃棄物として食品を用いた水素発酵では，炭水化物が主体であるキャベツ，ニンジン，米，ジャガイモからは水素回収は可能だが，卵，肉の白身等のタンパク質が主体のものや，肉脂や鳥の皮等の脂質が主体のものからは，水素の回収が非常に低い[22),23]．また，炭水化物，タンパク質等を複合したドッグフードからの水素生成も可能であるが，それらの成分のうちで，炭水化物が水素生成に寄与する[17]．これ以外に，生ごみと紙ごみの混合物，パン生地，賞味期限切れパン等，炭水化物が主体の廃棄物も水素発酵の原料に用いられている[24),25]．

9.2.2 リアクター

　水素発酵は，様々なタイプのリアクターを用いることができる．研究においてよく用いられるタイプは，完全混合式である．このリアクターは，水素生成細菌の生理学的な特徴(pH，HRT，温度等)の検討や動力学パラメータの解析に利用されてきた．完全混合リアクターによる既往の連続式水素発酵では，最大 2.8 mol-H_2/mol-glucose の水素が得られている．水素発酵では，HRT が比較的に短く酸性側の pH で制御されるので，完全混合リアクターを用いると，高濃度の菌体を保持することが難しい．このため，固形物のバイオマスを原料に利用する場合は，それを分解させやすくする工夫が課題である．

　近年，リアクターの効率を追求するため，UASB リアクターや膜分離リアクターを用いた研究も報告されるようになった．これらの新型リアクターを用いると水素の生成速度を大きく向上できる．しかしながら，水素収率の大きな改善はまだ見られないようである．例えば，UASB リアクターを用いた研究で報告されている水素収率は，条件により大きく異なっているものの，中温条件での研究では 0.65〜2.01 mol-H_2/mol-glucose 程度，高温条件で 2.14〜2.47 mol-H_2/mol-glucose にとどまっている．

9.2.3　回収エネルギーの試算

　水素発酵の最大特徴は，嫌気性細菌の発酵能力を利用して炭水化物系バイオマスから簡単に水素を生産できることである．ただし，その収率に限界があり，グルコースを基質とした場合でも最大で 4 mol の水素しか発生しない．細菌の増殖を含めない理想的な反応では，生成の水素エネルギーは，原料バイオマスの約 40 % である．また，原料バイオマスの COD (電子，H) は，最大で 33 % が水素に変化し，残りの 67 % は酢酸になる．このことを式(9.6)に示した．

　したがって，水素発酵には，原料バイオマスに含まれるエネルギーの 1/3 程度しか水素に変換されなく，変換効率が低いという問題点がある．生成される有機酸の応用も課題となる．

$$C_6H_{12}O_6 + 2H_2O \rightarrow 2CH_3COOH + 2CO_2 + 4H_2$$

熱エネルギー：2,673 kJ/mol(糖) → 1,144 kJ/mol(水素)　　　(9.6)

COD(電子, H)：196 g/mol(糖)　　→ 64 g/mol(水素)

9.3 水素・メタン二相プロセス

水素発酵では，多量の有機酸が生成するので，エネルギー変換効率を改善するためには，水素発酵槽の後段にメタン発酵槽を設置して，有機酸をメタンとしてエネルギーに転換する必要がある．この二相式水素・メタン発酵の発端は，メタン発酵の律速過程である加水分解を促進するために，酸生成細菌とメタン生成細菌それぞれの最適な増殖条件が異なることを利用して，酸生成槽をメタン発酵槽の前段に分離したことである．酸発酵槽からは多量に水素が生成することは知られていたが，その水素の回収に着目するようになったのは，近年になってからのことである[26]．ここで，モデルとしてグルコースからの「単独のメタン発酵」と「水素・メタン二相発酵」の2つのケースを考えてみる．

①単独のメタン発酵反応（生成物の高位発熱量＝2,673 kJ）

$C_6H_{12}O_6 \rightarrow 3CH_4 + 3CO_2$

②水素・メタン二相発酵（生成物の高位発熱量＝2,926 kJ）

水素発酵： $C_6H_{12}O_6 + 2H_2O \rightarrow 2CH_3COOH + 2CO_2 + 4H_2$

酢酸からのメタン発酵：$2CH_3COOH \rightarrow 2CH_4 + 2CO_2$

全体： $C_6H_{12}O_6 + 2H_2O \rightarrow 4H_2 + 2CH_4 + 4CO_2$

理論的には，水素発酵・メタン発酵の二相プロセスは，高位発熱量として得られるエネルギーはメタン発酵単独のプロセスと比べて1.09倍ほど高いだけである．燃料電池は水素を電力源に用いるので，メタンガスを原料にする場合には，あらかじめ改質器でメタンを水素に変える必要がある．この効率はおよそ70％にとどまるので，実際の運転では，全量のメタンを改質器で処理しなければならないメタン発酵プロセスよりも，水素・メタン発酵の二相プロセスの方が，効率ははるかに優れることになる．このことを模式的に図-9.2に示した．

また，このプロセスは，メタン発酵プロセスよりも高速化が期待できることも利点の一つである[27]．水素・メタン二相プロセスは，異なる微生物を組み合わせることで，水素とメタンという市場価値の高い資源へ合理的に転換する技術である[28]．

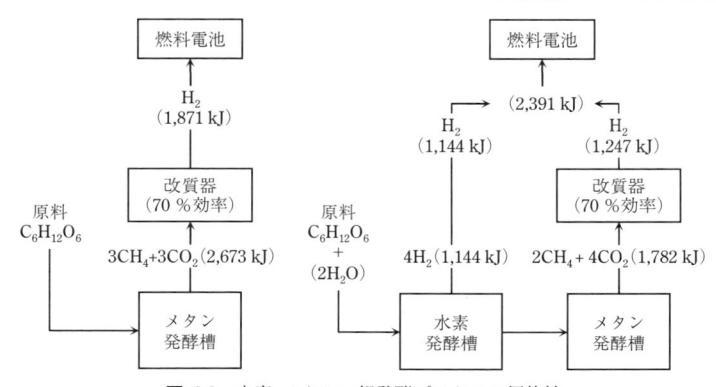

図-9.2 水素・メタン二相発酵プロセスの優位性
(左：単独のメタン発酵プロセス，右：水素・メタン二相発酵プロセス)

9.4 水素発酵に関わる安全管理

近年，K県の生ごみ処理施設やM県のRDF焼却・発電施設における例に代表されるように，廃棄物系バイオマス利活用施設において，相次いで原因不明の爆発事故の発生が報告されており，廃棄物系バイオマス利活用施設における安全管理が重要な課題となっている．廃棄物系バイオマスの収集，運搬，中間処理において微生物の発酵作用が働く条件が整った場合には，水素が生成する可能性がある．水素は爆発性を有するため，安全管理には厳重な注意が必要である．1989年には，微生物が生成した水素が原因で，I市において大豆サイロの水素爆発事故が起きたことが報告されている．

水素は，pH 5～6.5 程度のやや酸性条件で生成しやすい．嫌気条件下で有機物が分解される時には，有機酸の生成によってpHが低下するため，密閉空間においては水素の生成に適したpH条件が自然に整えられることも考えられる．また，好熱性の水素生成細菌も様々な植種源に存在するため，反応熱により高温になった環境においても水素生成細菌は生存することができる．このように，廃棄物系バイオマスの管理の次第では，水素生成が生じるような環境が非意図的に作られる可能性がある[29]．これを**図-9.3**にまとめた．

水素の爆発限界濃度は4％(v/v)であるが，水素発酵が進むと，水素濃度が急激に上昇して容易に爆発限界濃度を越す可能性がある．したがって，廃棄物系バイオ

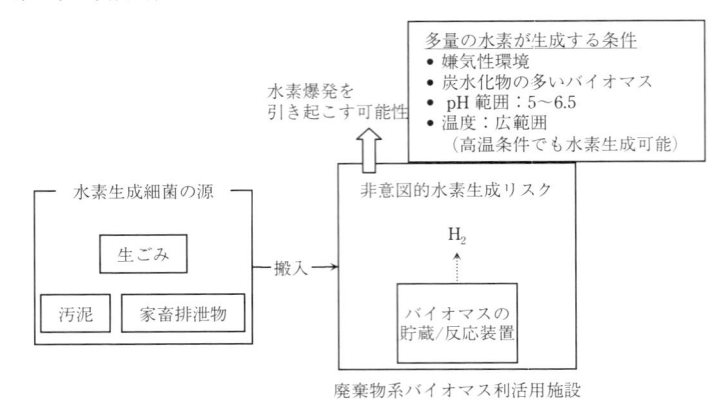

図-9.3 廃棄物系バイオマス利活用施設における非意図的水素生成のメカニズム

マス利活用施設では，爆発事故を防止するような厳重な注意が必要である．廃棄物系バイオマス利活用施設における非意図的水素生成リスクに対する対策として，以下の4点がある．

①水素生成細菌の増殖を抑えられるような温度やpHの管理システムを導入する．
②処理施設内に蓄積した水素を排出できるよう換気装置を設置する．
③周辺に火種となるような設備を設けない．
④水素が発火しないような安全装置を設置する．

わが国では，廃棄物系バイオマスから有価物を作り出す動きが積極的に進められている．例えば，メタン発酵が実用化の段階にあるが，メタン発酵の前段に前処理槽や含水率の調製槽等を設けた場合，水素の発生に充分な注意が必要であろう．今後「バイオマス・ニッポン」の構築へ積極的に取り組んでいくために，廃棄物利活用施設の安全管理にも目を向けていく必要がある．

●(第9章)引用・参考文献

1) 河野孝志, 李玉友, 野池達也(2005). "嫌気性水素発酵の基礎研究と応用展望", 用水と廃水, Vol.47, No.9, pp.49-55.
2) Podesta J. J., Estrella C. N., Esteso M. A. (1996). "Evaluation of The Absorption on Mild Steel of Hydrogen Evolved in Glucose Fermentation by Pure Cultures of *Clostridium Acetobutylicum and Enterobacter*, Sensors and Actuators B": *Chemical*, Vol.32, No.1, pp.27-31.
3) Holt R. A., Stephens G. M., Morris J. G. (1984). "Production of Solvents by *Clostridium acetobutylicum Cultures* Maintained at Neutral pH", *Appl. Environ. Microbiol.*, pp.1166-1170.
4) Kim B. H., Zeikus J. G. (1938). "Importance of Hydrogen Metabolism in Regulation of Solventogenesis by

Clostridium acetobutylicum", *J. Bacteriol.*, Vol.36, No.1, pp.67-76.
5) Weimer P. J., Zeikus J. G. (1977). "Fermentation of Cellulose and Cellobiose by *Clostridium thermocellum* in the Absence and Presence of *Methanobacterium thermoautotrophicum*, *Appl. Environ. Microbiol.*, Vol.33, pp.289-297.
6) Ueno Y., Haruta S., Ishii M., Igarashi Y. (2001). "Microbial Community in Anaerobic Hydrogen-producing Microflora Enriched from Sludge Compost", *Appl. Microbiol. Biotechnol.*, Vol.57, No.4, pp.555-562.
7) 上木勝司，永井史郎(1993). 嫌気性微生物学，養賢堂．
8) Lay J-J. (2001). "Biohydrogen Generation by Mesophilic Anaerobic Fementation of Microcrystalline Cellulose", *Biotechnol. Bioeng.*, Vol.74, No.4, pp.280-287.
9) Lay J-J., Lee Y-J., Noike T. (1999). "Feasibility of Biological Hydrogen Production from Organic Fraction of Municipal Solid Waste", *Wat. Res.*, Vol.33, No.11, pp.2579-2586.
10) Khanal S.K., Chen W-H., Li L., Sung S. (2004). "Biological Hydrogen Production: Effects of pH and Intermediate Products", *Int'l J. Hydrogen Energy*, Vol.29, No.11, pp.1123-1131.
11) Fan Y., Li C., Lay J-J., Hou H., Zhang G. (2004). "Optimization on Initial Substrate and pH Levels for Germination of Sporing Hydrogen-Producing Anaerobes in Cow Dung Compost", *Biores. Tech.*, Vol.91, pp.189-193.
12) Lin C.Y., Lay C.H. (2004). "Carbon/nitrogen-ratio effect on fermentative hydrogen production by mixed microflora", *Int'l J. Hydrogen Energy*, Vol.29, pp.41-45.
13) Chang F.Y, Lin C-Y. (2004). "Biohydrogen Production using an Up-flow Anaerobic Sludge Blanket Reactor", *Hydrogen Energy*, Vol.29, pp.33-39.
14) Lin C.Y., Chang R.C. (1999). "Hydrogen Production during the Anaerobic Acidigenic Conversion of Glucose", *J. Chem. Technol. and Biotechnol.*, Vol.74, pp.498-500.
15) Chen C.C., Lin C.Y., Chang J-S. (2001). "Kinetics of Hydrogen Production with Continuous Anaerobic Cultures Utilizing Sucrose as the Limiting Substrate", *Appl. Microbiol. Biotechnol.*, Vol.57, pp.56-64.
16) Fang H.H.P., Zhang T., Liu H. (2002). "Microbial diversity of a mesophilic hydrogen-producing sludge", *Appl. Microbiol. Biotechnol.*, Vol.58, pp.112-118.
17) 河野孝志，和田克士，李玉友，野池達也(2004). "複合基質からの嫌気性水素発酵に及ぼす基質濃度とpHの影響"，水環境学会誌，Vol.27, No.7, pp.473-479.
18) Andel J.G., Zoutberg G.R., Crabbendam P.M., Breure A.M. (1985). "Glucose Fermentation by *Clostridium butyricum* Grown under a Self Generated Gas Atmosphere in Chemostat Culture", *Appl. Microbiol. Biotechnol.*, Vol.23, No.1, pp.21-26.
19) Lay J-J. (2000). "Modeling and Optimization of Anaerobic Digested Sludge Converting Starch to Hydrogen", *Biotech. Bioeng.*, Vol.68, No.3, pp.269-278.
20) Ueno Y., Otsuka S., Morimoto M. (1996). "Hydrogen production from industrial wastewater by anaerobic microflora in chemostat culture", *J. Fer.Bioeng.*, Vol.82, No.2, pp.194-197.
21) Yu H., Zhu Z., Hu W., Zhang H. (2002). "Hydrogen Production from Rice Winery Wastewater in an Upflow Anaerobic Reactor by Using Mixed Anaerobic Cultures", *Int'l J. Hydrogen Energy*, Vol.27, pp.1359-1365.
22) Okamoto M., Miyahara T., Mizuno O., Noike T. (2000). "Biological Hydrogen Potential of Materials Characteristic of the Organic Fraction of Municipal Solid Wastes", *Wat. Sci. Tech.*, Vol.41, No.3, pp.25-32.
23) Lay J-J., Fan K-S., Chang J-L., Ku C-H. (2003). "Influence of Chemical Nature of Organic Wastes on their Conversion to Hydrogen by Heat-shock Digested sludge", *Hydrogen Energy*, Vol.23, pp.1361-1367.
24) 新エネルギー・産業技術総合開発機構(2008). http://www.nedo.go.jp/activities/portal/ gaiyou/p01042. HRTml
25) 日経BP社(2008). http://www.nikkeibp.jp/wcs/leaf/CID/onair/biztech/eco/336291
26) 大羽美香，李玉友，野池達也(2005). "二相循環プロセスによるジャガイモ加工廃棄物の無希釈水素・

メタン発酵の特性", 水環境学会誌, Vol.28, No.10, pp.629-636.
27) 河野孝志, 李玉友, 野池達也 (2005). "嫌気性水素発酵の基礎既往研究と展望 (Ⅱ)", 用水と廃水, Vol.47, No.11, pp.961-969.
28) 大羽美香, 李玉友, 野池達也 (2006). "二相循環式水素・メタン発酵プロセスにおける微生物群集の構造解析", 水環境学会誌, Vol.29, No.7, pp.399-406.
29) 堆洋平, 李玉友 (2007). "水素生成ポテンシャルに及ぼす基質と細菌群の影響", 廃棄物学会論文誌, Vol.17, No.5, pp.335-343.

第10章 メタン発酵の課題と展望

10.1 バイオマス・ニッポン総合戦略への期待

バイオマス利活用による地球温暖化防止を第一の目的に掲げて，2002年12月27日，バイオマス・ニッポン総合戦略が閣議決定され，内閣府他，農林水産省，文部科学省，経済産業省，国土交通省と環境省の5省において横断的な政策が開始された[1]。

同政策では，化石燃料に代替するバイオマスのエネルギー利用が積極的に推奨され，ことにメタン発酵法等の環境保全工学の分野で開発されてきた技術の貢献が大いに期待されている．さらに3年半にわたる同政策の進展の経緯に鑑み，さらなる展開を目指して2006年3月31日に改定された総合戦略が始まった．エタノール等のバイオマス輸送用燃料について，関係省庁連携による生産および利用実例の創出，原料農産物等の安価な調達手法の導入，低コスト高効率な生産技術の開発が促進されることとなった．また，農村地域における資源循環による活性化およびCO_2の削減を目指して，バイオマスタウン構想の策定と実現に向けての努力が，国と地方公共団体の連携によって続けられている．

改訂されたバイオマス・ニッポン総合戦略では，廃棄物系バイオマスの利活用に対する2010年の目標値を原油換算で308万kLとした．

現在の廃棄物系バイオマスのうちで，下水汚泥，生ごみ，家畜排泄物の年間賦存量について，これら全量をメタン発酵することによる年間エネルギー回収ポテンシャルを表-10.1のように算定すると，原油換算で395万kLが得られる[2]．

表-10.1 廃棄物系バイオマスからのメタン生成ポテンシャルとその原油換算

	発生量 (万t/年)	バイオガス発生 原単位 (m^3/t)	メタン 含有率 (%)	メタン生成量 (億m^3/年)	原油換算量* (万kL/年)
家畜排泄物	8,900	30	60	16.0	160
食品残渣	2,200	130	60	17.2	172
下水汚泥	7,500	14	60	6.3	63
合計	18,600	174		39.5	395

*換算単位：メタンガス1m^3 ≒ 原油1L

したがって，現在のわが国に賦存する廃棄物系バイオマスに対して，メタン発酵によって，既に 2010 年の目標値を超えるエネルギー回収の可能性が知らされる．これはわが国の年間原油輸入量 2 億 4,900 万 kL（2005 年度）の約 1.2 ％に相当する量であり，膨大なエネルギーポテンシャルの存在を示している．

ここで，$1 m^3$ のメタンガス≒1 L の原油と簡易的に換算すると，メタンの燃焼式である $CH_4+2O_2 \rightarrow CO_2+2H_2O$ から，$1 m^3$ のメタンガスを有効利用すれば，原油の燃焼で生成するはずの 1.96 kg の CO_2 を削減できることになる．したがって，395 万 kL の原油換算バイオマスは，

$$1.96 \text{ kg–}CO_2/1 \text{ L–原油} \times 395 \text{ 万 kL–原油} = 7,742,000 \text{ t–}CO_2$$

すなわち，バイオガスエネルギーを石油燃料に代替することによって，年間 774 万 t–CO_2 の削減が期待できることになる．

一方，下水処理場から発生する下水汚泥は，きわめて有望なバイオマス資源として位置づけることができる．なぜなら，下水汚泥は一つの処理場から大量に発生するうえ，化石資源と異なり，我々の生活が続く限り永続的に生成するという特徴を有するためである．しかしながら，資源・エネルギーの宝庫といえる下水汚泥の有効活用は，残念ながら未だ処理コストが高いため，全国で広く採用されるには至っていない．資源化の考えが進んできた今日でも，なお 20〜30 ％ほどの下水汚泥は，産業廃棄物として埋立て処分されている．これは，自治体にとって，最終処分場の不足は将来の深刻な問題になりうるものの，リサイクル施設に関わる設備投資や電気代をはじめとする運転経費の負担がなお厳しいためと思われる．

10.2 輸送用燃料としてのバイオガスの二酸化炭素削減力の卓越性

化石燃料をバイオ燃料で代替することによって，温室効果ガス排出の低減をもたらすが，トウモロコシ，サトウキビ，米，菜種および甜菜等のエネルギー作物からのバイオエタノールやバイオディーゼル燃料（BDF）は，必ずしもカーボンニュートラルなバイオ燃料であるとは限らない．スウェーデンの Lund University の Dr. Borjesson と Dr. Mattiason は，家畜排泄物からのバイオガスの二酸化炭素削減力の卓越性について，図-10.1 に示される次のような注目すべき見解を発表している[3]．

①エネルギー作物の栽培に用いられるトラクター等のために化石燃料が消費され，肥料として化学肥料が使われる．

②化学肥料の生産のためには化石燃料が使われる．さらに，化学肥料の生産は，

CO_2 の 300 倍の温室効果を持つ N_2O を排出する.
③スウェーデンの環境条件下で，各種化石燃料の輸送用燃料のライフサイクルでの温室効果ガスの平均的な排出量の CO_2 換算値に対して，バイオエタノールで代替することによる CO_2 排出削減量は約 70 %，菜種油からの BDF で代替することによる排出削減量は約 60 %である．
④これに対して，家畜排せつ物をコンポスト化せずにメタン発酵してバイオガスを燃料に用いる場合には，コンポスト過程でのメタンガスの大気への放散も防止できるので，CO_2 排出削減量は約 180 %となる．

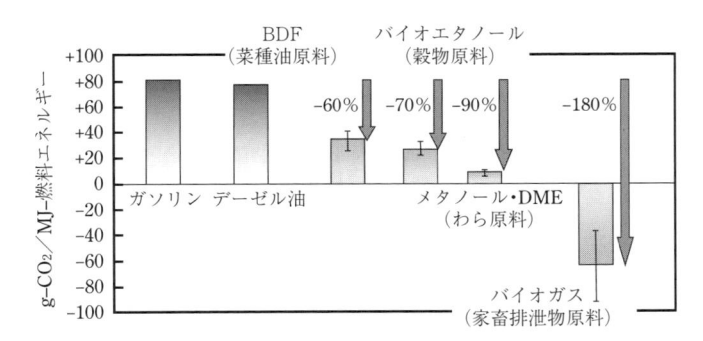

図-10.1 スウェーデンにおける輸送用化石燃料とバイオ燃料による CO_2 削減効果の比較[3]
（%の数値はバイオ燃料が化石燃料に置き換わった場合の削減効果を示す）

10.3 LOTUS プロジェクトへの期待

国土交通省は下水汚泥の資源化についてコストダウンを図る技術開発プロジェクト（下水汚泥資源化・先端技術誘導プロジェクト：LOTUS プロジェクト（Lead to Outstanding Technology for Utilization of Sludge Project），**図-10.2**）を 2005 年度から 3 年間にわたって実施し，多大な

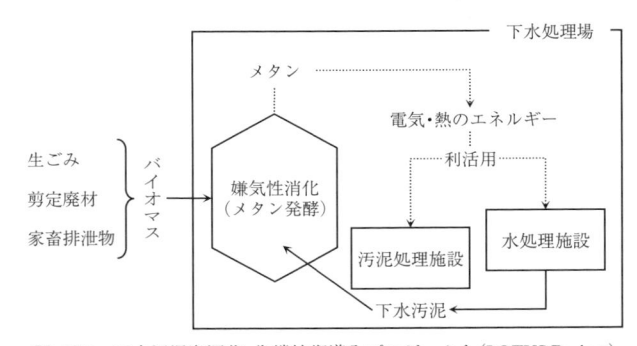

図-10.2 下水汚泥資源化・先端技術導入プロジェクト（LOTUS Project）

成功を収めた[4),5)]．これは，民間企業が主体となって，以下の2つのカテゴリーで開発が進められたもので，下水汚泥の最終処分に関わる従来のコストより安価に資源およびエネルギーを生産することを意図している．これらの技術は，廃棄物系バイオマスを大量に処理できるため，下水道による地球温暖化対策として大いに貢献できるうえ，自治体による廃棄物系バイオマス利活用事業が促進される[6),7)]．

①スラッジ・ゼロディスチャージ技術　　従来の最終処分コストよりも安価に汚泥をリサイクルできる技術
　　目標コスト：16,000 円/t-脱水ケーキ 以下
②グリーン・スラッジエネルギー技術　　下水汚泥等のバイオマスを使って，電力会社からの買電価格と同等以下のコストで電気エネルギーを生産できる技術
　　目標コスト：約9円/kWh 以下

LOTUS プロジェクトによって開発された技術を表-10.2 に示した．国土交通省によって 1999 年度に創設された新世代下水道支援事業の中で，リサイクル推進事業（再生資源活用型）および機能高度化促進事業（新技術活用型）がバイオマスの利活用に関わる．これに 2003 年度から新たに「バイオマス利活用事業」がリサイクル推進事業の「未利用エネルギー活用型」として加わったものが LOTUS プロジェクトであ

表-10.2　LOTUS プロジェクトによって開発された技術の一覧

スラッジ・ゼロディスチャージ技術	技術内容
下水汚泥のバイオソリッド燃料化 　日立造船㈱	下水汚泥を乾燥・造粒することで，数 mm 粒径のバイオソリッド燃料を製造
下水汚泥焼却灰からのリン回収技術 　NGK 水環境システムズ㈱， 　岐阜市上下水道事業部	焼却灰からリンを抽出することで，液肥・リン酸カルシウム塩（HAP）を製造
下水汚泥の活性炭化と有効利用による 汚泥処理費の低減 　カワサキプラントシステムズ㈱，㈱木村製作所	汚泥を炭化することで，ダイオキシン吸着剤・脱水助剤を製造
グリーン・スラッジエネルギー技術	技術内容
下水汚泥とバイオマスの同時処理方式による エネルギー回収技術 　月島機械㈱	下水処理場外からのバイオマス（生ごみ等）を受け入れると共に汚泥を超音波照射で改質することで生成メタンガスを増量し，ガス発電を実施
低ランニングコスト型混合消化ガス発電 システム 　JFE エンジニアリング㈱，アタカ大機㈱， 　鹿島建設㈱，ダイネン㈱	下水処理場外からのバイオマス（生ごみ等）を受け入れて生成メタンガスを増量すると共に，生物学的脱硫装置を導入した低コストのガス発電を実施
消化促進による汚泥減量と消化ガス発電 　㈱日立プラントテクノロジー，栗田工業㈱	下水消化汚泥をオゾン処理して消化を促進することで，最終処分の脱水ケーキを減量すると共に消化ガスの発生を増大し，ガス発電を実施（下水汚泥のみで処理可能）
両技術の一括開発	技術内容
湿潤バイオマスのメタン発酵・発電・活性炭化 システム 　カワサキプラントシステムズ㈱	下水処理場外からのバイオマス（生ごみ等）を受け入れて生成メタンガスを増量し，ガス発電を実施すると共に，残渣から活性炭化物を製造

る．これは，下水汚泥とその他のバイオマスを下水汚泥処理施設において集約処理し，メタン発酵によってメタンガスを回収し，下水処理場内で活用するものである．下水汚泥とその他のバイオマス（処理全量の50％未満）を共同処理する施設が新たに補助対象となる．これまでの下水道は，「汚濁物質の排除および処理」が主たる目的であったが，21世紀においては，「資源のみち下水道」として，「汚濁物質の活用および資源とエネルギーの再生」の機能が加わり，良好な水環境の保全のみならず，地球温暖化の防止に積極的に関わっていくと期待される．

10.4　日本における普及のための課題

　廃棄物バイオマスとしての畜産排泄物からのエネルギー回収は，わが国においてはヨーロッパ諸国と比較して，まだ，さほど進んでいない現状である．わが国において，家畜排泄物は，コンポストや液肥として農地還元することが自然であるとの観念が定着しており，さらに，以下の箇条書きで示した理由によりわが国におけるメタン発酵普及の障壁となっている．わが国におけるバイオガス施設の普及のためには，技術開発，行政，さらにメタン発酵の優位性に対する認識に関しても，今後解決すべき多くの課題が残されている．

① ヨーロッパ諸国におけるような，地球温暖化防止のためや化石資源代替エネルギーとして，バイオマスからのエネルギー回収を行う必然性についての認識がまだしもの段階にある．
② 消化液の水処理を行うとすれば，施設費および維持管理費がきわめて大きな負担となり，バイオガスによるエネルギー回収は経済的にプラスとなり得ない．
③ 消化液の液肥利用とその効果について，まだ，必ずしも農家による理解と協力が得られるとは限らない．
④ 消化液中の窒素濃度が高く，液肥としての使用に当たって作物によっては窒素過多となる場合もある．硝酸性窒素を多く含有する作物を飼料とする牛の健康への被害が懸念されている．
⑤ 消化液中の高窒素濃度を低減させ，対象作物によって窒素濃度を制御できる実用可能な技術の開発が待たれている．
⑥ 消化液の病原細菌，ウイルス等に関する疫学的安全性および微量汚染物質等に関して，充分に確立されたリスク管理手法が導入されていない．
⑦ 農家の庭先にも設置可能な自家用小規模メタン発酵システム，そして数千頭規

模の大規模メタン発酵システムは，実用化のための技術開発の課題が多く残されている．
⑧ メタン発酵プロセスのようなエネルギー回収施設であっても，設備のイニシャルコスト，ランニングコストおよびメンテナンス費用が高く，そのための補助金制度等が不充分である．そして，補助金では足りない施設費および施設の維持管理費の負担に関して，一般の農家の経済状況では調達が困難である．
⑨ 適切なバイオガスの利活用方法が未確立であり，せっかく生産されたバイオガスのうち未利用な分は，余剰ガス燃焼装置で焼却処分されている場合が多い．
⑩ バイオガスによって発電された電力は，ヨーロッパ諸国における場合と異なり，わが国ではきわめて低廉に取引されている．

10.5 機能拡大に対する期待

10.5.1 下水道による厨芥生ごみの資源回収

下水道は，水環境保全はもとより「資源のみち」として，資源枯渇への対応や地球温暖化防止に対して大きな役割が期待されている[8]．資源回収のために，各家庭にディスポーザーを設置することにより，厨芥生ごみを下水道で収集運搬し，家庭から発生する廃棄物を合理的に処理しようとする試みがある．ディスポーザーの設置は，一般的には下水道に対する負荷を増やすものとして，適切な前処理施設の設置なしには認められないというのが，これまでの認識であった．しかし，下水の流れを基とする運搬機能を応用して厨芥生ごみを収集できれば，家庭における利便性が増すことに加え，ごみの収集回数を減らすことができるなど，社会全体のシステムとしての合理性が高まることが考えらるようになってきた．

国土交通省は，こうした視点より，北海道歌登町（現 枝幸町）をモデル地域として「ディスポーザー導入社会実験」を企画し，2000年度～2003年度の4年間にわたって多角的な調査に取り組んできた．この調査により，ディスポーザー導入システムの種々の知見が明らかになった．例えば，ディスポーザー排水による負荷量増加率は，SSやBODとして2～3割と評価されている[9]．第6章で種々の廃棄物系バイオマスのバイオガス発生量を示したように，下水汚泥と比べて生ごみの方が単位VS当りのバイオガス発生量が高い．したがって，ディスポーザー導入システムによって，3割程度以上のバイオガス発生量の増加が見込めることとなる．

歌登町での社会実験では，現地の下水処理場がオキシデーションディッチ方式で

あって嫌気性消化施設を有していなかったため，バイオガスの増量を直接計測することができなかった．2007年度に新しく群馬県伊勢崎市において，「ディスポーザー設置に係る社会実験」が実施され[10]，ここでは下水処理場に嫌気性消化タンクがあり，ガス発電システムも完備されているため，バイオガス発生量の増量が全体のシステムの向上に結びつくことが確認されることになる．

以上のように，既存の下水道システムを利用し，家庭で発生する固形廃棄物のうち生ごみを分別収集し，最終的にはバイオガスエネルギーとして利用を図るという仕組みは，これからの持続可能な都市形態を追求するうえで一つの大きな要素となるものと考えられる．

10.5.2 メタン発酵を組み入れたバイオエタノール生産システム

バイオマス・ニッポン総合戦略によって，バイオエタノール生産が国策として行われるようになり，2007年度に初めての実用規模での事業が開始された．エタノール発酵によって生産されたエネルギーが，生産プロセス全体に投じられたエネルギーと発酵残渣の処理処分に必要なエネルギーを上回ることが必要とされる．

図-10.3 に一例として示されるように，高濃度有機物の残留するエタノール発酵残渣を，下水汚泥や生ごみ・畜産排泄物のメタン発酵槽において混合メタン発酵を行い，生成したメタンガスをエタノール発酵の加温および蒸留の熱源として用いることも有効な方法と考えられる．そのため，エタノール発酵とメタン発酵を組み合わせたトータルシステムとしての，バイオエタノール生産システムの構築と技術開

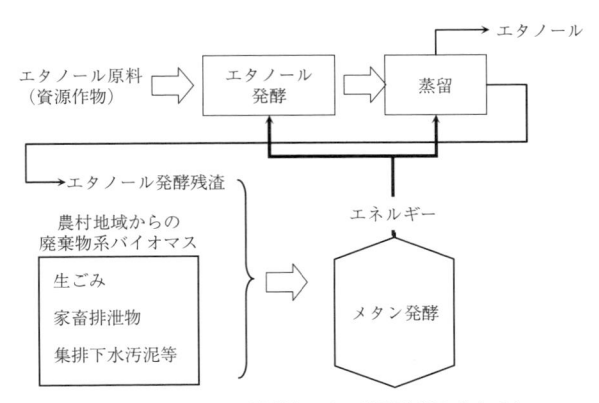

図-10.3 エタノール発酵とメタン発酵を組み合わせたエタノール生産システム

発が急がれる．

10.5.3 バイオガスからの水素生産

二酸化炭素による地球温暖化問題が顕在化している今日，水素は燃焼時に二酸化炭素を排出しないクリーンなエネルギーであり，単位重量当りの発熱エネルギーは石油の約3倍もあり，次世代の有力なエネルギー源の一つとして期待されている．元来，水素は，化学工業，航空産業等様々な分野における需要を有している．最近では燃料電池が目覚ましい進歩を遂げており，燃料電池自動車等が現実のものとなりつつあるため，以前にも増して水素が必要となってきている．また，近未来において，水素エネルギーに基づく水素社会への移行が，鋭意検討されている．しかし，今日，水素は天然ガスおよびナフサを主とする化石燃料から生産されており，大量の二酸化炭素の排出を伴うため，真の意味でクリーンエネルギーとはいえない．

前述のように，バイオガスは必ずしも有効利用されておらず，膨大な量のバイオガスが，余剰ガスとして焼却処理されているのが現状である．その有効利活用は多方面から検討されているが，バイオガスを精製濃縮し，改質器によって水素ガスに変換する技術が開発されている[11]．図-10.4に，本プロセスの概要フローを示す．

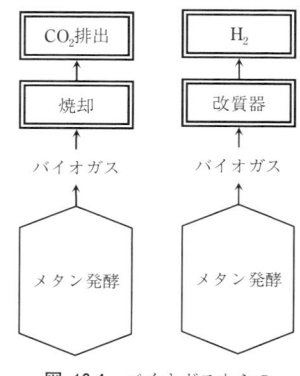

図-10.4 バイオガスからの水素生産プロセス（左：現在，右：将来）

10.5.4 有機塩素化合物の分解

海洋堆積物や河川底泥等の還元的自然条件下では，ダイオキシン類が脱塩素化される現象が確認されている．また，メタン生成細菌である *Methanosarcina* sp.（例えば *Methanosarcina mazei*）および他の脱塩素化細菌は，還元的脱塩素化反応により，テトラクロロエチレン（PCE）の塩素を水素に置換し，図-10.5に示されるように，トリクロロエチレン（TCA），ジクロロエチレン（DCE），ビニルクロライド（VC），エチレン（ETH）に分解される．

好気性細菌にはこのような脱塩素化は期待できない[12]．それ故，このような嫌気性細菌の特別な機能に着目した有機塩素化合物を含有する有機性廃棄物処理法の開発が期待される．

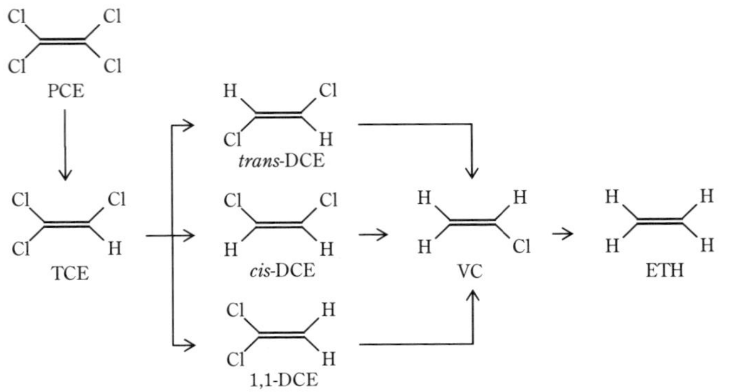

図-10.5 PCE の嫌気的分解経路

10.5.5　農村活性化の道

　バイオマス・ニッポン総合戦略では，農山漁村の活性化を目指してバイオマスタウンの構築を推進している．バイオマスタウンとは，広く地域の関係者が連携することにより，その地域に豊かに賦存するバイオマスを中心に，バイオマスの発生から利用までを効率的なプロセスで結んだ総合的利活用システムが構築され，安定的かつ適正なバイオマス利活用が実施または実施見込みの地域と定義されている．

　日本政府は，2004 年から，市町村が中心になって，地域内の廃棄物系バイオマスを炭素量換算で 90 % 以上，または，未利用バイオマスを炭素量換算で 40 % 以上利活用するシステムを有することを基準とするバイオマス利活用の構想を作成することを促し，2010 年には 300 市町村で実現に向けての展開を目指している．

　メタン発酵法は，バイオマスからのエネルギー回収の面において優れた利点を有している．2009 年 3 月現在，196 市町村によってバイオマスタウン構想が公表され，その中でメタン発酵をエネルギー回収のための基幹施設とする構想が多く見られる．そこでは，下水汚泥，家畜排泄物，生ごみ等のメタン発酵によってエネルギーを生成し，コージェネレーション使用および発酵残渣の有効利用を含めた循環型社会の形成を目指している．環境工学分野で研究・技術開発されてきたメタン発酵法が，農山漁村の活性化のために貢献できる可能性が開かれている[13]．

　図-10.5 は，休耕田において工業米を栽培し，稲を丸ごと利用してポリ乳酸を生産するバイオマスプラスチック工場を建設し，農村地域で発生する廃棄物系バイオマスのメタン発酵によるバイオガスエネルギーを電力，温水あるいはバイオガスの形で，バイオマスプラスチック工場およびビニール栽培施設等に供給すると共に，

メタン発酵消化液を液肥として利用するバイオマスタウン構想の一例を示している[13]。

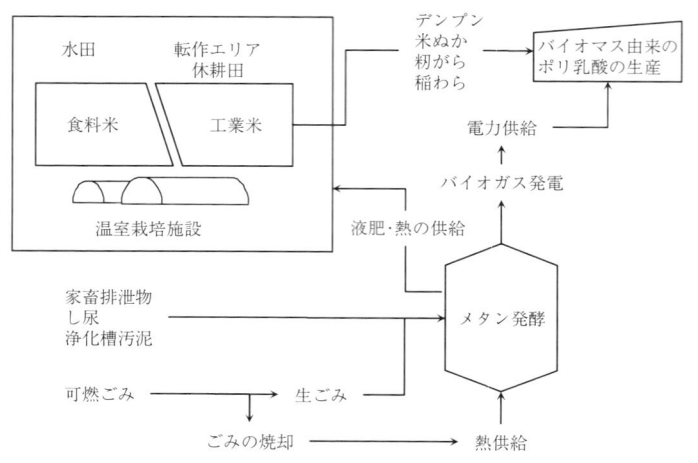

図-10.6 バイオマスタウンにおけるメタン発酵の役割の一例

10.5.6 地球環境保全におけるメタン発酵の位置づけ

廃棄物系バイオマスのメタン発酵を主流の技術とするためには，特に社会における起動力が必要である．**図-10.7**に示されるように，廃棄物処理は，メタン発酵法を中心に据えて，技術的に多様性および柔軟性を備えた持続可能な処理を目標として総合化され得る．

メタン発酵法は，廃棄物中の急速に生物分解可能なバイオマスを，バイオガスの形で回収し，化石燃料に代替することが可能である．さらに，発酵残渣は全く安定化された有機物であり，コンポスト化した後に使用される場合にも，適切な貯蔵条件

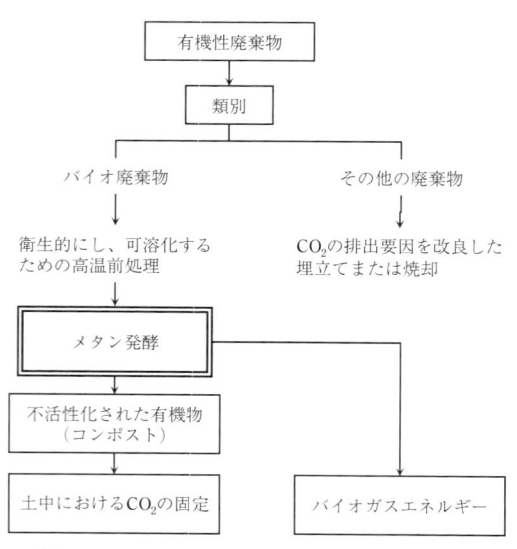

図-10.7 地球温暖化防止に対するメタン発酵の役割

（酸性土壌環境）のもとでは，少なくても数 10 年の非常に緩慢な回転率を有している．それ故，適切な農地還元によって，廃棄物系バイオマスのメタン発酵の最終生成物を土壌中に効果的に不活性な CO_2 の形態に留めるものである．あたかも，海洋に吸収された CO_2 が珊瑚礁として海底にとどまることに類似している．CO_2 の炭素を捕捉して深井戸あるいは深海に埋没させる物理化学的手法は，高額の費用を必要とするのみならず，環境に高い負荷を課するという事実に鑑みて，最終的に不活性の有機性炭素を生成するメタン発酵法の方が，地球環境保全の見地からは大きな意義を有する．メタン発酵法は，化石燃料の代替および不活性な有機物の土中への埋蔵の両面から CO_2 を削減し，地球温暖化防止に貢献する大きな機能を備えているのである[14]．

●(第10章)引用・参考文献

1) バイオマス・ニッポン総合戦略(2006)．農林水産省ホームページ http://www.maff.go.jp/j/biomass/
2) 野池達也(2007)．"バイオマスが地球を救う"，用水と廃水，Vol.50, No.2, p.40．
3) P. Borjesson and B. Mattiasson, (2007). Biogas as a resource-efficient vehicle fuel, *Trends in Biotechnology*, Vol.26, No.1, pp.7-13.
4) バイオマス情報ヘッドクォーター(2008)．www.biomass-hq.jp/tech/4/56.pdf
5) 下水道新技術推進機構(2008)．http://www.jiwet-spirit21.jp/LOTUS/lp_01.html
6) 藤木修(2006)．"下水汚泥資源化・先端技術導入プロジェクト"，用水と廃水，Vol.48, No.10, pp.52-56．
7) 小野田吉泰，藤川征宏(2008)．"Lotus Project の地球温暖化対策としての期待される効果"，下水道協会誌，Vo.45, No.546, pp.15-17．
8) 国土交通省 都市・地域整備局 下水道部(2005)．"下水道ビジョン 2100, 下水道から「循環のみち」へ 100 年の計"，下水道政策研究委員会・下水道中期ビジョン小委員会報告，p.3．，日本下水道協会．
9) 吉田綾子，斎野秀幸，山縣弘樹，森田弘昭(2004)．"北海道歌登町におけるディスポーザー排水の負荷原単位に関する調査"，下水道協会誌，Vol.41, No.501, pp.134-144．
10) 伊勢崎市(2008)．http://www.city.isesaki.lg.jp/kurasi/gesui/osirase/dispose/index.html
11) 荏原製作所，産業技術総合研究所(2007)．"固体酸化物電解セルを用いたバイオガスからの高純度水素製造プロセスの開発"，平成 17 年度 NEDO 成果発表会配布資料，新エネルギー・産業技術総合開発機構．
12) 山副敦司，矢木修身(2005)．"レメデイエーションによる土壌浄化の現状と課題―ダイオキシン類，クロロエチレン類を中心に―"，用水と廃水，Vol.47, No.10, pp.863-874．
13) 野池達也，松原浩司(2005)．"農村の活性化に対するメタン発酵の役割"，用水と廃水，Vol.47, No.7, pp.80-84．
14) 野池達也(2000)．"地球環境の保全に対する嫌気性消化法の重要性"，土木学会論文集，No.657, Ⅶ-16, pp.1-12．

付　　　　録

付録A メタン発酵の生物学的アプローチ

　メタン発酵プロセスに関わる細菌群は，その作用に着目して大別されて呼ばれることが多い．酸生成細菌群は，微細化から酢酸生成反応を通して一貫して増殖し，主に酢酸を生成するグループを指す．この酢酸は，メタン生成細菌グループや硫酸塩還元細菌グループによって分解され，このことでリアクターの酢酸濃度はほぼ一定に保たれる．また，ある種の有機物の分解で発生する水素も，別の種類のメタン生成細菌と硫酸塩還元細菌のグループが分解する．これにより，有機物の分解がいっそう進む．安定な反応を示すリアクターは，それぞれの細菌群でこのような共存関係が成り立っていることを示している．この例として，下水汚泥の嫌気性消化槽で観察される代表的な細菌の濃度を**表-A.1**に示した[1]．多量の硫酸イオンや酢酸が流入する特殊な条件を除き，下水汚泥の嫌気性消化槽のような一般的なメタン発酵プロセスのリアクターでは，酸生成細菌やメタン生成菌が多くを占める．

表-A.1 下水汚泥の嫌気性消化槽で観察される細菌[1]

細菌グループ	細菌数 (CFU)	主に関与する反応					代表的な細菌
		微細化	加水分解	酸生成	酢酸生成	メタン生成	硫酸塩還元	
酸生成細菌	$10^8 \sim 10^9$	○	○	○			○	Eubacterium, Clostridium
水素生成性酢酸生成細菌	10^6				○			Syntrophobacter, Syntrophomonas
ホモ酢酸生成細菌	$10^5 \sim 10^6$				○			Acetobacterium, Clostridium
メタン生成細菌	$10^6 \sim 10^8$					○		Methanobacterium, Methanococcus, Methanosarcina, Methanosaeta
硫酸塩還元細菌	10^4						○	Desulfovibrio, Desulfotomaculum

付A-1　C源とエネルギー源の種類に着目した細菌のグルーピング

　生物を分類する際には，増殖に用いられるC源とエネルギー源（電子供与体）の種類と，その組合せを基準にすることがある．光をエネルギー源（光合成）とするある種の微生物と植物以外は，電子供与体を酸化することで得た化学エネルギー（Gibbsエネルギー）によりC源やN源から自分の体を合成し，増殖する．これは化学合成生物と呼ばれ，メタン発酵プロセスのみならず，すべての生物学的排水・汚泥処理プロセスの主体である．無機炭素（CO_2）をC源に用いる無機栄養（独立栄養，自栄養ともいう：autotroph）の生物を除き，生物の多く

は，電子供与体が有機物であれば，これを C 源としても利用する．これらは，有機栄養（従属栄養，他栄養ともいう：heterotroph）と呼ばれる．**表-A.2** はこれを整理したもので，有機物の酸化からエネルギーを得る生物を organotroph，無機物の酸化からエネルギーを得る生物を lithotroph と呼ぶ．化学合成の生物（chemotroph）の増殖反応における C 源とエネルギー源（電子供与体）は，種によって異なる．

表-A.2 C 源とエネルギー源の組合せを基準にした生物のグルーピング

生物	C源	呼称	エネルギー源（電子供与体）	呼称	微生物（細菌）の例
化学合成生物	有機炭素	有機栄養	有機物	有機酸化生物	大腸菌，窒素固定細菌，硫酸塩還元細菌，酢酸資化性メタン生成細菌等
			無機物（H_2, Fe^{2+} 等）	無機酸化生物	水素資化性硫酸塩還元細菌，水素細菌，鉄細菌
	無機炭素	無機栄養	有機物	有機酸化生物	プロピオン酸資化性 Anammox 細菌[2)]，蟻酸資化性 Ps.oxalaticus 等
			無機物（NH_3, H_2 等）	無機酸化生物	硝化細菌，水素細菌，水素資化性メタン生成細菌，Anammox 細菌等

微生物の増殖に関わる反応を模式的に**図-A.1**に示した．C 源，N 源，H_2O，HCO_3^-，H^+ の主要 5 成分を基に，一般的な微生物の増殖反応をおおまかに表現できる．電子供与体からエネルギーを取り出す反応を異化反応（catabolism），C 源から菌体を合成する反応を同化反応（anabolism）という．異化反応と同化反応の関係は，**付C** で詳細に説明する．

同化反応
微生物（X）
$C_nH_xO_yN_z$
C源
N源
H_2O
HCO_3^-
H^+

異化反応
電子供与体（還元態 D）
電子受容体（酸化態 A）

酸化された電子供与体（酸化態 D）
還元された電子受容体（還元態 A）

エネルギー

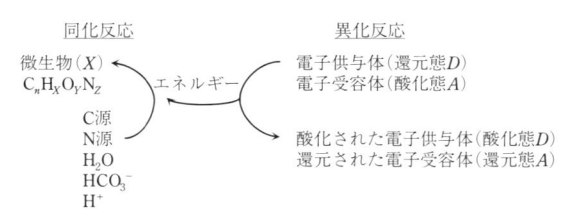

図-A.1 微生物増殖の反応

付A-2　電子受容体の種類に着目した細菌のグルーピング

増殖のためのエネルギーを得る異化反応では，電子供与体と電子受容体が対で働く．電子受容体には様々な種類があるため，これらに基づき生物を区別することもある．この例を**表-A.3**に示した．また，この反応で生成した産物に基づき生物を区別する場合もある．電子

表-A.3 電子受容体の種類や異化反応の産物に着目した生物のグルーピング

電子受容体	電子受容体の還元産物	呼称の例
分子状酸素	H_2O	好気性細菌
結合酸素（硝酸イオン・亜硝酸イオン等）	H_2O，N_2，OH^-	脱窒素細菌
有機物（糖・アルコール・有機酸等）	発酵産物（アルコール，酢酸等）	発酵細菌
硫酸イオン	S^{2-}	硫酸塩還元細菌
炭酸イオン	CH_4	メタン生成細菌

受容体により名付ける例は，O_2:好気性細菌，NO_3^-:脱窒素細菌，有機物:発酵細菌，SO_4^{2-}:硫酸塩還元細菌，である．異化反応の産物により名付ける例は，メタン生成細菌や酢酸生成細菌等がある．

付A-3　電子供与体の酸化反応に着目した細菌のグルーピング

生物の同化反応にATPの化学エネルギーが用いられることはよく知られている[3]．発酵も呼吸も電子供与体(D)を酸化してATPを得る異化反応であるが，酸化の機構(水素[H]の除去)は両者で異なる．このことに基づいて生物を区別することもできるので，初めに発酵と呼吸におけるATP獲得反応の違いを説明する．特に，発酵における[H]の処理は，メタン発酵プロセスの異種間水素伝達にも関わるため，この理解は重要である．

付A-3.1　発　　酵

発酵におけるATPの生成は，基質のリン酸化(phosphorylation)を経て起こり，呼吸では電子伝達系で電子e^-が電子受容体(A)に受け渡される過程で起きる．これらの反応を模式的に比べると図-A.2のようになる．[H]とe^-は，図中の点線で示したように流れる．

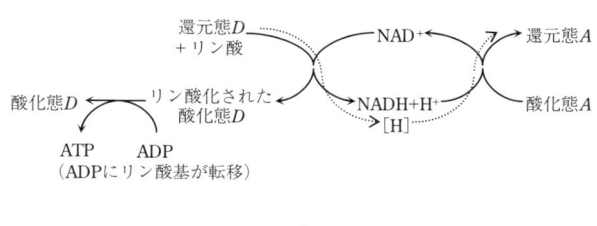

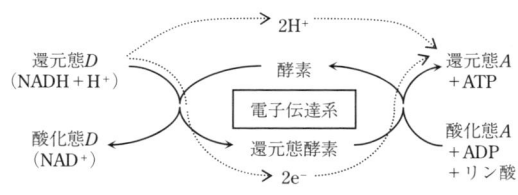

図-A.2　発酵と呼吸におけるATP獲得反応の違い
(上：発酵，下：呼吸)

発酵反応で代表的なエタノール発酵において，酵母(*S. cerevisiae*)による代謝を図-A.3に示した[4]．まず，電子供与体(還元態D)であるグルコースは，ATPのリン酸基が転移してフルクトース-1,6-ビスリン酸になり，さらにグリセルアルデヒド3-リン酸に変化する．この物質の水素は，NAD^+(補酵素の一種)によって除去される($NAD^+ + 2[H] \rightarrow (NAD^+ + e^- + H + H^+) \rightarrow NADH + H^+$)．

図中，*印で示したアルデヒド基が，**印のようにカルボキシル基へ酸化されていることに留意されたい．この手前で，別のリン酸がグリセルアルデヒド3-リン酸にいったん付いて再び抜けてADPと縮合し，ATPが生成する反応がある．この時，中間体からリン酸が抜ける際に2[H]と[O]が付いて2[H]が抜ける．

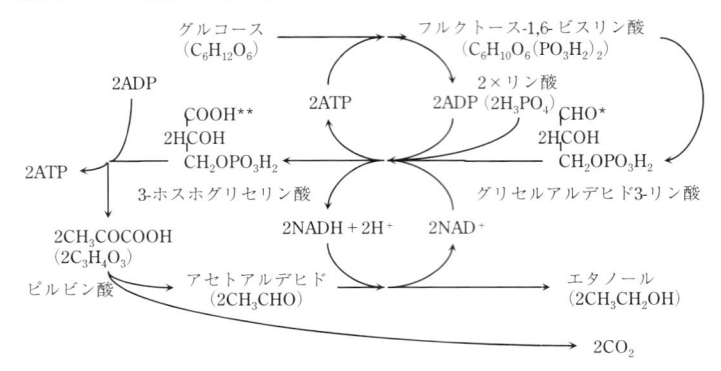

220　付録A　メタン発酵の生物学的アプローチ

図-A.3 酵母によるアルコール発酵の経路(解糖系)
(NAD^+:補酵素ニコチンアミドアデニンジヌクレオチド)

　これは，結局，グリセルアルデヒド3-リン酸が3-ホスホグリセリン酸に酸化される反応である．そして，この[H]を受け取ってNAD^+は還元態のNADHになり，酸化の産物(3-ホスホグリセリン酸)とADPからATPがさらに作られる．この時，3-ホスホグリセリン酸は，リン酸基が抜けてピルビン酸になり，これから中間物質のアセトアルデヒドと最終の酸化産物としてCO_2が生成する(酸化態D)．還元されたNAD^+であるNADHは，中間物質のアセトアルデヒド(酸化態A)によって酸化されてNAD^+に戻る．アセトアルデヒドの還元産物がエタノール(還元態A)である．

　酵母によるエタノール発酵の全体は，

$$\text{グルコース} + 2\,\text{ADP} + 2\,\text{リン酸} \rightarrow \text{エタノール} + CO_2 + 2\,\text{ATP}$$

で表され，最適条件では1 molのグルコースから2 molのATPが生成する．この反応の詳細に注意すると，発酵反応を次のようにまとめることができる．

① 還元性である電子供与体(還元態D)は，リン酸化された後，NAD^+によって[H]が除去される．これによって，ATPと電子供与体の酸化物(酸化態D)が生成する．

② いったん生成したNADHは，発酵の中間物質(電子受容体，酸化態A)で再び酸化されてNAD^+に戻る．

③ NADHの[H]は発酵産物の一部として放出される．これが電子受容体の還元産物(還元態A)である．

付A-3.2　呼　　吸

　一方の呼吸反応では，直前の代謝反応によって生成したNADH(電子供与体)がNAD^+(酸化された電子供与体)に戻る際に引き抜かれた電子e^-が，幾つかの酸化還元物質(補酵素Qやシトクロム)を経由して最終電子受容体(例えば，O_2)に受け渡される．そして，最終電子

受容体は，e^- と H^+ が入って還元産物(例えば，H_2O)となる．この反応の酸化還元電位差によって ADP とリン酸が結合して ATP が生成する．ADP とリン酸が縮合して 1 mol の ATP が生成するには，熱力学的に反応の前後で約 0.16 V の電位差(約 30 kJ/mol の Gibbs エネルギー変化量に対応)が必要とされる．

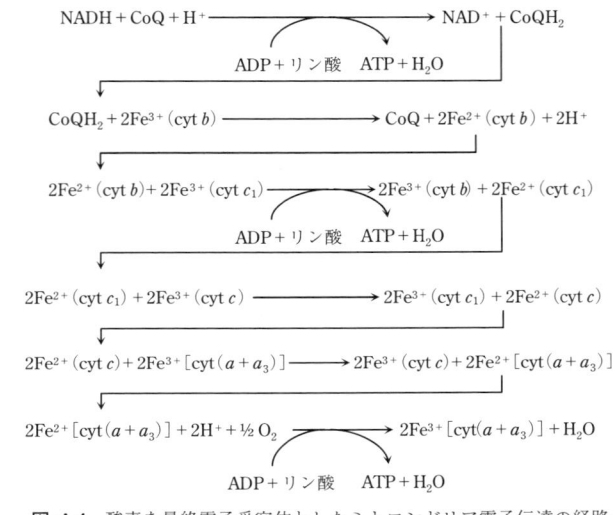

$$NADH + CoQ + H^+ \longrightarrow NAD^+ + CoQH_2$$
$$ADP + リン酸 \quad ATP + H_2O$$

$$CoQH_2 + 2Fe^{3+}(cyt\ b) \longrightarrow CoQ + 2Fe^{2+}(cyt\ b) + 2H^+$$

$$2Fe^{2+}(cyt\ b) + 2Fe^{3+}(cyt\ c_1) \longrightarrow 2Fe^{3+}(cyt\ b) + 2Fe^{2+}(cyt\ c_1)$$
$$ADP + リン酸 \quad ATP + H_2O$$

$$2Fe^{2+}(cyt\ c_1) + 2Fe^{3+}(cyt\ c) \longrightarrow 2Fe^{3+}(cyt\ c_1) + 2Fe^{2+}(cyt\ c)$$

$$2Fe^{2+}(cyt\ c) + 2Fe^{3+}[cyt(a+a_3)] \longrightarrow 2Fe^{3+}(cyt\ c) + 2Fe^{2+}[cyt(a+a_3)]$$

$$2Fe^{2+}[cyt(a+a_3)] + 2H^+ + \tfrac{1}{2}O_2 \longrightarrow 2Fe^{3+}[cyt(a+a_3)] + H_2O$$
$$ADP + リン酸 \quad ATP + H_2O$$

図-A.4 酸素を最終電子受容体としたミトコンドリア電子伝達の経路
(CoQ:補酵素 Q，cyt:シトクロム，$a,b,c\cdots$:シトクロムの種別)

酸素を最終電子受容体とした反応の例として，ミトコンドリアにおける反応を**図-A.4** に示した．オーバーオールの反応は，

$$NADH + H^+ + 1/2\ O_2 + 3\ ADP + 3\ リン酸 \rightarrow NAD^+ + 4\ H_2O + 3\ ATP$$

となる．ここで，右辺と左辺の電荷の価数は等しいことと，還元された酵素(右辺)は，次の段階(直後の右辺)で酸化体に戻っていることに留意されたい．細菌の電子段達は図と多少異なるが，原理は同じである．

付A-3.3　発酵と呼吸における水素(電子)の処理

これらのことから，発酵も呼吸も，

①基質の水素([H])を引き抜いて得られたエネルギーを用いて ADP とリン酸から ATP を生成する反応，

②基質から[H]が受け渡された還元体(NADH 等)を再び酸化する反応，

③これによって基質から[H]を引き抜くための酸化体(NAD^+等)を再生産する反応，

から成り立つ一連のプロセスと定義できる．いずれの場合も，引き抜いた[H]を外部に排出する相手先(電子受容体)を必要とする．

そこで代表的な発酵と呼吸について，電子供与体の[H](あるいは電子 e^- と H^+)の移動について，これらを受け取る電子受容体の違いに着目して整理すると，**図-A.5** のようになる[5]．前述の**表-A.3** では，電子受容体の種類に従って微生物の種類を発酵細菌，硫酸塩還元細菌，脱窒素細菌，好気細菌……に分けたが，これらは結局，この図に示したとおり発酵

と呼吸という2種類の反応形態に大別できる．

ただし，CO_2を最終電子受容体としてメタンが生成する反応においては，ATPの生成は基質のリン酸化を通さず，細胞内外のイオンの濃度勾配（H^+，K^+/Na^+等）によって進むとも推定されている[5]．基質のリン酸化を経由してATPが生

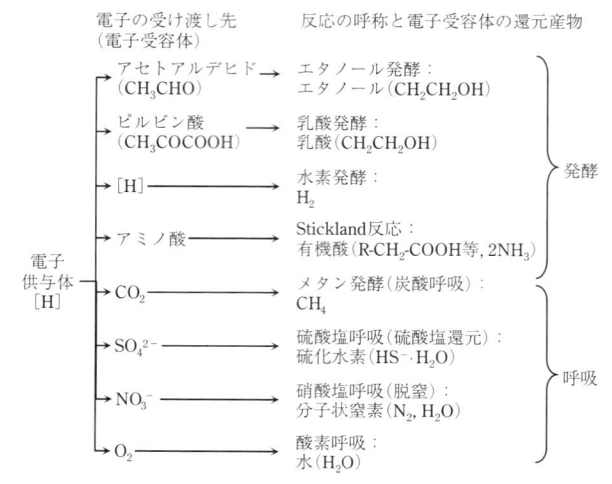

図-A.5　代表的な発酵と呼吸における[H]の受渡し反応[山中(1986)[5]]

電子供与体[H]	電子の受け渡し先（電子受容体）	反応の呼称と電子受容体の還元産物	
	アセトアルデヒド（CH_3CHO）	エタノール発酵：エタノール（CH_2CH_2OH）	発酵
	ピルビン酸（$CH_3COCOOH$）	乳酸発酵：乳酸（CH_2CH_2OH）	
	[H]	水素発酵：H_2	
	アミノ酸	Stickland反応：有機酸（$R-CH_2-COOH$等，$2NH_3$）	
	CO_2	メタン発酵（炭酸呼吸）：CH_4	呼吸
	SO_4^{2-}	硫酸塩呼吸（硫酸塩還元）：硫化水素（$HS^-\cdot H_2O$）	
	NO_3^-	硝酸塩呼吸（脱窒）：分子状窒素（N_2, H_2O）	
	O_2	酸素呼吸：水（H_2O）	

成する反応が発酵の基本であるので，これに着目して生化学の分野では「メタン発酵」の用語を使わずに「炭酸呼吸」ということがある．

なお，酵母のアルコール発酵は，解糖系（Emden-Meyerhof-Parnas経路）で行われることに対して，細菌類（例えば，*Zymomonas*）によってはフルクトース-1,6-ビスリン酸を経由しないEnter-Doudoroff経路が使われる．解糖系では1 molのグルコースから2 molのATPが生成するが，Enter-Doudoroff経路では1 molのATPしかできないので，同じ量のグルコースを分解しても同化反応で得られる菌体は少なく，収率が低い．さらに，電子を受け渡す補酵素にはNAD$^+$以外にFD（フェレドキシン），FAD（フラビンアミドアデニンジヌクレオチド）やNADP（ニコチンアミドアデニンジヌクレオチドリン酸）もあり，これらは代謝経路や微生物の種類で異なる．

付A-4　嫌気的環境に生育する微生物の群集構造

付A-4.1　メタン発酵槽の細菌叢

分子生物学的解析手法を用いて試料中の微生物群集から無作為に種を抽出・分類することにより，試料（例えば，嫌気性消化槽の消化汚泥）で多様に存在する微生物をかなり精密に分類できる．また，消化汚泥の群集構造（細菌叢）を調べれば，嫌気性消化槽に投入された下水余剰汚泥に由来する細菌や，メタン発酵プロセスの過程で増殖した細菌の挙動を把握することができる．最近の研究では，

①中温型嫌気性消化槽の汚泥には余剰汚泥由来の細菌が数%残存していること，

②これらの細菌は高温型嫌気性消化槽の汚泥には検出されず，ほとんど消滅していること，

③高温型嫌気性消化槽の汚泥に存在する細菌の種類は，中温型の槽よりもかなり少ないこと，

等が明らかになっている[6]．メタン発酵プロセスの反応に関与する代表的な微生物を，反応の各段階に従って**図-A.6**に図示した[1]．実際には，ここで示したものよりもかなり多くの微生物が同定されている．特に，メタン生成細菌や異種間水素伝達反応に関わる水素生成性酢酸生成細菌の種類は，盛んに研究されている[7),8)]．これらについてここでは，余剰汚泥を連続的に投入してSRT=20 dで制御された中温型嫌気性消化槽ならびに高温型嫌気性消化槽における微生物群集構造を調べた実験結果を紹介する[6]．

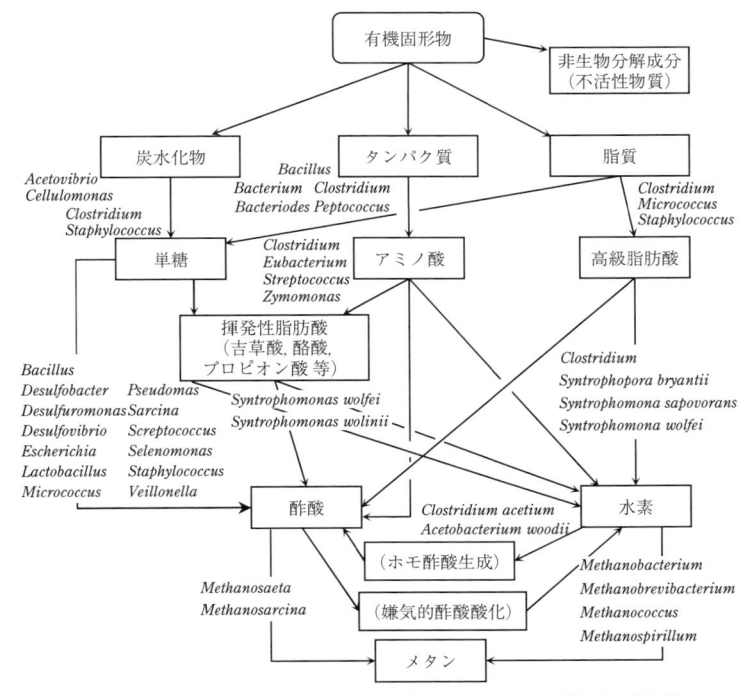

図-A.6 メタン発酵プロセスにおける物質の流れと反応に関与する微生物

付A-4.2　真正細菌の種

余剰汚泥（活性汚泥），中温の嫌気性消化汚泥ならびに高温の嫌気性消化汚泥で検出された細菌（真正細菌）の種類は，それぞれの汚泥でかなり割合が異なる．余剰汚泥の主体であった*Proteobacteria*門の細菌は嫌気性消化で著しく少なくなる．これらを門レベルで分類し，

表-A.4 に比較した[6].中温の嫌気性消化汚泥には余剰汚泥に存在している *Rhodoferax*,*Acrobacter*,*Dechlomonas* 等の細菌が多少残存するうえ,生物の多様性が高いことに対し,高温の嫌気性消化汚泥の生物叢は著しく単調になる.高温の嫌気性消化汚泥に存在する真正細菌は,システム内で増殖した *Coprothermobacer* が大多数を占める.また,嫌気性消化汚泥には *Firmicutes* 門と *Bacteroides* 門に属してタンパク質を利用する細菌が多く存在しており,投入有機物がタンパク質成分を多く含む余剰汚泥であったことが原因の一つと考えられる.そのため,別の種類の有機物を処理する場合は,生物叢はこれと多少異なると予想される[9].

表-A.4 真正細菌の種類

門		余剰汚泥(活性汚泥)	中温の嫌気性消化汚泥	高温の嫌気性消化汚泥
Proteobacteria		58.1%	17.5%	0.8%
Firmicutes		6.0%	27.2%	97.5%
Bacteroides		22.2%	31.6%	1.7%
Nitrospirae		6.8%	N.D.	N.D.
未分類		–	*17.5%	–
その他		6.9%	6.7%	–
Proteobacteria 門		*Betaproteobacteria*(通性嫌気性・好気性で最も存在割合が高い),*Rubrivivax*(光合成),*Rhodocyclus*(リン除去),*Nitrosococcus*(アンモニア酸化),*Thiothrix* 近縁(硫黄酸化),*Rhodoferax*, *Acrobacter*, *Dechlomonas*	余剰汚泥でも検出される細菌:*Rhodoferax*, *Acrobacter*, *Dechlomonas*	余剰汚泥に存在した細菌は検出されない
Firmicutes 門		*Clostridium*(絶対嫌気性),*Clostridia*(?)	*Clostridium*(絶対嫌気性),*Clostridia*(?)	*Coprothermobacer*(全体の約 3/4 を占める),その他:*Thermoanaerovibrio*, *Clostridium*, *Bacillus* 近縁
Bacteroides 門		*Flavobacteriales* と *Sphingobacteriales* が主体	Bacterium Oil-Tsu-11 近縁,Bacterium Oil-K近縁,*Shingobacteriales*	
Nitrospirae 門		*Nitrospira*:亜硝酸酸化		

*Bacterium W18(DQ238245)に近縁

余剰汚泥,中温の嫌気性消化汚泥と高温の嫌気性消化汚泥に存在する真正細菌の系統樹について,*Proteobacteria* 門を図-A.7,*Firmicutes* 門を図-A.8,*Bacteroides* 門とその他の門を図-A.9 にそれぞれ示した[6].これらは,16S rDNA の塩基配列を基に作成されたものである.

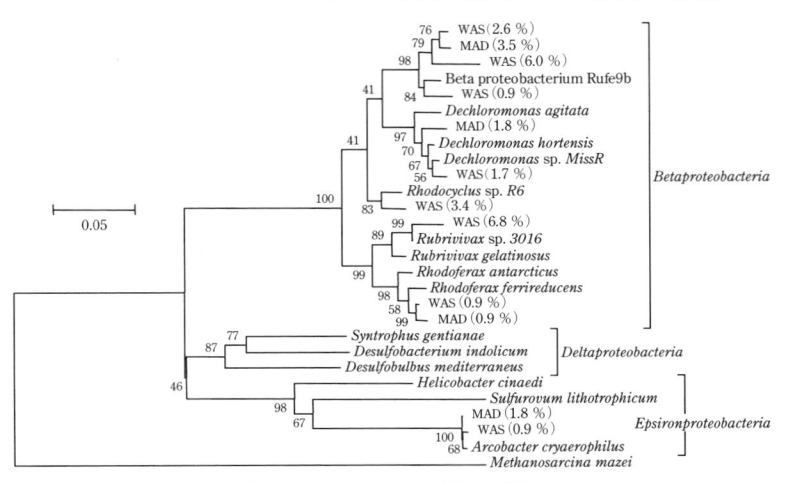

付 A-4 嫌気的環境に生育する微生物の群集構造　　225

図-A.7　*Proteobacteria* 門の系統樹
(WAS：余剰汚泥中の真正細菌クローン，MAD：中温消化汚泥中の真正細菌クローン，括弧の数字は全クローンに対する割合)

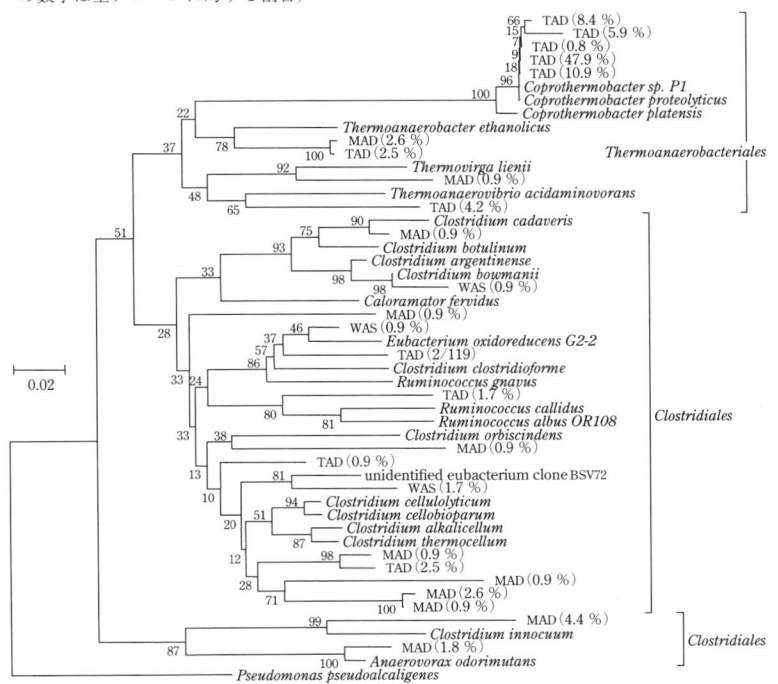

図-A.8　*Firmicutes* 門の系統樹
(WAS：余剰汚泥中の真正細菌クローン，MAD：中温消化汚泥中の真正細菌クローン，TAD：高温消化汚泥中の真正細菌クローン，括弧の数字は全クローンに対する割合)

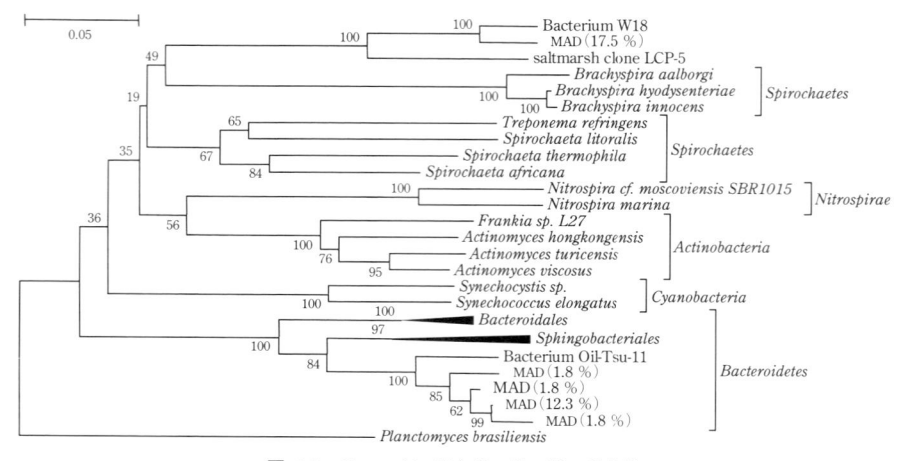

図-A.9 *Bacteroides* 門とその他の門の系統樹
(MAD:中温消化汚泥中の真正細菌クローン，括弧の数字は全クローンに対する割合)

付A-4.3 メタン生成細菌の種

余剰汚泥，中温の嫌気性消化汚泥と高温の嫌気性消化汚泥で観察されるメタン生成細菌の種を**表-A.5**に示した．好気的条件の生物処理プロセスから排出される余剰汚泥にも，メタン生成細菌はわずかに存在する．これは，活性汚泥のフロック内部をはじめとする嫌気的なゾーンで生育しているものと考えられている．

表-A.5 メタン生成細菌の種類

系統	余剰汚泥 (活性汚泥)	中温の 嫌気性消化汚泥	高温の 嫌気性消化汚泥
Methanosaeta	29.3%	7.0%	72%
Methanosarcina	14.6%	19.3%	—
Methanomicrobiales	7.3%	—	—
Methanomethylovarans	14.6%	—	—
Methanobacteriales	7.3%	—	—
Caenomorpha sp.*と共生のメタン生成細菌	9.8%	—	—
Methanoculleus	—	56.1%	28%
その他	17.1%	**17.5%	

*:低酸素条件を好む繊毛虫の一種，**:WCHA1-57(AF050614)に近縁

中温の嫌気性消化汚泥に最も多く存在するメタン生成細菌は，*Methanoculleus* sp. であり，水素を資化する．また，次に多い *Methanosarcina* sp. は，水素と酢酸を共に資化可能で，*Methanosaeta* sp. は，酢酸のみを資化する．この他に蟻酸や水素を資化する WCHA1-57 (AF050614) に近縁の微生物が検出される．これらの解析によると，中温の嫌気性消化汚泥における水素資化性と酢酸資化性のメタン生成細菌の比率は，およそ 3:1 となる．一方，高温の嫌気性消化汚泥に存在するメタン生成細菌の生物叢は，中温とは逆に酢酸のみを資化する *Methanosarcina thermophila* が 72% を占め，水素資化性の *Methanoculleus thermophilus* は

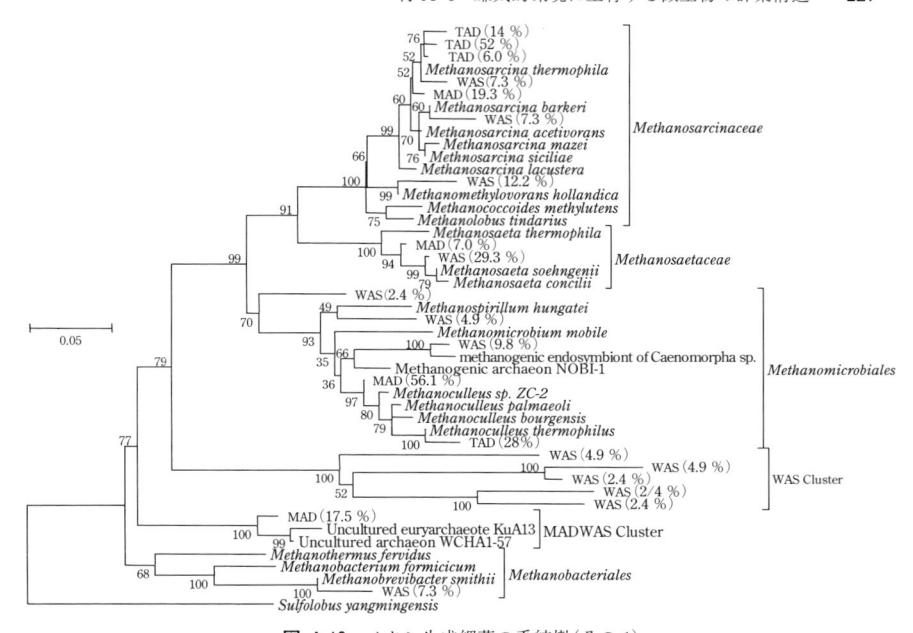

図-A.10 メタン生成細菌の系統樹（その1）
（WAS：余剰汚泥中の古細菌クローン，MAD：中温消化汚泥中の古細菌クローン，
TAD：高温消化汚泥中の古細菌クローン，括弧の数字は全クローン）

28％にとどまる．この連続実験では，余剰汚泥の消化率・メタン転換率は，中温型と高温型で大きな差はなかったので，水素資化性・酢酸資化性のメタン生成細菌の菌体収率は，温度の影響をかなり受けると思われる．**図-A.10** は，16S rDNA の塩基配列を基に作成したメタン生成細菌の系統樹である．これについて，中温のリアクター，高温のリアクターと高温 UASB リアクターで検出されることの多い種を，この系統樹にそれぞれ○，▲と△で示すと**図-A.11** のようになる．

一方，メタン生成細菌が利用できる基質の種類（水素，酢酸，メチル化合物）は，プロセスの設計・導入に大変重要な要素であり，細胞の形は，グラニュールで菌体を維持する UASB リアクターではかなり影響を与える．これについて代表的なメタン生成細菌の基質利用性と細胞の形を**表-A.6** にまとめた[1]．

228　付録A　メタン発酵の生物学的アプローチ

```
├─0.10─┤
                                        Methanoculleus marisnigri, M59134
                                        Methanoculleus submarinus, AF531178
                                        Methanoculleus chikugoensis, AB038795
                                      ▲ Methanoculleus thermophilus, AJ862839
                                      ○ Methanoculleus sp. ZC3 DQ787475
                                      ○ Methanoculleus sp. ZC2 DQ787476
                                      ○ Methanoculleus palmolei, Y16382
                                        Methanoculleus bourgensis, AB065298
                                        Methanolacinia paynteri, AY196678
                                        Methanoplanus petrolearius, AY196681
                                        Methanomicrobium mobile, M59142
                                        Methanoplanus limicola, M59143
                                        Methanogenium boonei, DQ177343
                                        Methanogenium marinum, DQ177345
                                        Methanogenium organophilum, M59131
                                        Methanofollis liminatans, Y16429         Methanomicrobiales
                                        Methanofollis tationis, AF095272
                                        Methanofollis aquaemaris, AF262035
                                        Methanocalculus taiwanensis, AF172443
                                        Methanocalculus halotolerans, AF411470
                                        Methanocalculus chunghsingensis, AF321115
                                        Methanocalculus pumilus, AB008853
                                      ○ Methanocorpusculum labreanum, AY260436
                                      ○ Methanocorpusculum parvum, M59147
                                        Methanocorpusculum bavaricum, AY196676
○ : 中温リアクターで近縁種が多く検出    ○ Methanospirillum hungatei, M60880
▲ : 高温リアクターで近縁種が多く検出      Methanospirillum sp., AJ133792
△ : 高温UASBリアクターでのみ多く検出   ○▲ Methanogenic archaeon NOB11, AB162774
                                        Methanohalophilus portucalensis, AY290717
                                        Methanohalophilus mahii, M59133
                                        Methanohalophilus euhalobius, X98192
                                        Methanococcoides alaskense, AY941802
                                        Methanococcoides burtonii, DSM 6242 CP000300
                                      ○ Methanomethylovorans hollandica, AY260433
                                        Methanomethylovorans victoriae, AJ276437
                                        Methanomethylovorans thermophila, AY672821
                                        Methanolobus taylorii, U20154
                                        Methanolobus oregonensis, U20152
                                        Methanimicrococcus blatticola, AJ238002
                                        Methanosarcina acetivorans, M59137
                                      ○ Methanosarcina barkeri, AJ012094
                                      ○ Methanosarcina mazei, X69874             Methanosarcinales
                                      ○ Methanosarcina siciliae, U89773
                                      ▲ Methanosarcina thermophila, M59140
                                        Methanosarcina lacustris, AY260431
                                        Methanosarcina baltica, AY663809
                                        Methanosarcina semesiae, AJ012742
                                      ○ Methanosaeta concilii, X51423
                                        Methanosaeta sp. AMPBZgA J276397
                                      △ Methanosaeta thermophila, AB071701
                                        Methanosaeta harundinacea, AY817738
                                        Methanococcus aeolicus, DQ195164
                                        Methanothermococcus okinawensis, AB057722
                                        Methanococcus maripaludis S2, BX957219
                                        Methanothermococcus thermolithotrophicus, M59128
                                        Methanotorris formicicus, AB100884        Methanococcales
                                        Methanocaldococcus fervens, AF056938
                                        Methanotorris formicicus, AB095159
                                        Methanocaldococcus jannaschii DSM 2661, L77117
                                        Methanocaldococcus vulcanius, AF051404
                                        Methanocaldococcus infernus, AF025822
                                        Methanobrevibacter thaueri, U55236
                                        Methanobrevibacter gottschalkii, U55239
                                      ○ Methanobrevibacter smithii, AY196669
                                        Methanobrevibacter woesei, DQ445725
                                        Methanobrevibacter ruminantium, AY196666
                                      ○ Methanobrevibacter wolinii, U55240
                                        Methanobrevibacter arboriphilus, AY196663
                                        Methanobrevibacter cuticularis, U41095
                                        Methanobrevibacter curvatus, U62533
                                        Methanobrevibacter filiformis, U82322
                                        Methanosphaera stadtmanae, M59139
                                      ○ Methanobacterium bryantii, AY196658      Methanobacteriales
                                        Methanobacterium ivanovii, AF095261
                                        Methanobacterium aarhusense, DQ649334
                                        Methanobacterium oryzae, AF028690
                                        Methanobacterium beijingense, AY350742
                                        Methanobacterium subterraneum, DQ649330
                                        Methanobacterium formicicum, AF028689
                                      ○ Methanobacterium palustre, AF03061
                                        Methanobacterium congolense, AF233586
                                        Methanobacterium curvum, AF276958
                                        Methanobacterium alcaliphilum, DQ649335
                                        Methanothermobacter thermophilus, X99048
                                        Methanothermobacter thermoflexus, X99047
                                      ▲ Methanothermobacter thermautotrophicus, X68718
                                        Methanothermus fervidus, M32222
                                        Sulfolobus yangmingensis, AB010957
                                        Sulfolobus metallicus, D85519
                                        Acidianus manzaensis, AB182498
                                        Acidianus infernus, X89852
```

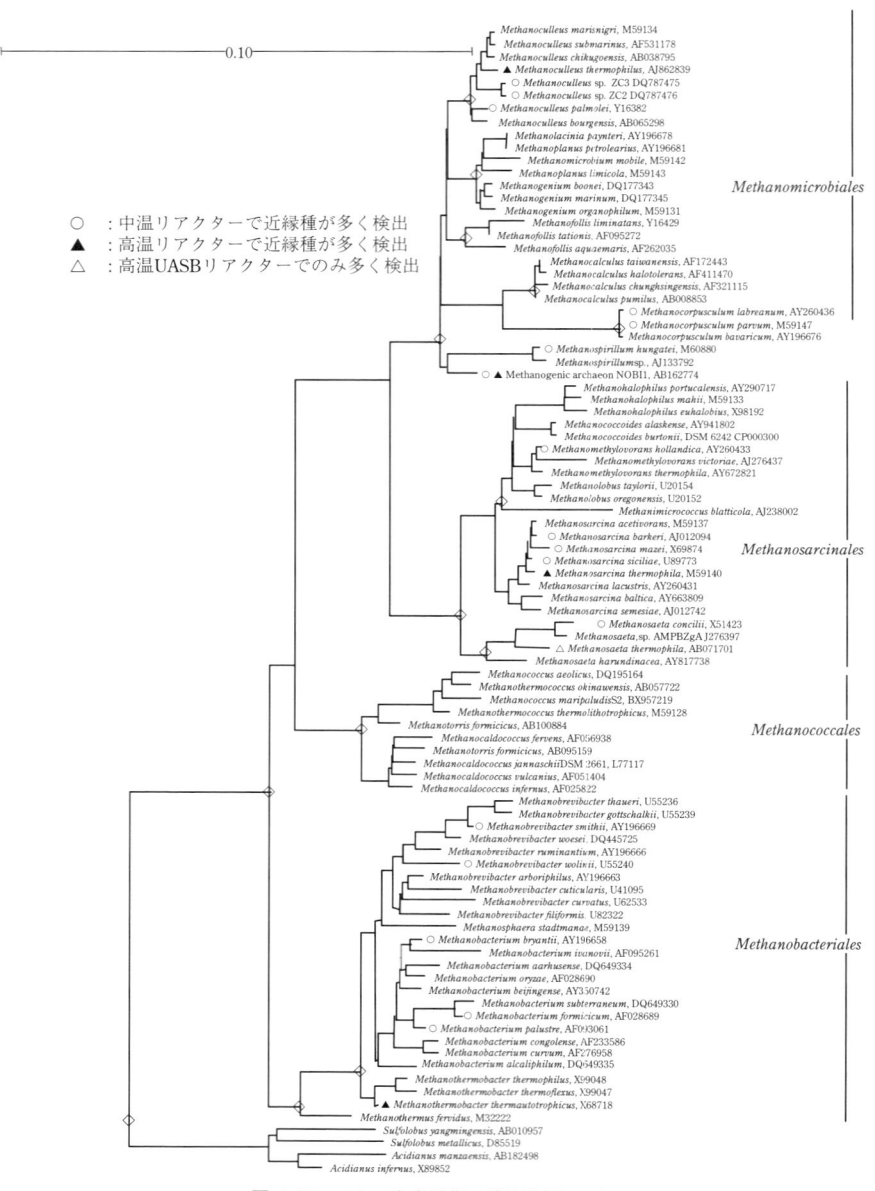

図-A.11 メタン生成細菌の系統樹（その2）

表-A.6　代表的なメタン生成細菌の基質利用性と細胞の形

属名	細胞の形	利用可能な基質			
		H_2	蟻酸	酢酸	メチル化合物
Methanocorpusculum	不規則な球	Y	Y	N	N
Methanogenium	不規則な球	Y	Y	N	N
Methanomicrobium	曲がった桿	Y	Y	N	N
Methanoplanus	不規則な皿	Y	Y	N	N
Methanopyrus	桿	Y	Y	N	N
Methanospirillum	鞘状の桿	Y	Y	N	N
Methanobacterium	桿	Y	S	N	N
Methanobrevibacter	短桿	Y	S	N	N
Methanococcus	不規則な球	Y	S	N	N
Methanoculleus	不規則な球	Y	S	N	N
Methanolacia	不規則な桿	Y	N	N	N
Methanothermus	桿	Y	N	N	N
Methanosaeta	鞘状の桿	N	N	Y	N
Methanosarcina	連球	S	N	S	Y
Methanohalobium	?	?	?	?	Y
Methanococcoides	不規則な球	N	N	N	Y
Methanohalophilus	不規則な球	N	N	N	Y
Methanolobus	不規則な球	N	N	N	Y

Y：ほとんどの種が資化可能，S：資化できない種がいる，N：資化が確認されていない，?：不明

付A-5　分子生物学的解析の意義

　自然環境に生育する微生物の大半は，人工培地で増殖しづらく，単離がきわめて難しい．自然環境である水域やその底泥，土壌に生育する細菌類は人工培地で培養可能な割合がわずか0.25～0.3％に過ぎず，人工環境ともいえる活性汚泥処理プロセスであっても，採取した細菌類のうちで1～15％しか培養できない[10]．これら培養できない細菌類は，「観察できるけれども培養できない(viable but nonculturable)」の頭文字を取って，VBNC細菌と呼ばれる．自然環境は，本質的に貧栄養であって，それに適応している多くの微生物は，栄養豊富な人工培地では生育しえないのである[11]．実際，活性汚泥処理プロセスやメタン発酵プロセスでは，混合液の基質濃度は数10 mg/L以下しかなく，たいていの人工培地よりも2桁ほど低い．

　人工培地で意識的に基質濃度を低くして貧栄養の環境を作り，その条件下で微生物を培養しようとすると，菌体の増殖量も見合ってかなり少なくなるので，計数も同定も極端に難しくなる．このような問題を解決し，ありのままの群集構造を調べるには，培地を使って培養した微生物を調べることをやめ，サンプルに含まれる微生物の遺伝子を抽出して直接的に分析すればよい[12]．これが分子生物学的解析と呼ばれる手法である．微生物を分子生物学的に調べる代表的な手法を**表-A.7**にまとめた．

表-A.7 主な分子生物学的解析手法

手法	原理
Dot blotting 法	菌体から抽出した RNA をメンブレンに吸着させ，蛍光標識したオリゴヌクレオチドプローブをハイブリダイズさせる．洗浄により特異的結合したプローブ以外を洗い流した後，メンブレンから得られるプローブ由来の蛍光から特異的にプローブが結合した菌の RNA の割合を定量する．
DGGE 法	DNA を抽出し，GC クランプをつけたプライマーによって PCR した産物を変性剤(尿素)濃度勾配をつけたゲルで泳動する．PCR 産物は，その塩基配列中の GC 含量(結合力)に比例した変性剤濃度において解離し泳動が止まる．そのため，塩基配列によって泳動距離が異なる．
FISH 法	固定化した菌体に対し，蛍光標識をつけたオリゴヌクレオチドプローブをハイブリダイズさせる．標的の細菌に特異的な塩基配列のプローブとハイブリダイズのstringency を調整することにより，標的の細菌の DNA/RNA のみに特異的にプローブを結合させる．結合しなかったプローブを洗い流した後，蛍光顕微鏡でプローブが結合した細菌を識別する．
ARISA 法	16S rRNA と 23S rRNA 間の隙間の部分を標的としたプライマーで PCR を行うことにより，細菌によって異なる長さの PCR 産物を得ることができる．これは細菌ごとに異なった電気泳動速度を示すため，PCR 産物を容易に分離できる．
LH-PCR 法	基本的には T-RFLP と同様の原理で，抽出した DNA から蛍光標識を付けたプライマーで PCR を行う．異なる点は，T-RFLP は制限酵素を用いるのに対し，LH は増幅された PCR 産物において細菌による natural な長さの違いを利用して電気泳動で分離することである．
T-RFLP 法	片方に蛍光 Dye を標識したプライマーを用いて PCR を行うことにより，末端に蛍光標識を有する PCR 産物が増幅される．この PCR 産物を制限酵素で切断すると，塩基配列の違いに従い，末端からの長さの異なった断片が得られる．蛍光認識可能なシーケンサー上でこの断片を電気泳動することにより，末端からの長さによって異なる位置でピークが確認できる．これは，塩基配列の違いによって異なる位置にピークが生じるためである．
Cloning & Sequencing 法	DNA を抽出して得た PCR 産物をベクタープラスミドに組み込む．そして，それぞれの細菌に由来する PCR 産物を組み込んだプラスミドを大腸菌の細胞内にそれぞれ 1 個ずつ挿入する．大腸菌の増殖に伴いプラスミドは複製されていくので，大腸菌をプレート上で増殖させることで，1 つのコロニーから 1 個の細菌に由来する DNA(クローン)を組み込んだプラスミドを大量に得ることができる．
RT-PCR 法	PCR では，濃度がある程度に達すると増加が飽和に達してしまうため，PCR の終了後で初期濃度を知ることは難しい．これに対し RT(リアルタイム)-PCR は，PCR 増幅過程をリアルタイムでモニタリングすることにより，飽和に達する前にそれぞれのPCR テンプレートの初期濃度を求められる．

分子生物学的手法の中では，PCR-DGGE 法(変性剤濃度勾配ゲル電気泳動法，denaturing gradient gel electrophoresis)が排水処理・汚泥処理のプロセス解析に最も多く使われている[13)〜16)]．PCR-DGGE 法は，DNA 断片中の 1 塩基配列が違うだけであっても微生物を区別できるため，微生物群集の経時的な変化を調べることにきわめて適した分析方法である．また，蛍光物質で標識したプローブによって特定の種を顕微鏡で検出できる FISH 法は，微生物の二次元・三次元的な分布を調べるために多用されている[17),18)]．そこで，様々な分子生物学的手法の中で，特に多用されている PCR-DGGE 法の概要を以下に説明する．

DNA は，生物の種によって塩基配列が異なる高分子化合物なので，これに着目して，リボゾームの DNA(16S rDNA)を分析することで細菌の種や属を推定することが現在の分類学の主流である．これには，まず微生物(細菌)を含む試料から DNA を抽出し，16S rRNA

の鋳型 DNA である 16S rDNA の V3 領域の約 200 bp についてプライマーを使って PCR 装置で増幅させる。このプライマーは，検討対象とする微生物の種類によって異なる．例えば，真正細菌には 357fGC や 518r が用いられ，古細菌（メタン生成細菌等）には ARC357fGC や ARC691r がある[19),20)]．

そして，この DNA の混合物を変性剤が添加されたポリアクリルアミドゲル中で電気泳動させる．DNA は，尿素やホルムアミドをはじめとする変性剤の添加によって，2本鎖から一本鎖へ解離する化学的特性を有する．DNA が解離する臨界の変性剤濃度は，DNA の融解温度（T_m 値）で決まり，また，この融解温度は，DNA の塩基配列で全く異なる．そこで，変性剤の濃度勾配をつけたポリアクリルアミドゲル中で DNA の電気泳動を行うと，最も低い T_m 値を持った DNA から順に2本鎖が解離し始める．部分的に解離した DNA は，泳動速度が極端に遅いため，より速く泳動し続ける残りの未解離 DNA からバンド状に分離される．これが PCR-DGGE 法の原理である．

ポリアクリルアミドゲルで分離される DNA を模式的に図-A.12 に示した．電気泳動の DNA 試料には，変性しにくい GC クランプと呼ばれる 30〜40 bp の DNA を別に加える．これによって，試料の DNA の一方が固定され，他方の解離容易になる．分離された DNA のバンドは，染色後，紫外線の照射とイメージアナライザにより可視化される．

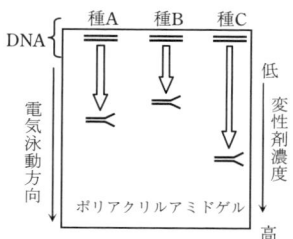

図-A.12 DGGE 法による DNA の分離

最後に，検討対象の部分をゲルから切り取って DNA を回収し，再増幅した後に精製を繰り返す．この DNA の塩基配列を既往の配列と比較し，対象細菌の種を推定する．配列の比較に用いるデータベースは，インターネットで公開されている[21)]．

●(付録A)引用・参考文献

1) 須藤隆一 編著(2004)．"水環境保全のための生物学"，産業用水調査会．
2) Kartal B., Rattray J, van Niftrik L.A., van de Vossenberg J., Schmid M.C., Webb R.I., Schouten S., Fuerst J.A., Damste J.S., Jetten M.S. and Strous M. (2007). "*Candidatus*" *Anammoxoglobus propionicus*" a New Propionate Oxidizing Species of Anaerobic Ammonium Oxidizing Bacteria", *Syst. Appl. Microbiol.*, Vol.30, No.1, pp.39-49.
3) 日本生化学学会(1997)．"細胞機能と代謝マップ"，東京化学同人．
4) バイオインダストリー協会 発酵と代謝研究会(2001)．"発酵ハンドブック"，共立出版．
5) 山中建(1986)．"改訂 微生物のエネルギー代謝"，学会出版センター．
6) 小林拓朗，李玉友，原田秀樹(2007)．"濃縮余剰汚泥の中温消化と高温消化における微生物群集構造の変化"，下水道協会誌論文集，Vol.44, No.542, pp.135-147.
7) Imachi H., Sakai S., Ohashi A., Harada H., Hanada S, Kamagata Y. and Sekiguchi Y. (2007).

"*Pelotomaculum propionicicum* sp. nov., An Anaerobic, Mesophilic, Obligately Syntrophic Propionate-oxidizing Bacterium", *Int. J. Syst. Evol. Microbiol.*, Vol.57, pp.1487-1492.
8) Sekiguchi Y., Kamagata K., Ohashi A. and Harada H. (2002). "Molecular and Conventional Analysis of Microbial Diversity in Thermophilic Upflow Anaerobic Sludge Blanket Granular Sludges", *Wat. Sci. Tech.*, Vol.45, No.10, pp.19-25.
9) 小林拓朗, 李玉友, 原田秀樹, 安井英斉, 野池達也(2007). "温度フェーズと中間オゾン処理を組合わせたプロセスによる余剰汚泥嫌気性消化の促進効果", 環境工学研究論文集, 第44巻, pp.703-712.
10) Amann R. I., Ludwig and W. Schleifer K. H. (1995). "Phylogenetic Identification and In Situ Detection of Individual Microbial Cells without Cultivation", *Microbiol. Rev.*, Vol.59, No.1, pp.143-169.
11) コルウェル R. R., グリメス D. J. (2000). "培養できない微生物たち？自然環境中の微生物の姿？", 学会出版センター(2004). 訳：遠藤圭子, 清水潮.
12) Talbot G., Top E., Palin M. F. and Massé D. I. (2000). "Evaluation of Molecular Methods Used for Establishing the Interactions and Functions of Microorganisms in Anaerobic Bioreactors", *Wat. Res.*, Vol.42, pp.513-537.
13) 谷川大輔, 山口隆司, 市坪誠, 荒木信夫, 高橋康晴, 珠坪一晃, 宮晶子, 長屋由亀, 原田秀樹(2004). "スターチとプロテインを炭素源とする高温メタン発酵槽における有機酸分解特性および微生物生態の評価", 環境工学研究論文集, 第41巻, pp.87-95.
14) 登坂充博, 李玉友, 野池達也(2005). "PCR-DGGE法を用いた水素発酵微生物群集の構造解析", 土木学会論文集, Vol.790, pp.1-13.
15) 大羽美香, Sangsan Teepyobon, 安納幸子, 李玉友, 野池達也(2005). "PCR-DGGE法を用いた廃棄物系バイオマスのメタン発酵槽における微生物群集構造の解析", 土木学会論文集, Vol.804, Ⅶ-37, pp.33-42.
16) Kobayashi T., Li Y.Y., Harada H., Yasui H. and Noike T. (2009). "Upgrading of the Anaerobic Digestion of Waste Activated Sludge by Combining Temperature-phased Anaerobic digestion and Intermediate Ozonation", *Wat. Sci. Teach.*, Vol.59, No1, pp.185-193.
17) 珠坪一晃, 関口勇地, 原田秀樹, 大橋晶良, 多川正, 大関弘和, 荒木信夫(1997). "16S rRNA標的モレキュラー・プローブの In-situ Hybridization による嫌気性汚泥微生物叢の生態学的構造解析", 環境工学研究論文集, 第34巻, pp.51-60.
18) 岡部聡, 内藤初夏, 渡辺義公(1999). "FISH法を用いた都市下水生物膜内におけるアンモニア酸化細菌の空間分布の解析", 水環境学会誌, Vol.22, No.3, pp.191-198.
19) Muyzer G., de Waal E. C. and Unitterlinden A. G. (1993). "Profiling of Complex Microbial Populations by Denaturing Gradient Gel Electrophoresis Analysis of Polymerase Chain Reaction-Amplified Genes Coding for 16S rRNA", *Appl. Environ. Microbiol.*, Vol.59, No.3, pp.695-700.
20) Watanabe T., Asakawa S., Nakamura A., Nagaoka K. and Kimura M. (2004). "DGGE Method for Analyzing 16S rDNA of Methanogenic Archaeal Community in Paddy Field Soil", *FEMS. Microbiol. Rev.*, Vol.232, pp.153-163.
21) 日本DNAデータバンク(2008). http://www.ddbj.nig.ac.jp/Welcome-j.html

付録B メタン発酵の数学的アプローチ

微生物の反応は複雑なうえ，生物処理プロセスも様々な種類があるため，数学モデルを用いてシステムを表すことはかなり難しいと感じることがあるかもしれない．しかしながら，この取組みによってシステムの反応を理論的に考察できることは間違いなく，また，これによって設計や運転管理を最適化できることも事実である．最近ではコンピュータの性能が向上し，数学モデルを解くための専用ソフトウェアも多く市販されるようになったことから，研究開発や実務に数学モデルを利用することは，従来よりも状況が整っている．しかし初学者にとって数学モデルを使うことは，必ずしも容易ではない．この際の悩みは，「何に着目して」，「どのように整理していけば」，狙いとする考察を的確に進めることができるか，ということに尽きると思われる．ここでは，数学モデルを作成する際に特に留意するべき事項と基本的な考え方を説明し，その理解を助けることにする．

付B-1 数学モデルの種類

図-B.1は，あるシステムにおける入力と出力の関係を模式的に表したものである．入力値の m は，システム内で変化し p として出力される．システムの反応は，関数 $p = f(m)$ で示される．数学モデルの利用では様々な値の m に応じて的確に p を求めることがたいていの目的であるが，実は，システムの反応を示す関数の考え方次第で，モデルの利用範囲が大きく異なる．このことを表-B.1にまとめた．モデル(関数)には，ブラックボックスモデル，グレーボックスモデルとホワイトボックスモデルの3種類がある．

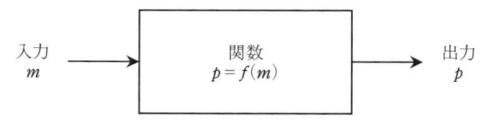

図-B.1 システムにおける入力と出力の関係

表-B.1 数学モデルの種類

種類	ブラックボックスモデル	グレーボックスモデル	ホワイトボックスモデル
特徴	入力と出力の見かけの関係を表現 経験的 簡便でわかりやすい 汎用性を保証しない	入力と出力の因果関係を表現 半理論的 多少複雑 一定の条件で汎用性を与える	入力と出力の理論的な表現 理論的 複雑でわかりにくい 広い範囲で汎用性を与える
例	m：投入汚泥量 →p：ガス発生倍率	m：投入汚泥の消化槽滞留時間 →p：消化率	m：汚泥組成と運転条件 →p：メタン転換率

付B-1.1　ブラックボックスモデル

　ブラックボックスモデルは，入力と出力の見かけの関係を表したもので，この例には「投入汚泥量と消化ガス発生倍率の関係」がある．汚泥のメタン発酵プロセスでは，汚泥の投入量に従ってある量の消化ガスが発生する．この関係は，一定の施設で一定の運転条件であれば，ある程度の再現性もありわかりやすいので，データの数を充分に蓄積することでその施設の日常の運転管理指標に用いることができる．しかしながら，投入汚泥の濃度や施設の運転条件が異なれば，この関係は異なることは明らかである．つまり，ブラックボックスモデルは，経験的に得られた入出力関係をまとめただけなので，システムの応答が汎用的かどうかは全く保証していない．

付B-1.2　ホワイトボックスモデル

　ブラックボックスモデルに対して，ホワイトボックスモデルは，入力と出力の理論的関係を示したもので，反応の一般化を主眼におく．そのため，基本的にはホワイトボックスモデルが，最も汎用性が高い性質を有する．表-B.1の例に示したように，「汚泥組成と運転条件を把握してメタン転換率を推定する」ことの方が，「投入汚泥量からガス発生倍率を推定する」ブラックボックスモデルよりも明らかに論理的であって，汎用性を与えるポテンシャルが高いことはうなずける．ただし，すべての情報を網羅した完全なホワイトボックスモデルを作ることは，実際には不可能である．

　ホワイトボックスモデルは，汎用性を本質的に与える意図を有するものの，現実にはモデルで得た理論値と実際の値は多少の乖離が生じる．モデルの構造に本質的な誤りさえなければ，この乖離は，モデルを作成する時の簡略化や用いたデータのずれに起因すると考えてよい．このことは避けられないので，作成者はモデルをまとめる際に「モデル適用範囲（制限条件）」を示すことを心がけなければならない．これは，例えば，「使用範囲のpHは5～8の間」，「実験データが存在しないため30 d以上の滞留時間には適用しない」といった記述で充分である．第2章で説明したADM1は，理論的に入力と出力のCOD収支が満足できるため，化学工学の視点ではホワイトボックスモデルに近いものである．しかしながら，嫌気性細菌の種が考慮されていないので，生物学的にはブラックボックスモデルに区分される．

付B-1.3　グレーボックスモデル

　グレーボックスモデルは，ブラックボックスモデルとホワイトボックスモデルの中間的な位置づけであり，「ホワイトボックスモデルを構築するほど理論化はできていないが，入力と出力の因果関係がわかっている」場合に適するモデルである．表-B.1の例では，「投入汚泥の組成はわかっていないが，同等と仮定できる．その範囲であれば，消化槽滞留時間を代表の運転条件として消化率を推定できる」という考え方である．この場合，ホワイトボックスモ

デルの「汚泥組成」は割愛されて,「運転条件」は汚泥滞留時間だけが使われる．これは，汚泥滞留時間(反応時間)と消化率は因果関係があり，これが反応を支配するとみなしたものである．これに，汚泥の分解に関わる微生物の影響，微生物に影響する温度や pH の影響，pH に及ぼす汚泥分解産物の効果(例えば，揮発性脂肪酸の解離)……を加えていけば，最終的にホワイトボックスモデルに至る．このように考えれば，グレーボックスモデルは，ホワイトボックスモデルの初期的なレベルとみなすことができる．

付 B-2　数学モデルの作成における留意点

付 B-2.1　収支が成り立つ変数の利用

数学モデルでは出力を入力と関連づけて表すので，反応の前後で収支が成り立つ変数を用いなければならない．数学モデルの目的によってエネルギーを用いる場合もあるが，たいていは物質を基に収支を考える．生物学的排水処理・汚泥処理の数学モデルの多くでは，酸化・還元反応に着目するため，COD を物質収支の変数に用いることが普通である．例えば，1 mol のグルコース ($C_6H_{12}O_6$) が分解して還元産物である 3 mol のメタン (CH_4) と酸化産物である 3 mol の CO_2 が生成する反応における COD 収支は，式 ($B.1$) で表され，両辺共 COD は 192 g になる．

$$C_6H_{12}O_6 \rightarrow 3CH_4 + 3CO_2$$
$$192 \rightarrow 3 \times 64 + 3 \times 0 \qquad (B.1)$$
$$(192 = 192)$$

酸化還元反応では，反応の前後で酸化と還元が必ずバランスしている．これは，収支式の右辺と左辺で COD の値が必ず等しくなることを意味する．ところで，有機物が酸化する好気反応では，分解後の産物は，COD が 0 の水や CO_2 だけが排出されるため，COD がバランスしていないように考えがちである．しかし，これは正しくない．この誤りは，酸化に使われる酸素の COD を考慮すること，を失念しているためである．化学的酸素要求量の定義に従うと，酸素は「マイナスの COD」である．例えば，COD が 192 のグルコースが 6 mol の酸素 ($6 \times (-32)$) によって水 (H_2O) と CO_2 に分解する反応における COD 収支は，式 ($B.2$) のように両辺共に 0 になる．また COD のバランスは，無機物の反応でも成り立つ．一例として，電子供与体 ($[H]$) と硫酸根 (SO_4^{2-}) から硫化水素 (H_2S) が生成する反応を式 ($B.3$) に示した．この式では，電荷の収支も成り立っていることにも注意されたい．

$$C_6H_{12}O_6 + 6O_2 \rightarrow 6CO_2 + 6H_2O$$
$$192 + 6 \times (-32) \rightarrow 6 \times 0 + 6 \times 0 \qquad (B.2)$$
$$(0 = 0)$$

$$8[\text{H}] + \text{SO}_4^{2-} \rightarrow \text{S}^{2-} + 4\text{H}_2\text{O}$$
$$8 \times 16 + 0 \rightarrow 64 + 4 \times 0 \tag{B.3}$$
$$(64 = 64)$$

なお，通常の化学分析では，重クロム酸カリウムを酸化剤とした化学的酸素要求量 COD_{Cr} (chemical oxygen demand) が使われる．物質収支を考慮すると，本来は理論的酸素要求量を基準とすることが必要である．たいていの化合物は，重クロム酸カリウムを酸化剤として理論的酸素要求量に近い分析値を示すことに着目し，これを用いて近似することが多い．

この関係は，菌体の増殖や分解が起きる反応でも成り立つ．このことを模式的に図-B.2に示した．1ユニットの基質から Y ユニットの菌体が発生する時，嫌気反応では，$(1-Y)$ ユニットの COD が排出される．これはメタン発酵プロセスでは，排出の揮発性脂肪酸 (VFA)，メタンや硫化水素等が相当する．また，好気反応では，Y ユニットの菌体が発生する時，処理で反応する酸素は $(1-Y)$ ユニットになる．これは，曝気で最低限必要な酸素の量を意味する．

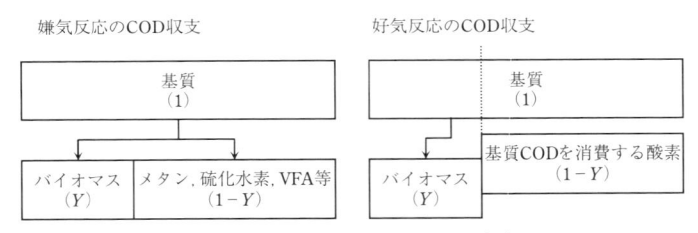

図-B.2 微生物反応における COD 収支

これらの理解は，データを解析する際に大変役に立つ．例えば，汚泥の嫌気性消化で投入の汚泥，排出の消化汚泥，生成の消化ガス……といったデータが得られている場合，これらを COD 基準に換算すれば，必ず投入汚泥の COD は，排出消化汚泥の COD と消化ガスの COD の合計と等しくなる．もし，データがこの関係から乖離していれば，分析に何らかの誤差があったはずである．また，上のことから明らかなように，VSS や TOC は，収支を得ることに適した変数ではない．固形物が分解した場合には VSS は減少するし，TOC は，無機物が含まれる反応には用いることができない．

付B-2.2　モデルの作成手順と考え方

モデルの作成に当たっては，「何を知りたいか」という命題を論理的に設定することが，きわめて大切である．この設定が論理的でないと，モデルの構造（知りたいことに影響を与える因子）を定義できなくなってしまう．そこで，「活性汚泥」が「メタン発酵」によって「メタン

に転換される割合」を「一般化」したい，という命題を例に，これらのキーワードを以下のように検討してみる．

a. 活性汚泥——活性汚泥がメタンに転換する割合を把握したいのであるから，入力と収支の物質収支を基本に考える．したがって，上述のように活性汚泥とメタンのいずれの物質も，COD を基準にして定量する必要がある．

次に，活性汚泥の内容を考える．活性汚泥の組成は，採取場所によって異なり，それによってメタン転換割合も変わることが容易に想起できる．命題は，メタンに転換する割合を「一般化する」ことなので，汚泥組成を均一として仮定することは無理がある．そこで，汚泥を，メタンに転換する生物分解性成分と転換されない不活性な成分とで構成されるものと仮定し，この比率が採取場所で変わると考えればよい．このように，検討対象を複数の成分の集合と考える構造化は，生物学的排水処理・汚泥処理における最近の数学モデルの主流である．このアプローチを構造モデル(structured model)という．

b. メタン発酵——メタン発酵は，上で定義した活性汚泥の成分を入力値としてメタン（ならびに消化汚泥）を出力する関数と定義できる．この反応では，①活性汚泥，②活性汚泥をメタンに分解する嫌気性微生物，③メタン発酵の産物，④リアクターの「運転条件」，の 4 種類を考えることになる．しかし，この表現は反応を関数化するにはまだ曖昧である．これには，例えば，「1 種類の嫌気性微生物」が「1 種類の活性汚泥の生物分解性成分」を「メタン発酵槽の滞留時間」に従って「メタンをはじめとする幾つかの物質に転換する」，と言い換える必要がある．

c. 一般化——反応に関わる物質について，①活性汚泥と，②活性汚泥をメタンに分解する嫌気性微生物，の 2 種類に言い換えることは，記号論的には厳密であるものの，実際の状態をかなり単純化しているように見える．実際の嫌気性微生物は，少なくとも活性汚泥を分解して揮発性脂肪酸に変える酸生成細菌と，揮発性脂肪酸からメタンをつくるメタン生成細菌の 2 種類から構成されるし，種の多様性に着目すれば，これらはさらに様々な微生物に分類される．しかし，ここで大事な点は，「1 種類の微生物」と「メタン発酵槽の滞留時間」を使ったモデルで出力が正確（メタン転換の割合）である限り，この単純化でも目的を充分満たしていることである．もし，命題が「活性汚泥がメタン発酵によって，<u>メタンに転換される割合と共に消化汚泥の嫌気性微生物の種類・濃度を一般化したい</u>」という場合は，上の状態量に対応の微生物群を与えて定義することになる．このように記号論的に物事を考えることは，数学モデルを効率的に作成するうえできわめて大切である．もちろん，極度の単純化は好ましくなく，できるだけ微生物の代謝反応に基づいてモデルを作成することが望ましい．単純化はモデルを作成する際の労力を軽減するが，著しくなるとモデルの出力が実際の応答と整合しない場合が多くなる．

このようにモデル構造のアウトラインを考えた後，自分の実験データや既往の文献によっ

て，具体的なモデル構造を作成する．次に，作成したモデルの精度・適用範囲を整理する．また，新たな実験データや文献値を基に，モデル構造の妥当性を再確認することが必要になる場合もある．

付B-2.3　物質収支と速度論に基づいた表の作成

システムで入力と出力があるということは，ある速度で対象の物質がシステム内で反応していることを意味する．したがって，物質移動の速度式で収支を求めれば，この状態を的確に把握できる．ここで，「活性汚泥がメタン発酵によってメタンに転換される割合のモデル化」を再び例にとり，この物質収支を速度論に基づいて，以下に検討してみる．

上で仮定したシステムにおける反応は，以下の4種類の物質が関わる．なお，各物質を記号で表す際には，固形物を X，それ以外の溶解性や気体の物質を S で示し，それをさらに説明するためにサフィックスで補助記号を加えることが一般的である．これらはシステム中の物質の状態を示すので，状態変数と呼ばれる．状態変数を特定の目的でまとめた混合物を，合成変数と呼ぶ．例えば，汚泥は，X_S，X_I と X_B が集合した合成変数である．消化率をはじめとする汚泥の分解特性は，これら成分の存在比率で表現される．例えば，「X_I の比率が高い＝汚泥の消化率が低い」というようにである．

①基質となる成分 X_S
②不活性で基質にならない成分 X_I
③嫌気性微生物 X_B
④産物 S_{ch4}（メタン）

これら状態変数がシステムで受ける反応を，**表-B.2** に示した．このような表は，ピーターソンマトリックス（Perterson matrix）と呼ばれる．また，細菌の収率やある物質の生成割合のように一定の値をとるものは，化学量論パラメータ（stoichiometric parameter）という．化学量論パラメータは，無次元であることが通常である．そして，反応速度式の要素で速度と

表-B.2　「活性汚泥がメタン発酵によってメタンに転換される割合」のモデル例（その1）

素プロセス	X_S	X_I	X_B	S_{ch4}	反応の内容	反応速度式 (g-COD/L/d)
r_1	-1		$+Y$	$+(1-Y)$	X_S の分解ならびに X_B の増殖と S_{ch4} の生成	$k_m \dfrac{X_S}{K_S + X_S} X_B$
r_2	$+(1-f_U)$	$+f_U$	-1		X_B の死滅ならびに X_S と X_I の生成	$-bX_B$
説明	基質となる成分 (g-COD/L)	不活性で基質にならない成分 (g-COD/L)	嫌気性微生物 (g-COD/L)	メタン (g-COD/L)	化学量論パラメータ　Y　：X_S からの X_B の収率　f_U：X_B から X_I が生成する割合　動力学パラメータ　k_m：最大比反応速度定数　K_S：親和定数　b　：比自己消化速度定数	

関係するものを，動力学パラメータ(kinetic parameter)という．これらは，たいていは時間や濃度を次元に持つが，関数形によっては無次元もある．

横の行は，システムにおける素プロセスを示し，物質収支が成り立つから合計は必ず0である．例えば，素プロセス r_1 の行では，$(-1)+(+Y)+[+(1-Y)]=0$ となる．また，縦列の合計は，それぞれの状態変数がシステムで変化する速度を表す．例えば，X_B が変化する速度 r_{XB} は，X_B の列を合計して式($B.4$)のように表される．

$$r_{XB} = Y \times r_1 + r_2 = Y \times k_m \frac{X_S}{K_S + X_S} X_B - bX_B \tag{B.4}$$

そして，このシステムが，図-B.3で模式的に示すようにケモスタット(chemostat)で運転されている場合は，システム全体における X_B の収支は式($B.5$)

図-B.3 モデルのシステムにおける物質の流入と流出

表-B.3 「活性汚泥がメタン発酵によってメタンに転換される割合」のモデル例(その2)

素プロセス	X_S	S_F	S_A	S_{ch4}	X_A	X_M	X_I	反応速度式
r_1	-1	$+1$						Contois 型
r_2		-1	$(1-Y_A)$		Y_A			Monod 型
r_3			-1	$(1-Y_M)$		Y_M		Monod 型
r_4	$(1-f_U)$				-1		f_U	一次反応型
r_5	$(1-f_U)$					-1	f_U	一次反応型
	加水分解を受ける成分(g–COD/L)	酸生成細菌の基質となる成分(g–COD/L)	メタン生成細菌の基質となる成分(g–COD/L)	メタン(g–COD/L)	酸生成細菌(g–COD/L)	メタン生成細菌(g–COD/L)	不活性で基質にならない成分(g–COD/L)	
r_1	固形物基質の加水分解(g–COD/L)							$k_H \dfrac{X_S/X_A}{K_X + X_S/X_A} X_A$
r_2	加水分解産物からの酢酸の生成(酸生成細菌の増殖)(g–COD/L)							$k_A \dfrac{S_F}{K_{SF} + S_F} X_A$
r_3	酢酸からのメタン生成(メタン生成細菌の増殖)(g–COD/L)							$k_M \dfrac{S_A}{K_{SA} + S_A} X_M$
r_4	酸生成細菌の死滅(g–COD/L)							$b_A X_A$
r_5	メタン生成細菌の死滅(g–COD/L)							$b_M X_M$

化学量論パラメータ
　Y_A：加水分解産物からの酸生成細菌の収率($-$)，Y_M：酢酸からのメタン生成細菌の収率($-$)，
　f_U：細菌の自己消化によって不活性固形物が生成する割合($-$)
動力学パラメータ
　k_H：酸生成細菌の最大比加水分解速度定数(g–COD/L/d)，K_X：酸生成細菌の加水分解速度定数($-$)，k_A：酸生成細菌の最大比基質分解速度定数(g–COD/L/d)，K_{SF}：酸生成細菌の基質分解速度定数(g–COD/L)，k_M：メタン生成細菌の最大比基質分解速度定数(g–COD/L/d)，K_{SA}：メタン生成細菌の基質分解速度定数(g–COD/L)，b_A：酸生成細菌の比自己消化速度(d^{-1})，b_M：メタン生成細菌の比自己消化速度(d^{-1})

240　付録B　メタン発酵の数学的アプローチ

表 B.4　ADM1の反応マップ（溶解性成分）

j ＼ プロセス番号→(i)	反応	1 S_{su} 単糖 (kg-COD/m³)	2 S_{aa} アミノ酸 (kg-COD/m³)	3 S_{fa} 長鎖脂肪酸 (kg-COD/m³)	4 S_{va} 吉草酸 (kg-COD/m³)	5 S_{bu} 酪酸 (kg-COD/m³)	6 S_{pro} プロピオン酸 (kg-COD/m³)	7 S_{ac} 酢酸 (kg-COD/m³)	8 S_{h2} 水素 (kg-COD/m³)	9 S_{ch4} メタン (kg-COD/m³)	10 S_{IC} 無機炭素（炭酸）(kmol-C/m³)	11 S_{IN} 無機窒素 (kmol-N/m³)	12 S_I 溶解性不活性成分 (kg-COD/m³)	反応速度式	スイッチング関数
1	微細化												$f_{sI,xc}$	F	
2	炭水化物の加水分解	1												F	
3	タンパク質の加水分解		1											F	
4	脂質の加水分解	$1-f_{fa,li}$		$f_{fa,li}$										F	
5	単糖類の取込み	-1				$(1-Y_{su})\cdot f_{bu,su}$	$(1-Y_{su})\cdot f_{pro,su}$	$(1-Y_{su})\cdot f_{ac,su}$	$(1-Y_{su})\cdot f_{h2,su}$		*	$-(Y_{su})N_{bac}$		M	pH, 栄養塩
6	アミノ酸の取込み		-1		$(1-Y_{aa})\cdot f_{va,aa}$	$(1-Y_{aa})\cdot f_{bu,aa}$	$(1-Y_{aa})\cdot f_{pro,aa}$	$(1-Y_{aa})\cdot f_{ac,aa}$	$(1-Y_{aa})\cdot f_{h2,aa}$		*	$N_{aa}-(Y_{su})N_{bac}$		M	pH, 栄養塩
7	高級脂肪酸の取込み			-1				$(1-Y_{fa})\cdot f_{ac,fa}$	$(1-Y_{fa})\cdot f_{h2,fa}$			$-(Y_{fa})N_{bac}$		M	pH, 栄養塩, H_2
8	吉草酸の取込み				-1		$(1-Y_{c4})\cdot f_{ac,fa}$	$(1-Y_{fa})\cdot f_{ac,fa}$	$(1-Y_{fa})\cdot f_{h2,fa}$			$-(Y_{c4})N_{bac}$		M	pH, 栄養塩, H_2, $S_{va}/(S_{bu}+S_{va})$
9	酪酸の取込み					-1						$-(Y_{c4})N_{bac}$		M	pH, 栄養塩, H_2, $S_{va}/(S_{bu}+S_{va})$
10	プロピオン酸の取込み						-1				*	$-(Y_{pro})N_{bac}$		M	pH, 栄養塩, H_2
11	酢酸の取込み							-1			*	$-(Y_{ac})N_{bac}$		M	pH, 栄養塩, NH_3
12	水素の取込み								-1		*	$-(Y_{h2})N_{bac}$		M	pH, 栄養塩
13	X_{su} の自己消化													F	
14	X_{aa} の自己消化													F	
15	X_{fa} の自己消化													F	
16	X_{c4} の自己消化													F	
17	X_{pro} の自己消化													F	
18	X_{ac} の自己消化													F	
19	X_{h2} の自己消化													F	

F：一次反応, M：Monod 型反応

* i = 1〜9 および 11〜24 で失われる TOC
N_{aa}：アミノ酸の N 含有率
N_{bac}：微生物の N 含有率

表 B.5 ADM1 の反応マップ (固形性成分)

(j) プロセス番号 → (i)	13	14	15	16	17	18	19	20	21	22	23	24	反応速度式	スイッチング関数
反応	X_c	X_{ch}	X_{pr}	X_{li}	X_{su}	X_{aa}	X_{fa}	X_{c4}	X_{pro}	X_{ac}	X_{h2}	X_I		
	有機固形物 (kg-COD/m³)	炭水化物 (kg-COD/m³)	タンパク質 (kg-COD/m³)	脂質 (kg-COD/m³)	単糖分解細菌 (kg-COD/m³)	アミノ酸分解細菌 (kg-COD/m³)	高級脂肪酸分解細菌 (kg-COD/m³)	吉草酸/酪酸分解細菌 (kg-COD/m³)	プロピオン酸分解細菌 (kg-COD/m³)	酢酸分解細菌 (kmol-C/m³)	水素分解細菌 (kmol-N/m³)	固形性不活性成分 (kg-COD/m³)		
1 微細化	-1	$f_{ch,xc}$	$f_{pr,xc}$	$f_{li,xc}$								$f_{I,xc}$	F	
2 炭水化物の加水分解		-1											F	
3 タンパク質の加水分解			-1										F	
4 脂質の加水分解				-1									F	
5 単糖類の取込み					Y_{su}								M	pH, 栄養塩
6 アミノ酸の取込み						Y_{aa}							M	pH, 栄養塩
7 高級脂肪酸の取込み							Y_{fa}						M	pH, 栄養塩, H_2
8 吉草酸の取込み								Y_{c4}					M	pH, 栄養塩, H_2, $S_{va}/(S_{bu}+S_{va})$
9 酪酸の取込み								Y_{c4}					M	pH, 栄養塩, H_2, $S_{bu}/(S_{bu}+S_{va})$
10 プロピオン酸の取込み									Y_{pro}				M	pH, 栄養塩, H_2
11 酢酸の取込み										Y_{ac}			M	pH, 栄養塩, NH_3
12 水素の取込み											Y_{h2}		M	pH, 栄養塩
13 X_{su} の自己消化	1				-1								F	
14 X_{aa} の自己消化	1					-1							F	
15 X_{fa} の自己消化	1						-1						F	
16 X_{c4} の自己消化	1							-1					F	
17 X_{pro} の自己消化	1								-1				F	
18 X_{ac} の自己消化	1									-1			F	
19 X_{h2} の自己消化	1										-1		F	

F: 一次反応, M: Monod 型反応

で表される．

$$V\frac{dX_B}{dt} = V \times r_{XB} - Q \times X_B \tag{B.5}$$

表-B.3は，微生物の代謝反応を考慮して，メタン発酵プロセスの反応をより詳細に表したものである．この反応では，7種類の状態変数と5種類の素プロセスから成り立つ．そして，第2章2.2で説明したADM1は，24種類の状態変数と38種類の素プロセスから成り立つ．このピーターソンマトリックスを**表-B.4**，**表-B.5**に示した．

これらのモデルの応答を計算することは，市販の表計算ソフトウェアを使うとかなり労力がかかるため，専用のシミュレータを用いることが多い．この種のシミュレータには，GPS-X®（Hysromantis Inc.），BIOWIN®（EnvironSim Associates Ltd.），WEST®（HEMMIS N.V.），SIMBA®（IFAK System GmbH）等がある[1]～[4]．いずれも操作方法やディスプレイの画面構成（グラフィカルユーザーインターフェース）はほとんど同じである．シミュレーションでは，連続・回分・間欠のいずれの原水投入モードも可能で，単段のメタン発酵リアクターのみならず，多段に槽が連結したプロセスであっても簡単に計算できる．また，プログラムに内蔵されているピーターソンマトリックスを編集して，ユーザー独自のモデルを作ることも可能なシミュレータもある．**図-B.4**は，GPS-X®を用いてADM1によるメタン発酵プロセスの応答を計算した一例である．

付B-2.4 パラメータの把握

メタン発酵プロセスに限らず，微生物の増殖には関わるパラメータの種類が多い．そのため，これらのパラメータの値を得るには，反応速度（メタン生成速度や酸素吸収速度等）のダイナミックな応答を測定して解析すると大変効率的である．回分培養の試験では，ガスの生成量を経時的に積算するBMP試験（biochemical methane production test）が広く用いられているが，これは実験で得られる情報量・質が速度テストよりも少ない．この理由は，反応速度に基づく試験では微分データを解釈するのに対して，BMP試験では積分データを用いるためである．これについて，活性汚泥の嫌気性消化において，同じ回分培養でBMP試験（メタン生成量）と反応速度試験（メタン生成速度）の応答を較べた例を**図-B.5**に示す[5]．

左のBMP試験で得られたグラフは，経時的に緩やかになるカーブであり，普通は，これを外挿して図の点線で図示したように最大のメタン生成量を推定する．そして，カーブの滑らかな形を一次反応（$=1-e^{-kt}$）で近似して速度定数を求めることもある．また，この実験では観察されていないが，培養初期にメタン発生の遅れが生じる場合は，これも解釈に用いることがある．BMP試験で得られる情報は，せいぜいこれら3種類だけである．

これに対して，右の反応速度試験では，メタン生成の微少な時間的変化（$=\Delta$メタン生成量$/\Delta t$）に着目するため，反応速度の変化が時間的に強調されたグラフになる．この例では，

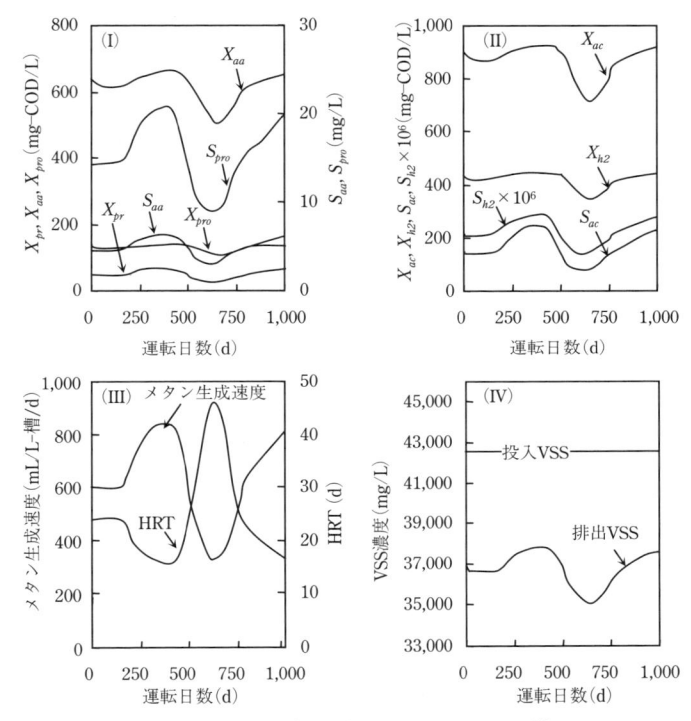

図-B.4 ADM1を用いたシミュレーションの例

(Ⅰ) X_{aa}:アミノ酸分解細菌,X_{pro}:プロピオン酸分解細菌,X_{pr}:タンパク質,S_{aa}:アミノ酸,S_{pro}:プロピオン酸

(Ⅱ) X_{ac}:酢酸資化性メタン生成細菌,X_{h2}:水素資化性メタン生成細菌,S_{ac}:酢酸,S_{h2}:水素

(Ⅲ) メタン生成速度:メタン発酵リアクター容積当りで1日に生成するメタン,HRT:メタン発酵リアクターの水理学的滞留時間

(Ⅳ) 投入VSS:メタン発酵リアクターに投入されたVSS成分の濃度,排出VSS:リアクターから排出されたVSS成分の濃度

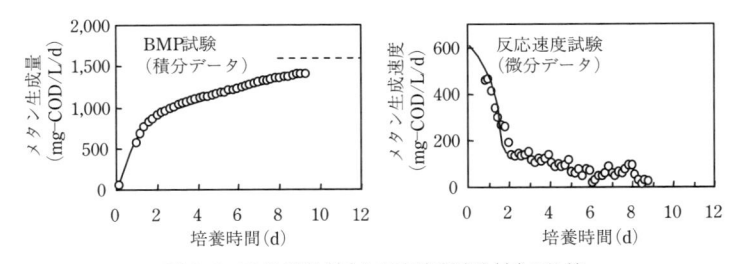

図-B.5 BMP試験(左)と反応速度試験(右)の比較
(11g-COD/Lの嫌気性消化の種汚泥に2.6g-COD/Lの活性汚泥を添加)[5]

244   付録B　メタン発酵の数学的アプローチ

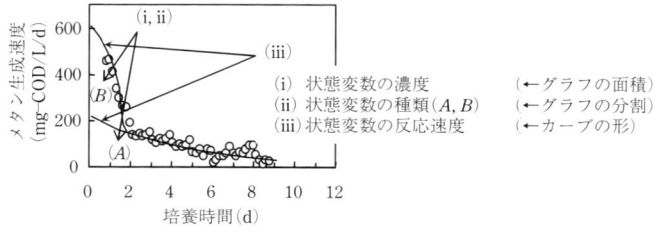

図-B.6　反応速度試験で得られる情報(その1)

(i) 状態変数の濃度　　　　(←グラフの面積)
(ii) 状態変数の種類(A, B)　(←グラフの分割)
(iii) 状態変数の反応速度　　(←カーブの形)

カーブは逆S字型を示し，明らかに分解は一次反応で進んでいないことがわかる．したがって，この場合は，活性汚泥の分解反応を一次反応とみなすことは不適切であって，BMP試験の不充分な情報量で近似した一次反応モデルは誤りである．これは，BMP試験のグラフではカーブの変曲点(凸凹)を目視で判別しにくかったことによるものである．

このようなことは，積分データのグラフにおいて一般的な特徴である．反応速度試験で得られる情報(ⅰ)～(ⅲ)を模式的に**図-B.6**に示した．まず，(ⅰ)に関しては，グラフの面積(mg–COD/L/d×d)は基本的にBMP試験のメタン発生量(mg–COD/L)と全く同じ情報である．そして(ⅱ)は，反応速度試験ではカーブの形を基に，目視で活性汚泥の成分を幾つかの状態変数の種類に分類できるヒントである．この例では，グラフの面積を(A)と(B)の2種類に構造化できそうに思える．ここで，活性汚泥の起源を想起すると，「カーブが一貫して滑らかに減少する(A)は活性汚泥中の細菌が自己消化している反応によるもので，一方の(B)は，活性汚泥に含まれる固形性の基質の分解によるものではないか」といった考察ができる．

このような着眼は，反応の解析において最も重要な点である．このように解析を進めていくと，(ⅲ)において，「そうであれば，(A)は一次反応の速度式で分解が進むはずで，また，(B)はContois式が適用できるかもしれない」というように，状態変数の反応速度を検討する段階にたどりつく．

反応速度の詳細な分析方法や解釈には，国際水協会による活性汚泥モデルに関わるテキストや，反応速度の簡易な解析方法を述べた優れた論文がある[6),7)]．メタン発酵に関する反応速度解析は，好気条件の活性汚泥と比べて検討事例は少ないものの，基本的な考え方は全く同じである．

図-B.7は，反応速度試験による状態変数の解析において，カーブ[レスピログラム(respirogram)]で注目するキーを図示したものである．1つのカーブであっても，豊富な情報が含まれている．そのため反応速度試験に習熟しないと解析に手間どるが，いったん慣れれば，プロセスの応答を直感的に把握できるようになる．

反応速度試験に用いる反応速度計は，市販されている[8)]．この装置の代表を模式的に**図-B.8**に示した．この反応速度計は，好気と嫌気の両条件に使えるよう作られており，①マグ

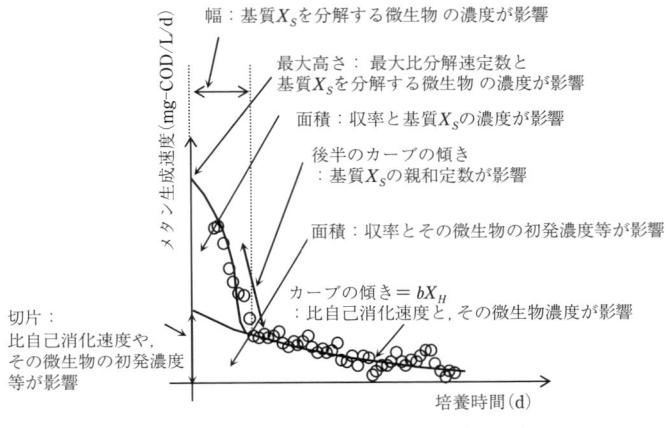

付 B-2 数学モデルの作成における留意点　　*245*

図-B.7 反応速度試験で得られる情報(その2)

図中ラベル:
- 幅：基質 X_S を分解する微生物の濃度が影響
- 最大高さ：最大比分解速定数と基質 X_S を分解する微生物の濃度が影響
- 面積：収率と基質 X_S の濃度が影響
- 後半のカーブの傾き：基質 X_S の親和定数が影響
- 面積：収率とその微生物の初発濃度等が影響
- カーブの傾き＝ bX_H ：比自己消化速度と，その微生物濃度が影響
- 切片：比自己消化速度や，その微生物の初発濃度等が影響
- 縦軸：メタン生成速度(mg-COD/L/d)
- 横軸：培養時間(d)

ネティックスターラで試験汚泥を撹拌する気密培養瓶，②メタンガスの発生・酸素ガスの吸収の検出器，③気泡の数を経時的に計数・記録する回路，④単位時間内に発生した気泡数を集計してガスの発生・吸収速度に演算する回路，の4つの機器から構成される[9]．

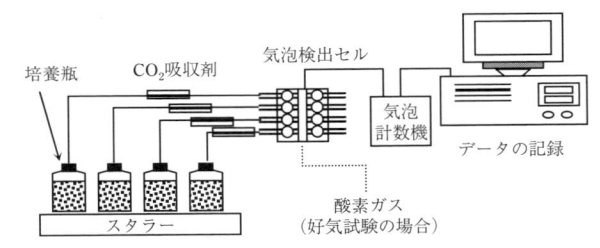

図-B.8 反応速度計の模式図(AER-8型)

(図中ラベル：培養瓶，CO_2 吸収剤，気泡検出セル，気泡計数機，データの記録，酸素ガス(好気試験の場合)，スターラー)

検出器は，シリコンオイルが満たされた細長い検出セルと光電管で出来ており，検出セル内をガスが上昇することで発生する気泡が光電管で検知される．メタンガスの発生を測定する試験では，ガスは，培養瓶から検出セルに向かって流れる．これに対し，好気の試験では酸素を外部から補給する必要があるため，酸素吸収に従って別に設置した酸素ボンベから検出セルを経由して培養瓶へ酸素ガスを送る．

培養瓶と検出セルの間には，微生物の呼吸によって生成する炭酸ガスを吸収するためのソーダライムを充填した小さなカラムが設けられており，これによってメタンあるいは酸素に由来するガスだけが気泡として検出される．

通常のデータ記録間隔は，レスピログラム取得完了までのプロット数を100～200程度になるようにすると整理しやすい．培養瓶の容量が大きいほどガスの反応量も増え，解析の精度が高くなる．メタン発酵プロセスの解析では，500～1,000 mL 程度の容量が適しているようである．また，気泡や気相の容積が分析精度に大きく影響するので，培養瓶は精密な恒温

槽に設置しなければならない．この温度制御は±0.2℃程度の精度であることが望ましい．

●(付録B)引用・参考文献

1) Hydromantis 社(2008)．www.hydromantis.com/
2) EnvironSim Associates 社(2008)．http://www.envirosim.com/
3) Hemmis 社(2008)．http://www.hemmis.com/
4) IFAK System 社(2008)．http://simba.ifak-md.de/simba/
5) 安井英斉，杉本美青，小松和也，ラジブゴエル，李玉友，野池達也(2005)．"活性汚泥モデルを用いた嫌気性消化加水分解過程における余剰汚泥の成分分画"，環境工学研究論文集，第42巻，pp.395-406.
6) Copp J. B., Spanjers H. and Vanrolleghem P. A. (2002). "Respirometry in Control of the Activated Sludge Process:Bechmarking Control Strategies", IWA Scientific and Technical report No.11, *IWA*, ISBN:1 900222 51 5
7) Kappeler J. and Gujer W. (1992). "Estimation of Kineic Parameters of Heterotorophic Biomass under Aerobic Conditions and Characterization of Wastewater for Activated Sludge Modelling", *Wat. Sci. Tech.*, Vol.25, No.6, pp.125-139.
8) テクニス社(2008)．http://www.technis.jp/products/analytical/pdf/kokyu.pdf
9) Young J. C., Kuss M. L. and Nelson M. A. (1991). "Use of Anaerobic Resipirometers for Measuring Gas production in Toxicity and Treatability Tests". *Proc. 84th Annual Meeting of Air and Waste Managemanet Association*, AWMA.

付録 C　メタン発酵の化学的アプローチ

付C-1　基質分解と細菌増殖の関係

　基質の分解反応と細菌の増殖反応は表裏一体で，式(C.1)のような関係がある．1ユニットの基質が1ユニットの細菌(菌体)によってvの速度で分解され，収率Yで菌体が合成される時，菌体は$Y \times v$の速度で増える．$Y \times v$は，1ユニットの細菌が増殖する速度を表すから，これを比増殖速度(specific growth rate)と呼び，μの記号を用いて表される．

$$Y \times v = \mu \tag{C.1}$$

　ここで，Y：菌体収率(g-菌体/g-基質)，v：比反応速度［菌体当りの基質分解速度(g-基質/g-菌体/d)］，μ：比増殖速度［菌体当りの増殖速度(g-菌体/g-菌体/d = d^{-1})］．

　μ(あるいはv)の値は，基質濃度で変化する．基質濃度が低いと細菌は基質を取込みにくくなるため，$\mu(v)$は低くなる．そして，基質濃度が高いと，$\mu(v)$は増加し，最終的には代謝の限界によって最大速度を示す．最大の$\mu(v)$を最大比増殖速度(最大比分解速度)といい，$\mu_{max}(v_{max})$の記号を用いる．

$$\mu = \mu_{max}\left(\frac{S}{K_S + S}\right) \tag{C.2}$$

　ここで，μ：比増殖速度(d^{-1})，μ_{max}：最大比増殖速度(d^{-1})，K_S：親和定数(mg/L)，S：基質(mg/L)．

　μの代表的な表現は式(C.2)に示したMonod型の関数(Monod式)であり，これを**図-C.1**に図示した[1]．Monod型の関数は，成分Sの濃度＝0の時に0を出力する．そして，成分濃度が低い範囲では，濃度にほぼ比例して出力値が増え，濃度が高くなるとμ_{max}に漸近する．この双曲線の性質は，菌体の増殖は基質濃度の低い条件では反応が遅くなり，基質濃度が高い条件では細菌自身の反応が律速になって速度の上限が生じる，と想起すれば容易に理解できる．式の分母にある親和定数K_Sの値は，グラフの曲率に影響し，$S=K_S$の濃度でμはμ_{max}のちょうど1/2に

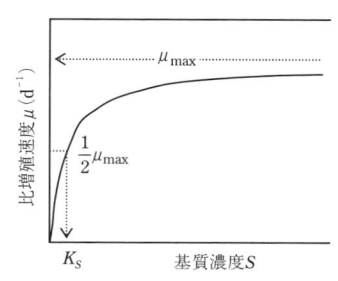

図-C.1　Monod型の速度式による基質濃度Sと比増殖速度μの関係

なる．Monod 型の速度式は，式(2.12)で示したように増殖反応の表現に用いられる．

したがって，比反応速度(菌体当りの基質分解速度)v は，Y，μ_{max}，K_S と S の関数であって，式(C.3)のとおりである．比反応速度の記号は，v の他に k が使われることもある．なお，酵素反応の表現に広く用いられる Michaelis-Menten 型反応式も，Monod 型と全く同じ双曲線関数で表される．ただし，Michaelis-Menten 型反応式が原料，酵素と産物の反応から導かれる理論式であることに対して，Monod 式は経験式なので両者は全く異なる．

$$v = \frac{1}{Y}\mu_{max}\left(\frac{S}{K_S+S}\right)$$
$$= v_{max}\left(\frac{S}{K_S+S}\right) \tag{C.3}$$

ここで，Y:菌体収率(g-菌体 /g-基質)，v:比反応速度[菌体当りの基質分解速度(g-基質 /g-菌体 /d)]，μ_{max}:最大比増殖速度(d^{-1})，K_S:親和定数(mg/L)，S:基質(mg/L)，v_{max}:最大比反応速度(g-基質 /g-菌体 /d)．

ところで，これらの速度表現は，増殖に必要な基質が S のみの1種類しかないと仮定して大幅に簡略化したものである．次に述べるように，菌体の増殖には N や P 等の栄養塩も基質に必要である．したがって，反応を詳しく表すと，それぞれの基質濃度関数 $f_{(XXX)}$ の積である式(C.4)，式(C.5))のようになる．なお，C 源が電子供与体にもなる基質では，式中の $f_{(C源濃度)}$ と $f_{(電子供与体濃度)}$ は重複するので片方だけでよい．

$$\mu = \text{最大比増殖速度(定数)} \times f_{(C源濃度)} \times f_{(電子供与体濃度)}$$
$$\times f_{(電子受容体濃度)} \times f_{(N源濃度)} \times f_{(P源濃度)} \times \cdots \tag{C.4}$$

$$v_{(XXX)} = 1/Y \times \text{最大比増殖速度(定数)} \times f_{(C源濃度)}$$
$$\times f_{(電子供与体濃度)} \times f_{(電子受容体濃度)} \times f_{(N源濃度)} \times f_{(P源濃度)} \times \cdots \tag{C.5}$$

ここで，$f_{(XXX)}$:基質 XXX の濃度に従って 0〜1 の範囲で値を出力する関数(例えば，Monod 型関数の括弧の項:$XXX/(K_{XXX}+XXX)$)．

増殖が Monod 型の場合，上の式はそれぞれ式(C.6)，式(C.7)になる．これらが $\mu(v)$ の一般的な表現である．

$$\mu = \mu_{max}\left(\frac{C}{K_C+C}\right)\left(\frac{D}{K_D+D}\right)\left(\frac{A}{K_A+A}\right)\left(\frac{N}{K_N+N}\right)\left(\frac{P}{K_P+P}\right)\cdots \tag{C.6}$$

$$v = v_{max}\left(\frac{C}{K_C+C}\right)\left(\frac{D}{K_D+D}\right)\left(\frac{A}{K_A+A}\right)\left(\frac{N}{K_N+N}\right)\left(\frac{P}{K_P+P}\right)\cdots$$
$$= \frac{1}{Y}\mu_{max}\left(\frac{C}{K_C+C}\right)\left(\frac{D}{K_D+D}\right)\left(\frac{A}{K_A+A}\right)\left(\frac{N}{K_N+N}\right)\left(\frac{P}{K_P+P}\right)\cdots \tag{C.7}$$

ここで，μ:比増殖速度(d^{-1})，μ_{max}:最大比増殖速度(g-菌体 /g-菌体 /d)，$K_{添字}$:親和定数(g/L)，C:C 源濃度(g/L)，D:電子供与体濃度(g/L)，A:電子受容体濃度(g/L)，

N: N源濃度 (g/L), P: P源濃度 (g/L), v: 比反応速度 (g-基質/g-菌体/d), v_{max}: 最大比反応速度 (g-基質/g-菌体/d).

なお，生ごみや下水汚泥を投入原料とするメタン発酵プロセスでは，原料に豊富な栄養塩類が含まれていることが多く，さらに，電子受容体には CO_2 をはじめとするリアクター中の発酵産物が使われる．このため，現実的には上の式で A, N, P ……は無視でき，菌体の増殖速度は C 源と阻害物の濃度で決まると考えてよい．

上で述べた反応は，すべて菌体1ユニット当りで表したものである．したがって，菌体が X ユニット存在するシステム（リアクター）においては，反応速度（増殖速度）は，X 倍になる．つまり，リアクター内の微生物濃度に反応速度（増殖速度）は比例する．このことを図-C.2と式(C.8)に示した．

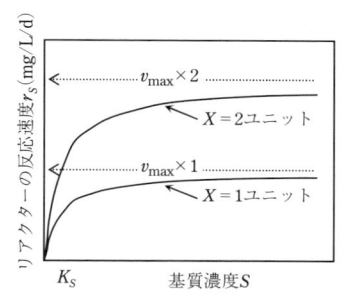

図-C.2 微生物濃度 X とリアクターにおける反応速度 r_s の関係

$$r_S = vX = \frac{1}{Y}\mu X \tag{C.8}$$

ここで，r_s: リアクターにおける基質の反応速度 (g-基質/L/d), v: 比反応速度 (g-基質/g-菌体/d), X: リアクターにおける微生物濃度 (g-菌体/L), Y: 菌体収率 (g-菌体/g-基質), μ: 比増殖速度 (d^{-1}).

図-C.3に，回分条件で細菌 X_H（初発濃度 $X_{H,ini}$）が基質 S（初発濃度 S_{ini}）を分解しながら増殖する典型的なパターンを模式的に示した．あるシステムにおいて，反応に阻害がなく S の濃度が充分に高ければ，細菌は，$v_{max} \times X_H$ の速度

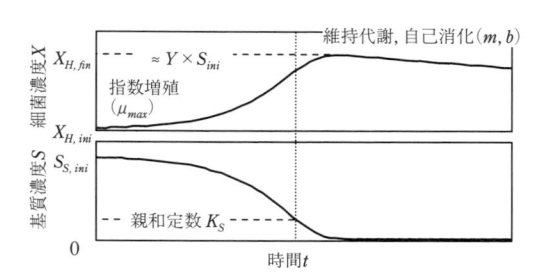

図-C.3 回分条件における典型的な細菌の増殖（上）と基質の分解（下）

で S を分解しながら同時に $\mu_{max} \times X_H$ の速度で増殖する．増殖によって X_H が指数的に増えていくから，反応速度も指数的に増大する．この状態は，式(C.9)で表される一次反応である．この範囲は，式(C.9)のように最大比増殖速度 μ_{max} ならびに収率 Y の2つの定数を有する指数関数で表現することができる．

$$\frac{dX_H}{dt} = \mu_{max}X_H, \quad -\frac{dS}{dt} = v_{max}X_H = \frac{1}{Y}\mu_{max}X_H \tag{C.9}$$

その後，システムの反応速度は，Sの濃度が親和定数K_Sの近辺に達した頃に緩やかになり始める．これは，Sの低下によってμが小さくなるためである．最終的なX_Hの濃度($X_{H,fin}$)は，原料である基質の初期値S_{ini}に収率Yを乗じた値である．その後のSの欠乏に伴い，システム内のX_Hは，細胞の維持代謝あるいは自己消化の反応によって次第に減少する．この範囲は，維持代謝速度定数m（あるいは自己消化定数b）を定数としたX_Hの一次反応で表現された関数である．

図中の2つのグラフ共，基質濃度がK_S近辺に達した時間でカーブが変曲する．グラフ中に縦の点線で図示したように，この時間の境に細菌増殖のカーブは凹→凸に変わり，同時に基質分解のカーブは凸→凹に変わる．

上のことから，化学的には，**表-C.1**のように生物反応に関わる基本的なパラメータを4種類に整理できる．これらを用いれば，細菌の増殖を数学的に表すことができる[2),3)]．排水・汚泥処理に関わる細菌は，化学物質である電子供与体(D)を酸化することで化学エネルギー（Gibbsエネルギー）を得る化学合成生物である．細菌は，これを用いてATPを合成する．そして，ATPのエネルギーを用いて様々なC源から自らの体を合成すると共に，劣化した細胞成分の維持代謝を行う．このため，細菌に関わる一連の反応を化学的に表す際には，電子供与体を基準にすることが適切である．これらパラメータの値は，電子供与体や細菌の種類によって，2桁ほど異なる[4)]．

表-C.1 菌の増殖反応における化学量論パラメータと動力学パラメータの典型的な範囲[4)]

パラメータの種類	典型的な範囲
化学量論パラメータ	
収率 Y(C-mol-菌体/C-mol-D)	$0.010 \sim 0.7$
維持代謝定数 m(C-mol-D/C-mol-菌体/h)	$0.01 \sim 3$
動力学パラメータ	
最大比増殖速度 μ_{max}(h^{-1})	$0.005 \sim 2$
親和定数 K_S(mol-D/L)	$10^{-6} \sim 10^{-3}$

収率：C源から菌体が生成する割合
維持代謝定数：劣化した細胞成分を補うために細菌が経時的に消費するC源の量
最大比増殖速度：最適条件下で細菌が増殖する速度
親和定数：最大比増殖速度の1/2を示す時の基質（電子供与体）濃度

表中，細菌を炭素基準のモル換算(C-mol-菌体)，電子供与体を炭素基準あるいは対応元素基準のモル換算(C-mol-D)，でそれぞれ表されていることに留意されたい．これは，化学的な視点で細菌の増殖を表現するためのものである[5)〜7)]．最近ではこれを発展させて，細菌の生成や電子供与体の酸化反応のみならず，O_2やNの消費，CO_2生成，発熱等といった微生物反応で重要な諸反応を網羅的に計算できる手法が工夫されている[2),4)]．

付C-2　菌体の元素組成

　生物学的排水処理・汚泥処理は，細菌を増殖させて原水（汚泥）の成分を菌体に転換する一連の化学反応と言い換えることができる．この過程で，様々な原水（汚泥）中の物質が分解され，一部は菌体の構成成分に変わる．これらの諸反応は，互いが密接に関連しているため，化学的な見地で反応を矛盾なく表すことは，反応を適切に考察するうえで大切である．そこで排水処理・汚泥処理における細菌増殖の反応を化学的に理解することを目的に，まず産物である菌体の典型的な組成を説明する．

　排水処理・汚泥処理では開放状態で生物反応を進めるため，様々な種類の細菌が同時に増殖する．通常のシステムでは，汚泥中に細菌，原生動物や微小な後生動物をはじめとする様々な微生物が観察されるが，反応の主体は細菌であって数が最も多い．菌体の組成は，処理対象の種類で多少異なるものの，排水処理・汚泥処理の活性汚泥では，おおむね**表-C.2**のような値が報告されている．

表-C.2　活性汚泥の主要元素組成

組成	1ユニット当りの分子量	1ユニット当りのCOD	C:H:O:N（重量%）	出典
$C_5H_7O_2N$	113	160	53.1:6.2:28.3:12.4	Hoover S.R. and Porgens N. (1952)[8]
$C_5H_9O_3N$	131	160	45.8:6.9:36.6:10.7	Speece R.E. and McCarty P.L. (1964)[9]
$C_5H_6O_2N$	114	168	53.6:5.4:28.6:12.5	Symons J.M. and McKinney R.E. (1958)[10]
$C_7H_{10}O_3N$	156	232	53.9:6.4:30.8:9.0	Sawyer C.N. (1956)[11]
$CH_{1.8}O_{0.5}N_{0.2}$	24.6	33.6	48.8:7.3:32.5:11.4	Roels (1983)[7]

　上表は，活性汚泥の主要元素を組成式（$C_nH_XO_YN_Z$）で表したもので，いずれの出典でも汚泥のおよそ50%はCであり，次いでOが30%，Nが10%ほどを占める．このため，どの組成式を使っても，考察に大きな違いを与えない．実際の考察では，活性汚泥の代表組成を$C_5H_7O_2N$あるいは$CH_{1.8}O_{0.5}N_{0.2}$と仮定することが多い[8],[12],[29]．環境工学分野では$C_5H_7O_2N$，生化学分野では$CH_{1.8}O_{0.5}N_{0.2}$がそれぞれ使われることが多いようである．

　実際の生物の体は，これら4元素に加えて灰分（P, S, K, Ca, Mg, Fe等）をわずかに含む．表には簡略化のために主要な4種類の元素（C, H, O, N）のみを示したが，厳密にはこれら灰分も菌体の組成に含めなければならない．これについて，下水処理の活性汚泥における元素組成の例と，産業排水の活性汚泥処理で細菌が増殖する時に要求する元素を調べた結果を，**表-C.3**，**表-C.4**にそれぞれ示した[13],[14]．排水処理・汚泥処理のシステムでは複雑な成分を処理することが多いので，これらの値は目安にとどまるが，P, S, K, Na, Ca, Mg, Fe等は増殖反応で特に重要な元素である．

表-C.3　下水処理施設における活性汚泥の元素組成を調べた例

元素	乾燥重量当りの%	元素	乾燥重量当りの%
C	50	K	1
O	20	Na	1
N	14	Ca	0.5
H	8	Mg	0.5
P	3	Cl	0.5
S	1	Fe	0.2
その他(Mn, Mo, Zn 等)			0.3

Eikelboom(1999)[13]

表-C.4　産業排水の活性汚泥処理で細菌が要求する元素を調べた例

元素	汚泥のC当りの重量%	元素	汚泥のC当りの重量%
N	13	Mg	0.8
P	2.5	Mo	0.11
Fe	3.0	Zn	0.04
Ca	1.6	Cu	0.03
K	1.1	Na	0.01

Grau(1991)を改変[14]

通常の活性汚泥にはPが1~2%ほど含まれるが,生物学的リン除去法が適用された活性汚泥ではかなり高くなる.また,汚泥滞留時間(SRT)が長い活性汚泥は,NやPの比率が低い傾向がある.これは,自己消化(decay)によって汚泥中の生きている細菌の比率が低下し,不活性な残渣が多くなるためである.典型的な不活性な残渣の元素組成として,$C=55.75\%$,$H=6\%$,$O=28\%$,$N=9.25\%$,$P=1\%$($CH_{1.3}O_{0.38}N_{0.14}P_{0.7}$)が与えられている[15].

一方,ある種の金属が不足するとメタン生成細菌の増殖・活性は低下することも知られている.既往の研究では,Fe,Cu,Se,Co,Mn,W,Ni,Mo,B,Zn等の添加がメタン生成細菌の増殖・活性が促すといわれている[16].このうち,Niはメタン発酵に関わる補酵素F_{430}の構成金属である.また,MgはATPの合成反応に必須な元素であり,CaやFeをはじめとする多価イオンは,微生物の必須元素のみならず,細菌の細胞外粘質物と結合して活性汚泥がフロックとなるために役立つ.

なお,汚泥の有機物を分析する場合,試料を600℃で強熱処理し,強熱前の風乾重量を差し引いて求めることが多い.しかしながら,この方法は,有機物が実際よりも5~6%ほど過小に測定されてしまう傾向がある.この原因は,強熱処理で微生物の灰分の一部が酸化されてしまい,風乾後で無機物の総重量が増えてしまうためである.これら酸化物(K_2O,MgO等)は,本来,微生物に存在しないので,各元素の正確な比率を把握するには別途の化学分析が必要である.また,このような強熱処理における誤差は,様々な無機固形物を含む試料で特に顕著になりやすい.そのため,メタン発酵プロセスのように無機固形物が析出しやすいシステムの汚泥組成を調べる際には,注意深い分析が必要である.

付C-3　酸化還元反応

　ATPを得るための化学エネルギーは，電子供与体と電子受容体の酸化還元反応から得られるGibbsエネルギーが源であり，熱エネルギーからではない．実際，C源の種類と検討の増殖反応に従ってGibbsエネルギーの変化量(ΔG)を計算すると，負の値になる．この分は，主に増殖のための仕事に使われたエネルギーである．このことから，生物の生存にとって，異化反応を通したGibbsエネルギーの確保が絶対的に必要であることが理解される．そして，進化の過程で細菌が多様な物質を同化に利用できるようになったことは，自然であることも頷ける．細菌の増殖にGibbsエネルギーの入力が必要ということは，細菌の増殖反応を的確に理解するために，物質収支のみならず熱力学法則に基づくエネルギー収支も考えなければならないことになる．そこで，前述した異化反応と同化反応を基に，**図-C.4**に増殖における全体反応を模式的にまとめた．

　図中，異化反応ではADPとリン酸からATPが生成し，同化反応ではATPがADPとリン酸に分解する．そこで，両者を併せた全体反応ではADP+リン酸とATPを両辺から消去できる．したがって，反応の入力はエネルギー源(電子供与体)，電子受

異化反応：エネルギーの生成と入力(酸化還元反応)
エネルギー源(電子供与体)+電子受容体+ADP+リン酸
　　└→ 酸化された電子供与体+還元された電子受容体+HCO_3^-+H_2O+H^+...
　　　　+ATP(ATPに固定されたGibbsエネルギー)
　　　　+散逸した熱エネルギー(反応熱)

同化反応：エネルギーの入力と消費(菌体の合成反応)
C源+N源...+ATP(エネルギー源)
　　└→ 菌体+ADP+リン酸+HCO_3^-+H_2O+H^+...
　　　　+散逸した化学エネルギー(Gibbsエネルギー)
　　　　+散逸した熱エネルギー(反応熱)

全体の反応
エネルギー源(電子供与体)+電子受容体
+C源+N源...
　　└→ 菌体+HCO_3^-+H_2O+H^+...
　　　　+酸化された電子供与体+還元された電子受容体
　　　　+散逸した化学エネルギー(Gibbsエネルギー)
　　　　+散逸した熱エネルギー(反応熱)

図-C.4　増殖の全体反応

容体，C源，N源……だけとなり，一方の出力は菌体，HCO_3^-，H_2O，H^+，散逸したエネルギー(Gibbsエネルギーと熱エネルギー)で表すことができる．また，(ADP+リン酸)と(ATP)を両辺から消去できることは，これらがエネルギーを受け渡しする媒介物質であることを意味している．

　したがって，微生物増殖における物質収支とエネルギー収支をまとめると式(*C.10*)のようになる．これは異化反応・同化反応を一般化したもので，さらに，生成のエンタルピー(熱)や反応に必要なGibbsエネルギーそれぞれの化学量論パラメータ(Y_{QX}, Y_{GX})によって表されている．収率Yの添字は，菌体X当りに対応する各成分の量を示す．これは，Y_{DX}は1C

-mol の X を生成するための電子供与体 D の量，Y_{GX} は 1 C-mol の X を生成するための Gibbs エネルギーの量，というように読む．1 C-mol の菌体が生成する時，$-1/Y_{DX}$[(C)-mol–D/C-mol] の電子供与体と $-1/Y_{AX}$[(C)-mol–A/C-mol] の電子供与体が使われ，その際に，$+1/Y_{QX}$(kJ) の熱と $+1/Y_{GX}$(kJ) の Gibbs エネルギーが発生する．この式には，細菌の同化反応に関わる H_2O，HCO_3^-，H^+ と N 源だけが含まれていて，リンや他の栄養塩は微量なので無視している．

$$\frac{1}{Y_{DX}}(C-) \text{mol 電子供与体} + \frac{1}{Y_{AX}} \text{mol 電子受容体} + (\cdots) \text{N 源} \to +1 C-\text{mol 菌体}$$
$$+ \frac{1}{Y_{QX}}(\text{熱}) + \frac{1}{Y_{GX}}(\text{Gibbs エネルギー}) + (\cdots) H_2O + (\cdots) HCO_3^- + (\cdots) H^+ \qquad (C.10)$$

この式で便利な点は，ただ一つの化学量論パラメータの値（いずれかの Y）がわかっていれば，直ちに反応を解けることである．なぜなら，微生物増殖の反応は酸化還元に基づいており，各パラメータは熱力学的に結びついているためである．反応の係数は，それぞれの収支（元素，電荷，Gibbs エネルギー，エンタルピー等）に基づく簡単な連立方程式から算出できる．

様々な物質について標準生成 Gibbs エネルギー [ΔG_f° (kJ/mol)] と標準生成エンタルピー [ΔH_f° (kJ/mol)] をまとめた章末の**別表-1** を基に，式($C.10$) を用いて，以下の微生物増殖反応を解いてみる[4]．

> 酵母（$S.\ cerevisiae$）がグルコース（$C_6H_{12}O_6$）とアンモニウムを基質として嫌気的にエタノール（C_2H_6O）を生成するエタノール発酵において，菌体収率 Y_{DX} が 0.14 C-mol–X/C-mol–D と測定されている時の全体反応を求める．

式($C.10$) のうち，C 源のグルコース，N 源，H^+，産物のエタノール，H_2O，HCO_3^- と菌体に着目して，それぞれの係数を未知数 $a \sim f$ として物質の収支式を作ると，式($C.11$) のようになる．

$$fC_6H_{12}O_6 + aNH_4^+ + bH^+ + cC_2H_6O + dH_2O + eHCO_3^-$$
$$+ 1CH_{1.8}O_{0.5}N_{0.2} = 0 \qquad (C.11)$$

Y_{DX} が 0.14 C-mol–X/C-mol–D ということは，1 C-mol の菌体の増加において，グルコースの C で 7.14 mol が使われることを意味する（$1/Y_{DX}$ = 7.14 C-mol–D/C-mol–X）．また，1 mol のグルコースには C が 6 mol 含まれるので，反応したグルコースは 1.19 mol と解ける（= 7.14/6）．これは系から失われるので，$f = -1.19$ となる．次に，それぞれの物質・電荷に着目して収支を作成する．これは以下のように 5 つの式で構成される簡単な連立方程式になる．この連立方程式に $f = -1.19$ を代入して，5 つの未知数の a, b, c, d, e を解くと，式($C.12$) が得られる．

C 収支　　：$6 \times (-1.19) + 2c + e + 1 = 0$

H 収支　　：$12 \times (-1.19) + 4a + b + 6c + 2d + e + 1.8 = 0$

O 収支　　：$6 \times (-1.19) + c + d + 3e + 0.5 = 0$

N 収支　　：$a + 0.2 = 0$

電荷収支：$a + b - e = 0$

$$-1.19 C_6H_{12}O_6 - 0.2 NH_4^+ + 2.28 H^+ + 2.03 C_2H_6O$$
$$-1.63 H_2O + 2.08 HCO_3^- + 1 CH_{1.8}O_{0.5}N_{0.2} = 0 \tag{C.12}$$

Gibbs エネルギーの値は，それぞれの物質の ΔG_f° を**別表-1**から選び，式 (C.12) に代入して得る．代入して得た式 (C.13) から，この反応で菌体 1 C-mol の増殖に必要な Gibbs エネルギーは 253.5 kJ/C-mol と解ける．

同様に，エンタルピーもそれぞれの物質の ΔH_f° を**別表-1**から選び，式 (C.14) に代入して求める．これによって変化したエンタルピーは 118.1 kJ/C-mol と解ける．この値は，菌体 1 C-mol が増殖する際の発酵熱である．

$$-1.19(-917.22) - 0.2(-79.37) - 2.28(-39.87) - 2.03(-181.75)$$
$$-1.63(-237.18) + 2.08(-586.85) + 1(-67) + \text{Gibbs エネルギー} = 0 \tag{C.13}$$

∴ 増殖に必要な Gibbs エネルギー $= 253.5$ kJ/C$-$mol

$$-1.19(-1,264) - 0.2(-133) - 2.28(0) - 2.03(-288)$$
$$-1.63(-286) + 2.08(-692) + 1(-91) + \text{エンタルピー} = 0 \tag{C.14}$$

∴ 増殖で発生する熱 $= 118.1$ kJ/C$-$mol

したがって，この増殖反応の全体収支は，式 (C.15) のとおりになる．

$$-1.19 C_6H_{12}O_6 - 0.2 NH_4^+ + 2.28 H^+ + 2.03 C_2H_6O$$
$$-1.63 H_2O + 2.08 HCO_3^- + 1 CH_{1.8}O_{0.5}N_{0.2}$$
$$+ 253.5 \text{ kJ}(\text{散逸した Gibbs エネルギー}) + 118.1 \text{ kJ}(\text{散逸した熱}) = 0 \tag{C.15}$$

付 C-4　菌体の生成

電子供与体と電子受容体の組合せが細菌の代謝によって異なることは前述のとおりである．多くの細菌は，N 源に NH_4^+ を用いるが，NO_3^- や N_2 等を使う細菌もある．また，同化反応で必要とされる Gibbs エネルギーの量は，C 源の種類によって大きく異なる．例えば，CO_2 から菌体を合成する方が有機物から合成するよりも多くのエネルギーが必要である．しかしながら，いったん収率を知ることさえできれば，複雑に見える反応であっても式 (C.10) を使って窒素や炭酸根の必要量，発酵産物の量（好気条件では O_2 の要求量），CO_2 の

発生量や発熱量等，細菌の増殖に関する一切の物質・エネルギー収支を計算できる．収率は実測することもできるが，Heijnnen *et al.* が示した熱力学の考え方に基づいて，おおまかな値を推定することも可能である[4]．この推定法は大変有用であるのでここで紹介する．

付C-4.1 最大収率の理論

Gibbs エネルギーを基準とした最大収率の逆数（$1/Y_{GX}^m$）は，1 C-mol の菌体を生成するために最低限必要な Gibbs エネルギーと定義される．これについて，Heijnnen *et al.*(1992)は，以下のように考えている[2]．

① C 源の種類によって，$1/Y_{GX}^m$ は異なる（細菌に同化されにくい C 源であるほど菌体の合成に多くのエネルギーが必要とされ，同化されやすい C 源であれば，少ないエネルギーで済む）．

② 細菌や電子受容体の種類で $1/Y_{GX}^m$ は多少変わるが，C 源の影響がはるかに大きいとみなす．

③ 例外的な代謝経路を除き，酸化還元反応から得られる ATP の量は，得られる Gibbs エネルギーの量に比例するとみなす（一定量の Gibbs エネルギーから一定量の ATP が生成し，これが菌体合成に用いられる）．

有機栄養細菌において，1 C-mol の菌体を生成するために最低限必要な Gibbs エネルギー（$1/Y_{GX}^m$）を Heijnnen *et al.* が実験式に整理した結果を式(*C.16*)に示す．これによれば，C 源，細菌と電子受容体の種類に関わらず，$1/Y_{GX}^m$ は C 源の C 原子の数と還元度（γ）によってほぼ決まるようである[4]．還元度の定義は，本項の終わりで述べる．

$$\frac{1}{Y_{GX}^m} = 200 + 18(6-C)^{1.8} + \exp[\{(3.8-\gamma)^2\}^{1.6}(3.6+0.4C)] \tag{C.16}$$

ここで，$1/Y_{GX}^m$：1 C-mol の菌体 X を生成するために最低限必要な Gibbs エネルギー（kJ/C-mol），C：C 源 1 分子当りの炭素数 (-)，γ：電子供与体 D（C 源）の還元度（mol-e^-/mol-D）．

C 源の炭素数と還元度で Y_{GX}^m が決まる理由には，以下の仮説が考えられており，実験結果の特徴（① γ が 4 近辺で $1/Y_{GX}^m$ が最低となる，② C_4 や C_6 の化合物では C が少ないものよりも $1/Y_{GX}^m$ が低い）を説明している．

① C 源の還元度（γ）の影響（例えば，CO_2 では $\gamma=0$，グルコースでは $\gamma=4$，CH_4 では $\gamma=8$）：菌体の C が有する還元度 γ（およそ 4）に近い C 源であれば，菌体の合成によけいな Gibbs エネルギーが必要とされず，収率が高くなる．

② C 原子の数（例えば，CO_2 では $C=1$，グルコースでは $C=6$）の影響：菌体の有機物は，たいていが $C_4 \sim C_6$ 程度のモノマーから構成されている．そのため，C 源の C 原子数がこれに近ければ，少ない Gibbs エネルギー（高い収率）で菌体を合成できる．

次に，無機物を増殖の C 源・エネルギー源とする無機栄養細菌における $1/Y_{GX}^m$ について，Heijnnen et al. が同様に実験式に整理した結果を式 (C.17)，式 (C.18) にそれぞれ示す[4]．$1/Y_{GX}^m$ は，異化反応で電子逆流を有する代謝 (RET, reversed electron transport) を行う細菌で大きくなる．電子逆流は，NADH によって CO_2 を還元して菌体を合成するために，酸化還元反応において基質とする電子供与体よりも電位が低い NAD^+ へ電子を逆輸送させる反応である．この例には，アンモニア酸化細菌によるアンモニアの酸化，鉄細菌による第一鉄イオン (Fe^{2+}) や硫化物 (HS^-) の酸化等が知られている．電子逆流がある場合の実測の $1/Y_{GX}^m$ は，電子供与体 D 基準でおおむね 2,900〜4,600 kJ/mol-D の範囲なので，平均的な値をとって式 (C.17) のように 3,500 kJ/mol-D と見積もられている．また，電子逆流の無い代謝（例えば，水素資化性メタン生成細菌が CO_2 を C 源して増殖する反応）における $1/Y_{GX}^m$ は，これと同様な考えで平均的な値を用いて，式 (C.18) のとおり 1,000 kJ/mol-D と見積もられている．電子逆流のない基質の方が，より少ない Gibbs エネルギーで菌体を合成できる．

電子逆流あり： $\dfrac{1}{Y_{GX}^m} = 3,500 \, (\text{kJ/mol-}D)$ (C.17)

電子逆流なし： $\dfrac{1}{Y_{GX}^m} = 1,000 \, (\text{kJ/mol-}D)$ (C.18)

Gibbs エネルギーを基準とした菌体の収率 Y_{GX} について，より一般的に使われている基質の mol 基準とした菌体収率 Y_{DX} (C-mol/C-mol) に換算し直し，実測で調べた最大収率 Y_{DX}^m と前述の実験式で求めた理論値を比較した結果が図-C.5 である．0.01〜0.7 C-mol/C-mol の幅広い範囲について，実験式は，実際の収率をかなり高い精度で予測できている．

また，図-C.6 は，CO_2 やグルコース等の様々な C 源から菌体が生成する際に必要とさ

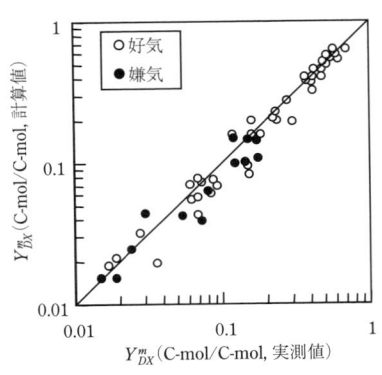

図-C.5 実測で得た最大収率と実験式で計算した値の比較[4]

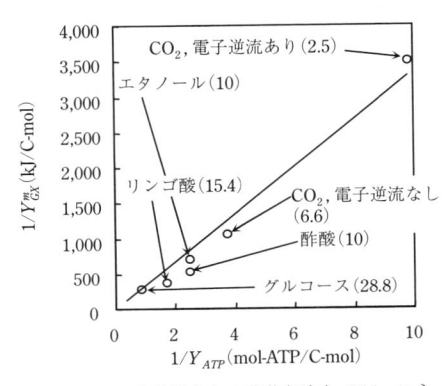

図-C.6 ATP を基準とした菌体収率と Gibbs エネルギーを基準にした菌体収率の比較[2] グラフの数値は，1mol の ATP で生成できる菌体の重量（グラム）を示す

るATP量とGibbsエネルギーの量を比較したものである．1 C-molの菌体を得るためにATPが多量に必要とされるC源であるほど，同化に必要なGibbsエネルギーも多くなることはグラフから明らかである．このことは，同化されにくいC源であるほど，菌体の生成に多量のGibbsエネルギーが必要であることを意味している．また，直線上から離れたプロットの微生物反応では，①異化反応でATPの生成効率が他の代謝と異なる，②同化反応で菌体の生成効率が他と異なる，ことを考えてもよい．

還元度とは，酸化還元反応において，1 molの化合物が有する有効に働く電子のmol数(mol-e^-/mol)として定義される．化合物の還元度を求めるには，表-C.5を用いる．例えば，グルコース($C_6H_{12}O_6$)が電子供与体に使われる時，1 C-mol当りの還元度は，$\{(+4)\times 6+(+1)\times 12+(-2)\times 6\}\div 6=4$と計算される．また，アンモニウム($NH_4^+$)の酸化では，アンモニウム1 mol当りの還元度は，$\{(+5)\times 1+(+1)\times 4+(-1)\times 1\}\div 1=8$と計算される．一方，産物である菌体では，N源の種類で還元度が異なる．アンモニウムをN源とした場合，菌体($CH_{1.8}O_{0.5}N_{0.2}$)の還元度は，$4.2[=(+4)\times 1+(+1)\times 1.8+(-2)\times 0.5+(-3)\times 0.2]$となる．また菌体組成で$C_5H_7O_2N$を用いると，C当りで$\gamma=4.0$となる．

表-C.5 代表的元素の還元度

原子・電荷	原子当りの還元度
C	+4
H	+1
O	-2
N	+5
	-3*
	0**
	+5***
電荷+1	-1
電荷-1	+1
S	+6
P	+5

*：NH_4^+あるいはNH_3をN源とした時の菌体のN
**：N_2をN源とした時の菌体のN
***：NO_3^-あるいはHNO_3をN源とした時の菌体のN

また，この表を使えば，対象の化合物を完全に酸化させる時に必要な酸素の量やCODを直ちに計算できる．化合物の1 mol当りの還元度をO原子の還元度-2で除して-1を乗じれば，その化合物を完全に酸化させるために必要な酸素のモル数と等しくなる．

例えば，アンモニウムイオンが硝酸イオンに酸化される$NH_4^++2O_2\rightarrow 2H^++NO_3^-+H_2O$の反応では，アンモニウムの還元度は前述のように+8である．これを酸素原子の還元度-2で除し，絶対値を得るために-1を乗じれば，反応で必要な酸素の原子数4が得られる．また，還元度に定数8 g/molを乗じれば，その化合物1 molの理論的酸素要求量（COD）になる．これは，1ユニットのγが1ユニットの[H]と等しいためである（$[H]+(1/4)O_2$, ∴ [H]のCOD=8）．また，表-C.5に示したとおり1 molのO_2は，還元度が-4であり，CODとして-32 gになる．なお，還元度の収支は，右辺と左辺で必ず等しくなることにも留意されたい．上の硝化反応では，左辺は+8-8=0，右辺は0+0+0=0となり，いずれも0である．

これまで述べてきた例として，酢酸資化性メタン生成細菌（有機栄養）について，以下のよ

うに理論的に求めた最大収率 Y_{DX}^m を実測値と比較検討してみる．

> 酢酸資化性メタン生成細菌が酢酸とアンモニウムを基質としてメタンを生成する際に最低限必要な Gibbs エネルギー（$1/Y_{GX}^m$）をまず推定し，次に，これを使って菌体収率 Y_{DX}^m を求める．そして，実測された *Methanothrix soehngenii* の収率（0.024 C–mol–X/C–mol–D）と比較する[2]．

酢酸イオン（$C_2H_3O_2^-$）の C 原子の数は 2 であり，1 C–mol 当りの還元度 γ は $4[=\{2(+4)+3(+1)+2(-2)+1(+1)\}/2]$ なので，式（C.16）を用いて $1/Y_{GX}^m=432$ kJ/C–mol が直ちに得られる．そして，この時の増殖反応は，$(Y_{DX}^m)^{-1}(C_2H_3O_2^-)+aNH_4^++bH^++cCH_4+dH_2O+eHCO_3^-+1CH_{1.8}O_{0.5}N_{0.2}=0$ なので，元素収支と共に**別表–1** からそれぞれの物質の ΔG_f° を選んで，Gibbs エネルギー収支 $[(Y_{DX}^m)^{-1}(-369.41)+a(-79.37)+b(-39.87)+c(-50.75)+d(-237.18)+e(-586.85)+1(-67)+432=0)]$ をつくれば，Y_{DX}^m ならびに係数 a, b, c, d, e が求められる．この答は式（C.19）のとおりである．

$$-15.41C_2H_3O_2^- - 0.2NH_4^+ + 0.275H^+ + 14.88CH_4 - 14.48H_2O$$
$$+14.93HCO_3^- + 1CH_{1.8}O_{0.5}N_{0.2} \quad\quad (C.19)$$
$$+432 \text{ kJ（散逸した Gibbs エネルギー）}-116.2 \text{ kJ（散逸した熱）}=0$$

上式より，$Y_{DX}^m=0.032$ C–mol–X/C–mol–D が得られる $[=1/(15.41\times 2)]$．これは実測値の 0.024 と 30 %ほどしか変わらない．また，Y_{DX}^m は COD 基準の収率に換算すると 0.034 g–COD/g–COD であるが，これは，ADM1 の作成に当たって調査された文献値の範囲（$Y=0.014\sim 0.076$）の中間的な値である[17),18)]．なお，式（C.19）にはエンタルピー変化も示したが，散逸した熱の値はマイナスで，酢酸からのメタン生成は吸熱反応である．

付C–4.2　維持代謝反応の理論

収率の概念を用いて生物反応の収支を得られることは前に述べたとおりである．しかしながら，ここで留意する点は，システムの安定や処理水質を保つために比増殖速度 μ を最大値の μ_{max} より低く制御する実際の運転条件では，菌体の収率は前項で示した最大収率から大きく低下し，乖離していくことである．このことを模式的に**図–C.7** に示した．実際の生物学的排水処理・汚泥処理プロセスは比増殖速度がかなり低い条件で運転される場合が多いので，見かけの収率（Y_{DX}^a）は最大収率

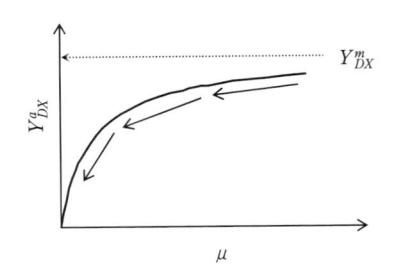

図–C.7　比増殖速度と見かけの収率 Y_{DX}^a の関係

(Y_{DX}^m)よりもかなり低くなる.ここでは,比増殖速度が低い条件で収率が低くなる理由と,見かけの収率の求め方について説明する.

細菌の体を構成するタンパク質をはじめとするポリマーは,きわめて緩やかながらも,次第に変性する熱力学的特徴がある.また,細菌の細胞膜は Na^+ や K^+ 等の物質を細胞の内外に移送する機能を持つが,これも次第に劣化する.細菌は生存のために,これらを微量の Gibbs エネルギーを用いて修復する.比増殖速度が低い条件とはシステムに存在する菌体の量が新たに生成する菌体よりも相対的に多いことを指すから,収率が低下する現象は,次の2つの考え方で説明できる[19)~21)].

① 維持代謝の反応:外部の電子供与体の大部分が修復のエネルギー源に用いられるため,菌体の量があまり増加しない.

② 自己消化の反応:菌体自身の構成成分が電子供与体として修復のエネルギー源に使われるため,菌体が「痩せる」.

① 維持代謝の反応の考え方は,増殖にも用いられる外部の基質(電子供与体)の一部が菌体の修復のための Gibbs エネルギー源にあてられるとするものである.これに対して,② 自己消化による反応の考え方は,細菌自身の体の一部が異化代謝され,Gibbs エネルギーの獲得に使われるとするものである.

維持代謝の反応で,収率 Y_{DX} と比増殖速度 μ の関係について維持代謝定数 m_D を使って表すと式(C.20)のようになる.また,自己消化の反応で,自己消化定数 b を使って表すと式(C.21)のようになる.どちらの考え方を使っても図-C.7のように,Y_{DX} は,μ が充分に大きいと Y_{DX}^m に漸近し,μ が小さくなると 0 に漸近する双曲線の性質を有する.細胞内の詳細な反応をひとまずおくと,巨視的な視点では $b = Y_{DX}^m m_D$ になる.そのため,2つの考え方のどちらを使っても,同じ環境条件では見かけの収率は同じになる.そこで,以降では式の構造が比較的単純な式(C.20)を用いて収率の説明を進めることにする.

$$\frac{1}{Y_{DX}^a} = \frac{1}{Y_{DX}^m} + \frac{m_D}{\mu} \tag{C.20}$$

$$\frac{1}{Y_{DX}^a} = \frac{1}{Y_{DX}^m} + \frac{1}{Y_{DX}^m}\frac{b}{\mu} \tag{C.21}$$

見かけ収率の逆数($1/Y_{GX}^a$:1 C-mol の菌体を合成するために見かけ上必要な Gibbs エネルギー)は,**付 C-3** で式(C.10)の全体反応から容易に導くことができる.例えば,式(C.13)で計算したグルコースのエタノール発酵反応における $1/Y_{GX}$ は,253.5 kJ/C-mol–X であった(本来は $1/Y_{GX}^m$ と表すべきである).一方,見かけ収率は,式(C.20)で示したように維持代謝が関わるので,生物反応で消費される Gibbs エネルギーは,① 増殖に使われるエネルギーと ② 維持代謝に使われるエネルギーの2種類に整理できる.これは,式(C.22)のように整理される.

$$\frac{1}{Y_{GX}^a} = \frac{1}{Y_{GX}^m} + \frac{m_G}{\mu} \qquad (C.22)$$

菌体当りに必要とされる　　新しい菌体の合成に　　菌体の維持代謝に
Gibbsエネルギーの合計　　必要なGibbsエネルギー　必要なGibbsエネルギー

この中で，比増殖速度 μ は生物処理システムの運転条件であり，システムの運転者によって任意に決めることができる．したがって，Y_{GX}^m と m_G を把握できさえすれば，Y_{GX}^a の値を求めることができる．そして，これによって元素基準で反応の物質収支（例えば，菌体収率 Y_{DX}）を求められる．

菌体 1 C-mol が単位時間当りに必要な維持代謝エネルギーをまとめたグラフを図-C.8 に示した．これは，5～75℃の範囲で，様々な細菌と電子供与体の種類における維持代謝定数 m_G と温度の関係を整理した結果である[3]．維持代謝定数 m_G は，温度の影響を強く受ける．この理由は，環境の温度が高いと菌体を構成する成分の劣化が早まるため，維持代謝に必要なエネルギーも多くなること，劣化した細菌の構成成分（タンパク質や細胞膜）を修復する反応は，主に Gibbs エネルギーに依存すること，等によるものと考えられる．また，この関係は，電子供与体や電子受容体の種類（有機物，無機物）と細菌の種類にあまり影響を受けないようである．

そこで，このグラフでプロットした温度と維持代謝エネルギーのデータを一つの実験式に単純化して表すと，式（C.23）のようになる．維持代謝定数 m_G を対数で表し，温度についてプロットするとほぼ同一の直線に乗る．これは，細菌の維持代謝定数 m_G が温度について，おおむね 69 kJ/mol の活性化エネルギーを有するアレニウス型（Arrhenius-type）の温度依存性を持つことを意味する．

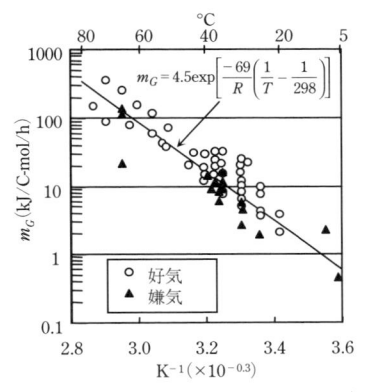

図-C.8 維持代謝定数 m_G と温度の関係[3]
（○：好気条件，▲：嫌気条件，
R：ガス定数 = 0.0083145 kJ/mol/K）

このことから，ある比増殖速度で運転されている生物処理システムにおいて，Gibbs エネルギー基準の見かけの収率 Y_{GX}^a は，最大収率の実験式である前述の式（C.16）と維持代謝の実験式である式（C.23）を合わせることで表現できることになる．有機栄養細菌の場合は，式（C.24）のようになる．

$$m_G = 4.5 \exp\left[\frac{-69}{R}\left(\frac{1}{T} - \frac{1}{298}\right)\right] \text{(kJ/C-mol/h)} \qquad (C.23)$$

ここで，m_G：維持代謝定数（kJ/C-mol/h），4.5：定数（kJ/C-mol/h），R：ガス定数

(0.0083415 kJ/mol/K), T:ケルビン温度(K).

$$\frac{1}{Y_{GX}^a} = 200 + 18(6-C)^{1.8} + \exp[\{(3.8-\gamma)^2\}^{1.6}(3.6+0.4C)]$$
$$+ \frac{4.5\exp\left[\dfrac{-69}{R}\left(\dfrac{1}{T}-\dfrac{1}{298}\right)\right]}{\mu} \text{(kJ/C-mol)} \qquad (C.24)$$

ここで,Y_{GX}^a:Gibbsエネルギー当りに生成する菌体の見かけの収率(C-mol/kJ),C:C源1分子当りの炭素数(-),γ:電子供与体D(C源)の還元度(mol-e$^-$/mol-D),R:ガス定数(0.0083415 kJ/mol/K),T:ケルビン温度(K),μ:比増殖速度(h^{-1}).

付C-4.3 最大比増殖速度と親和定数の理論

最大比増殖速度$\mu_{\max}$は,最適環境条件下で細菌の代謝が律速した時の増殖速度である.この律速段階は,原理的には図-C.9に模式的に示した3箇所で起こり得る.

第一に考えられる律速段階は,菌体への基質の取込みである.これは,基質の拡散や濃度輸送の速度で定まる.第二は菌体の合成反応段階(同化反応)である.この段階は,タンパク質を合成する役割を持つリボゾームの反応速度で主に定まる.そして第三は,Gibbsエネ

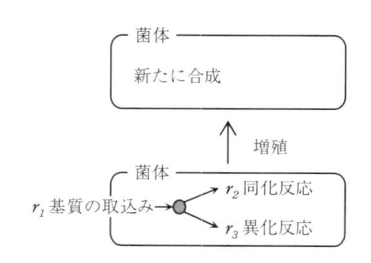

図-C.9 可能性のある増殖速度の律速段階(r_1,r_2,r_3)の図示[4]

ルギーを得るための異化反応である.この律速は,[H]や電子e$^-$の移動速度(酸化還元の反応速度)で主に定まることになる.実際の細菌でどの段階が律速になっているか確実に明らかになっているわけではない.しかしながら,大腸菌に様々な基質を与えて異化反応速度を調べると,どれでも同じ程度の値になることが報告されている[22].このことは,第三が律速反応であることを示唆している.このように考えて,[H]や電子e$^-$の移動速度と1 C-molの菌体の最大合成速度(最大比増殖速度)を関連づけた仮説の式が式(C.25)である[4].

$$\mu_{\max} = \frac{[3(-\Delta G_{CAT})/\gamma - 4.5]}{1/Y_{GX}^m} \exp\left[\frac{-69}{R}\left(\frac{1}{T}-\frac{1}{298}\right)\right] \qquad (C.25)$$

ここで,$\mu_{\max}$:細菌の最大比増殖速度(h^{-1}),$-\Delta G_{CAT}$:異化反応で1 molの電子供与体から生成するGibbsエネルギー(kJ/mol-D),γ:1 molの電子供与体で有効に働く電子のmol数(mol-e$^-$/mol-D,=還元度),$1/Y_{GX}^m$:1 C-molの菌体を合成するために最低限必要なGibbsエネルギー(kJ/C-mol),定数=3:異化代謝経路において,1 C-mol

の菌体当りで 1 mol の電子が流れる速度定数(mol-e⁻/C-mol/h), R: ガス定数 (0.0083415 kJ/mol/K), 定数 = 4.5:1 C-mol の菌体を維持するために単位時間で消費される電子の量(mol-e⁻/C-mol/h), T: ケルビン温度(K), ($\Delta G_{CAT}/\gamma$ は, 電子受容体で有効に働く電子 1 mol が有する Gibbs エネルギーを示す).

この式を用いて, 最大比増殖速度 μ_{max} を理論的に計算し, 既往の文献で報告された実測値と比較した結果を**表-C.6** に示した. 計算の μ_{max} は, 純粋培養によって最大比増殖速度を求めた実測値とオーダーで一致している. もちろん, 現実には μ_{max} は細菌の種や代謝経路 (呼吸・発酵) でかなり異なるため, この式を直ちに μ_{max} の定量的な予測に用いることは論理的でない. しかしながら, この試算で得られた値が現実と近いことは, 原理的に細菌の増殖反応が異化反応に強く支配されていることを示唆している.

表-C.6 最大比増殖速度 μ_{max} の理論計算値と実測値の比較

	$-\Delta G_{CAT}/\gamma$ (kJ/mol-e⁻)	$1/Y^m_{GX}$ (kJ/C-mol)	μ_{max} (h⁻¹) 理論計算値	μ_{max} (h⁻¹) 実測値*
グルコースの好気分解(呼吸)	118.5	236	1.5	0.2〜2.6[a]
酢酸の好気分解(呼吸)	105.5	432	0.7	0.62[b]
酢酸からのメタン生成(呼吸?)	3.87	432	0.015	0.08[c]
グルコースからのエタノール発酵	9.39	236	0.10	0.5[d]
アンモニアの硝化(呼吸)	45.8	3,500	0.04	0.02[e]

*:式(C.25)により 25 ℃ の条件に外挿, [a]:様々な細菌[23),24], [b]:*Acinetobacter* sp.[25], [c]:*Methanosarcina* sp.[26], [d]:*S. cerevisiae*[21),22], [e]:*Nitrosomonas* sp.[27] = 0.027h⁻¹, [d]:*Nitrobacter* sp.[28] = 0.021h⁻¹

一方, 親和定数の値を予想することは, 最大比増殖速度を考察する以上に難しい問題である. 細菌の種類によっては, 基質を能動輸送するものもあるし, 細胞への拡散によって基質を取り込むものもある. また, フロックを形成する細菌では, フロック自体の物理的な抵抗が親和定数に影響する. そのため, 現時点では, 様々な細菌で妥当な親和定数を導く理論は確立していない.

別表 1 代表的な物質の組成式，標準生成 Gibbs エネルギーと標準生成エンタルピーのリスト[29]

物質	組成	標準生成 Gibbs エネルギー (ΔG_f°, kJ/mol)*	標準生成エンタルピー (ΔH_f°, kJ/mol)*
Biomass	$CH_{1.8}O_{0.5}N_{0.2}$	−67	−91
Water	H_2O	−237.18	−286
Bicarbonate	HCO_3^-	−586.85	−692
$CO_2(g)$	CO_2	−394.359	−394.1
Ammonium	NH_4^+	−79.37	−133
Proton	H^+	−39.87	0
$O_2(g)$	O_2	0	0
Oxalate^{2-}	$C_2O_4^{2-}$	−674.04	−824
Caobon monooxide	CO	−137.15	−111
Formate	CHO_2^-	−335	−410
Glyoxylate$^-$	$C_2O_3H^-$	−486.6	−
Tartrate^{2-}	$C_4H_4O_6^{2-}$	−1,010	−
Malonate^{2-}	$C_3H_2O_4^{2-}$	−700	−
Fumarate^{2-}	$C_4H_2O_4^{2-}$	−604.21	−777
Malate^{2-}	$C_4H_4O_5^{2-}$	−845.08	−843
Citrate^{3-}	$C_6H_5O_7^{3-}$	−1,168.34	−1,515
Pyruvate$^-$	$C_3H_3O_3^-$	−474.63	−596
Succinate^{2-}	$C_4H_4O_4^{2-}$	−690.23	−909
Gluconate$^-$	$C_6H_{11}O_7^-$	−1,154	−
Formaldehyde	CH_2O	−130.54	−
Acetate	$C_2H_3O_2^-$	−369.41	−486
Lactate	$C_3H_5O_3^-$	−517.18	−687
Glucose	$C_6H_{12}O_6$	−917.22	−1,264
Glycerol	$C_3H_8O_3$	−488.52	676
Propionate$^-$	$C_3H_5O_2^-$	−361.08	−
Ethylene glycol	$C_2H_6O_2$	−330.5	−
Butyrate	$C_4H_7O_2^-$	−352.63	−535
Methanol	CH_4O	−175.39	−246
Ethanol	C_2H_6O	−181.75	−288
Propanol	C_3H_8O	−175.81	−331
n-Alkane	$C_{15}H_{32}$	+60	−439
Propane	C_3H_8	−24	−104
Methane	CH_4	−50.75	−75
$H_2(g)$	H_2	0	0
$N_2(g)$	N_2	0	0
Nitrite ion	NO_2^-	−37.2	−107
Nitrate ion	NO_3^-	−111.34	−173
Iron II	Fe_2^+	−78.87	−87
Iron III	Fe_3^+	−4.6	−4
Hydrogen sulfide (g)	H_2S	−33.56	−20
Sulfide ion	HS^-	12.05	−17
Sulfate ion	SO_4^{2-}	−744.63	−909
Thiosulfate ion	$S_2O_3^{2-}$	−513.2	−608

*pH=7, 1atm, 1mol/L, 298K

●(付録C)引用・参考文献

1) Monod J. (1949). "The Growtj of Bacterial Cultures", *Ann. Review of Microbiol.*, Vol.3, pp.371-394.
2) Heijnen J.J. and van Dijken J.P. (1992). "In Search on a Thermodynamic Description of Biomass Yields for the Chemotrophic Growth of Microorganisms", *Biotechnol. Bioeng.* Vol. 39, pp. 833-858.
3) Tijhuis L., van Loosdrecht.M.C.M. and Heijen.J.J. (1993). "A Thermodynamically Based Correlation for Maintenance Gibbs Energy Requirements in Aerobic and Anaerobic Chemotrophic Growth", *Biotechnol.*

Bioeng. Vol. 42, pp. 509–519.
4) Heijnen J.J.（1999）."Encyclopedia of Bioprocess Technology: Fermentation, Biocatalysis and Bioseparation", eds. Flickinger M.C. and Drew S. W.Wiley, New York
5) Battley E.H.（1987）."Energetics of Microbial Growth", Wiley, New York
6) Westerhoff H.V. and van Dam K.（1987）."Mosaic Non-Equilibrium Thermodynamics and the Control of Biological Free Energy Transduction", Elsevier, Amsterdam
7) Roels J.A.（1983）."Energetics and Kinetics in Biotechnology", Elsevier, New York
8) Hoover S.R. and Porgens N.（1952）."Assimilation of Dairy Wastes by Activated Sludge", *Sewage & Industr. Wastes*, Vol.24, pp.306–312.
9) Speece R.E. and McCarty P.L.（1964）."Nutrient Requirements and Biological Solids Accumulation in Anaerobic Digestion", *Proc. 1st Inter. Conf. on Water Poll. Control.*, London, 1962, Pergamon Presss, Oxford
10) Symons J.M. and McKinney R.E.（1958）."The Biotechnology of Nitrogen in the Synthesis of Activated Sludge" *Sewage & Indstr. Wastes*, Vol.30, pp.874–890.
11) Sawyer C.N.（1956）."Bacterial Nutrition and Synthesis" *Sewage & Industr. Wastes*, Vol.1, pp.3–17.
12) Henze M., Gujer W., Loosdrecht van M., Mino T., Matsuo T., Wentzel M.C., Marais G.v.R. and Grady C.P.L.（2000）."活性汚泥モデル", 環境新聞社(2005), 監訳：味埜俊
13) アイケルブーム D. H.（2000）."顕微鏡観察による活性汚泥のプロセス管理", 技報堂出版(2006), 訳：安井英斉, 深瀬哲朗, 河野哲郎
14) Grau.P.（1991）."Criteria for Nutrient-Balanced Operation of Activated Sludge Process", *Wat. Sci.Tech.*, Vol.24, No.3/4, pp.251–258.
15) Volke E.I.P., van Loosdrecht M.C.M. and vanrolleghem P.A.（2006）."Continuity-based Model for Plant-wide Simulation: A General Approach", *Wat. Res.*, Vol.40, pp.2817–2828.
16) Speece R.E.（1996）."産業廃水処理のための嫌気性バイオテクノロジー", 技報堂出版(2005), 監訳：松井三郎, 高島正信
17) Batstone D.J., Keller J., Angelidaki I., Kalyuzhnyi S.V., Pavlostathis S.G., Rozzi A., Sanders W.T.M., Siegrist H. and Vavilin V.A.（2002）."Anaerobic Digestion Model No.1.（ADM1）", IWA Scientific and Technical report No.13, IWA, London.
18) Yasui H., Komatsu K., Goel R., Li Y.Y. and Noike T.（2008）."Evaluation of State Variable Interface between ASM and ADM1", *Wat.Sci.Tech.* Vol.57, No.6, pp.901–907.
19) Pirt S.J.（1965）."The Maintenace Energy of Bacteria in Growing Cultures", *Proc.R., Soc.London Ser.B*, Vol.163, pp.224–231.
20) Loosdercht van M.C.M. and Henze M.（1999）."Maintenance, Endogenous Respiration, Lysis, Decay and Predation", *Wat. Sci. Tech.*, Vol.39, No.1, pp.107–117.
21) McCarty P.L.（1971）."Organic Compounds in Aquatic Environments", eds. Faust S.D. and Funter J.V., Marcel Dekker, New York, pp. 495–531.
22) Andersen K.B. and Meyenburg von K.（1980）."Are Growth Rates of *Escherichia coli* in Batch Cultures Limited by Respiration?", *J.Bacteriol.*, Vol.144, No.1, pp.114–123.
23) 山根恒夫(1980)."生物化学工学", 産業図書
24) 合葉修一, 永井史郎(1975)."生物化学工学 反応速度論", 丸善
25) Weona S-Y, Han-Won Leeb C-W., Leec S-T. and Koopman B.（2002）."Nitrite Inhibition of Aerobic Growth of *Acinetobacter* sp.", *Wat. Res.*, Vol.36, No.18, pp.4471–4476
26) Yang S. T.and Okos M. R.（2004）."Kinetic Study and Mathematical Modeling of Methanogenesis of Acetate using Pure Cultures of methanogens", *Biotech. and Bioeng.*, Vol.30, No.5 , pp.661-66.
27) Vadivelua, V.M., Kellera J. and Zhiguo Yuan Z.（2006）."Stoichiometric and Kinetic Characterisation of *Nitrosomonas* sp. in Mixed Culture by Decoupling the Growth and Energy Generation Processes", *J.*

Biotech., Vol.126, No.3, pp.342-356.
28) 柳田友道(1981)."微生物化学((2)成長・増殖・増殖阻害",学会出版センター
29) Thauer R.K, Jungermann K. and Decker K. (1977). "Energy conservation in Chemotrophic Anaerobic Bacteria", *Bacteriol. Rev.*, Vol.41, pp.100-180.

付録 D　ガス発電システム熱収支計算モデルの詳細

本項(付録 D)は，本編 **7.4** コージェネレーションの内容を補完する資料である．

付D-1　発生汚泥量，VS 量の季節変動の設定

本シミュレーションモデルでは，まず日平均下水量と流入平均 SS 値を設定し，この値を基に，流入水量および流入 SS 値の月間変動パターンを図-D.1，図-D.2 に示した平均的な年間変動カーブを用い月別の発生汚泥量を算出している．これらの図は，全国 8 箇所の下水処理場の実測データに基づいて作られたものである[1]．また，下水処理場における SS 除去率を 90 % とし，SS 負荷量に 0.9 を乗じた数値を月別発生汚泥量(固形物，kg/d)としている．このように，流入水 SS 濃度にその除去率をかけて発生汚泥量を計算する方法は，下水道施設計画・設計指針に準じたものである．

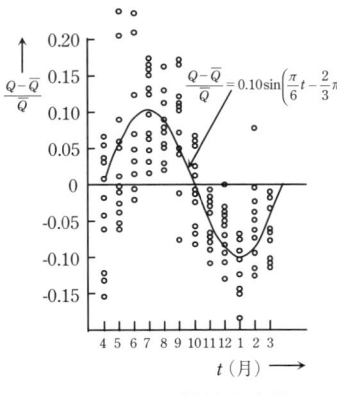

$$\frac{Q-\overline{Q}}{\overline{Q}} = 0.10\sin\left(\frac{\pi}{6}t - \frac{2}{3}\pi\right)$$

$$\frac{SS-\overline{SS}}{\overline{SS}} = 0.20\sin\left(\frac{\pi}{6}t + \frac{1}{6}\pi\right)$$

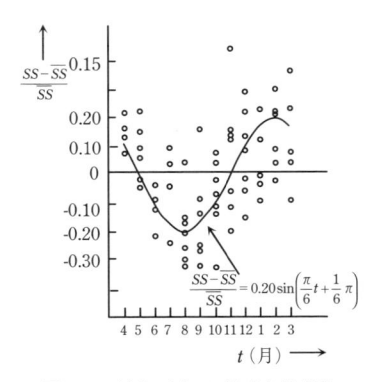

図-D.1　流入水量年間変動　　　図-D.2　流入下水 SS 濃度年間変動

発生汚泥量の計算は，本来，最初沈殿池汚泥と余剰汚泥に分け各々を計算することが正確な方法である．しかし，通常の標準活性汚泥法の下水処理場においては，余剰汚泥量の計算において，溶解性 BOD の SS 転換分が SS 性 BOD の分解の量と相殺されるという研究成果もあるので，このモデルでは設計指針に基づく簡易式による計算を用いている[2]．

付D-2　モデル消化タンクの諸元の決定

　消化タンクの容量は，熱収支に関係する1次タンクのみを対象として計算している．発生汚泥固形物量に対し汚泥濃度を設定することにより，発生汚泥量が算出される．月別に計算された発生汚泥量（m^3/d）の最大値を基に，所定の消化日数により消化タンクの容量を計算した．これは，下水処理場の汚泥処理施設の設計が，日最大設計水量に計画SS値を乗じて求めた発生汚泥量を基にしていることに準拠したものである．

　消化タンクの総容量が決まった段階でタンク数を適当に設定し，図-D.3に示す形態のモデル消化タンクの直径と高さを決定した．日平均下水量 30,000 m^3/d に対しタンクは2基，100,000 m^3/d に対し4基，300,000 m^3/d に対し6基とした．本モデルタンクの総括伝熱係数 K は，頂板部 $S_{(1)}$，上部側壁 $S_{(2)}$，地上部側壁 $S_{(3)}$，地下部側壁 $S_{(4)}$ ならびに底板 $S_{(5)}$ の5箇所の部分について，それぞれ標準的な数値 K_1〜K_5 を当てはめた．本モデルタンク全体の総括伝熱係数は，約 2.1 W/m²/K であるが，これはわが国における消化タンクの標準的な値である．また，本モデルタンクでは，底板が地下水面に接する条件とし，底板から放散される熱量は地下水温を基に計算した．

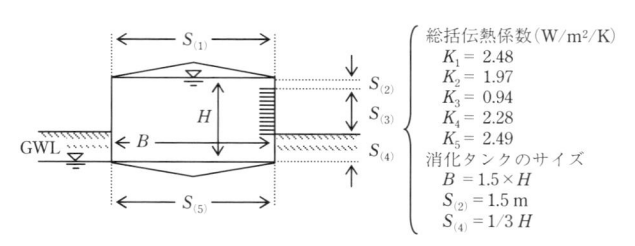

総括伝熱係数(W/m²/K)
$K_1 = 2.48$
$K_2 = 1.97$
$K_3 = 0.94$
$K_4 = 2.28$
$K_5 = 2.49$
消化タンクのサイズ
$B = 1.5 \times H$
$S_{(2)} = 1.5$ m
$S_{(4)} = 1/3 H$

図-D.3　モデル消化タンクの概要

付D-3　返流負荷のモデルへの組込み

　現実の下水処理場においては，上記で計算した真の発生汚泥量に加えて，消化タンク脱離液等に含まれる比較的高濃度の固形物が水処理系へ回帰し，この量が無視しえない処理場が存在する．よって，本シミュレーションモデルでは，この返流負荷の項を付け加えることとした．後のガス発生量のモデル式のところで述べるように，本モデルでの投入有機物に対するガス発生量は，消化温度と消化日数のみの関数として決定しているので，返流汚泥は見かけ上，有機物を含まない汚泥として取り扱っている．したがって，ガス発生量の計算に当たっては，真の発生汚泥の有機物量だけを対象とし，返流負荷量に対応して短縮された消化日数条件化でガス量が計算される．

付D-4　モデル消化タンクの加温必要熱量の計算

タンクの加温必要熱量(Q)は，投入汚泥を消化温度まで温める熱量(Q_1)とタンクからの放散熱量を補う熱量(Q_2)の和として計算される．

$$Q = Q_1 + Q_2 \tag{D.1}$$

$$Q_1 = c \times q\,(T_D - T_S) \times 1{,}000 \tag{D.2}$$

$$Q_2 = 24 \times 3.6 \sum_{i=1}^{5}\left[K_i \cdot A_i (T_D - T_i)\right] \tag{D.3}$$

ここで，Q_1：投入汚泥温度を消化温度にする熱量(kJ/d)，c：汚泥の比熱(4.186 J/g/K)，q：投入汚泥量(m^3/d)，T_D：消化タンク温度(K)，T_S：投入汚泥温度(K)，Q_2：タンク外界への放散熱量(kJ/d)，K_i：タンクの総括伝熱係数(W/m^2/K)，A_i：頂板，側壁，底板等の面積(m^2)，T_i：外気温や地中温等の温度条件．

本モデルにおいては，前に触れたように，放散熱量はタンクを5箇所の部分に分けて計算される．投入汚泥温および外気温等の温度条件については，日本の気候条件に合わせて3段階の条件を用意した．それぞれ年平均気温15℃の地区(東海地区)，10℃の地区(東北地区)，5℃の地区(北海道東北部)である．これらの地区から代表的な下水処理場を選出し，管理年報より月別の流入下水温を整理し，これを投入汚泥温のデータとして用いた．また，外気温は同都市の月平均気温のデータを理科年表より求めた．

消化タンク下部からの放散熱量を計算するための，地中温の設定は以下のように行っている．地中温度の年変化の例を図-D.4に示す．地中温は気温に影響されるが，深くなるにつれてその度合いは小さくなり，また時間的に影響が遅れて出る傾向となっている．地下5m程度になると，地温はほとんど変化しなくなるが，この層を恒温層と呼び，年平均気温との関係は式(D.4)で表される[3]．

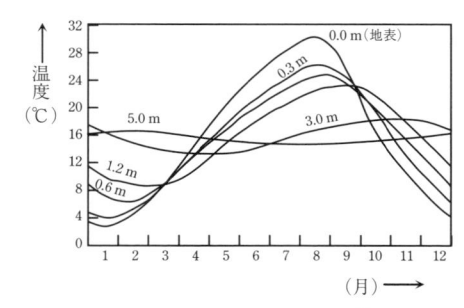

図-D.4　地中温度年変化(小平)[3]

$$T_e = 0.83 T_a + 3.7 \tag{D.4}$$

ここで，T_e：恒温層上限地中温度(℃)，T_a：年平均気温(℃)．

以上の地下温度に関する資料により，モデル消化タンクの地中部側壁に対する地中温を図-D.4の地下1.2mの温度パターンにより作成した．また消化タンク底部に対する地下水温

は恒温層温度として設定した．以上の設定温度条件を，それぞれの平均温度地区に分けて，**図-D.5**に示す．

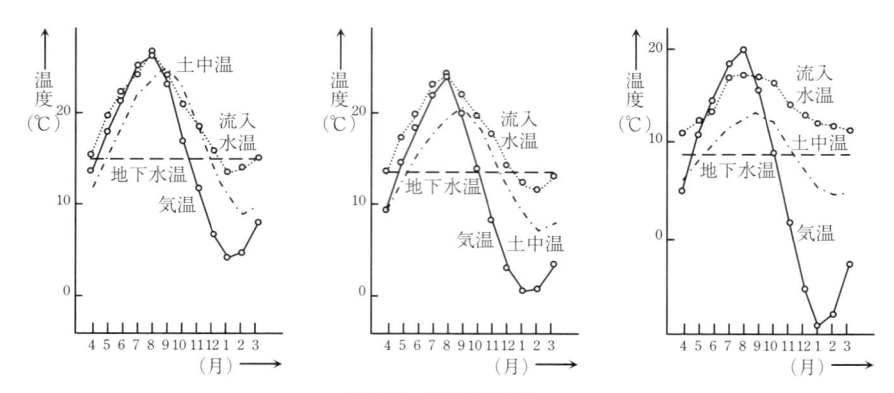

図-D.5　温度設定条件
(左：平均気温15℃地区，中：平均気温10℃地区，右：平均気温5℃地区)

付D-5　消化ガス発生量

本モデルにおいて，タンクから発生する消化ガス量は，投入汚泥中の有機物量(VS量)，消化温度，消化日数の条件によって計算される．VS量は，純発生汚泥量に有機物含有率を乗じて計算されるが，有機物含有率についても処理場の実態調査より夏期に低く，冬期に高いという傾向が認められたので，季節変動を加味した月別のVS％の数値を用意することとした[1]．その数値を**図-D.6**に示すが，

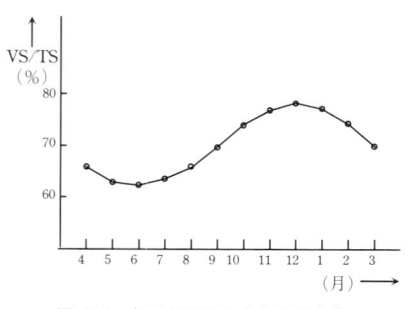

図-D.6　投入汚泥VS含有率設定値

平均値を70％，冬期の最高値を78％，夏期の最低値を62％としている．

各消化温度，消化日数に対する投入有機物当りのガス発生量の算出式とグラフを**図-D.7**に示す．この消化ガス発生量モデル算出式は，投入有機物当りの究極的なガス発生量を0.55 m3/kg-VS，正常なメタン発酵を示す限界消化日数(限界SRT)を5 dとして，それぞれ漸近線としたものであり，各消化温度における双曲線カーブは，実験値あるいはUS EPAの汚泥処理処分マニュアルに示されている数値を，敷衍して求めたものである[4),5)]．また，投入汚泥濃度を3～6％(30～60 g-TS/L)まで数段階に分けて計算を行ったが，既往の実験

データを基に，投入有機物当りのガス発生量は投入汚泥濃度に影響されないという仮定をおいた[6]．以上に示した手順により，各条件下における月別の日ガス発生量が計算される．

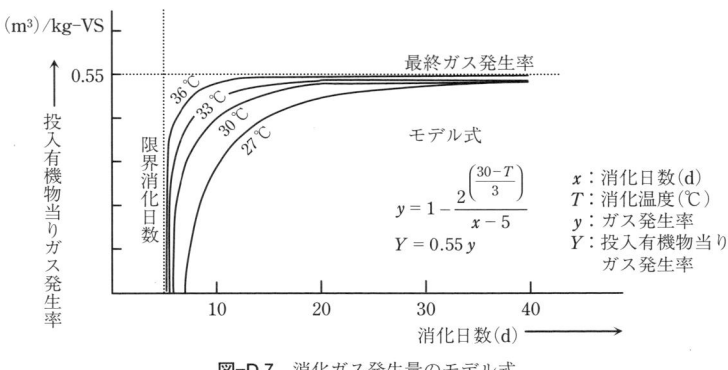

図-D.7 消化ガス発生量のモデル式

モデル式
$$y = 1 - \frac{2^{\left(\frac{30-T}{3}\right)}}{x-5}$$
$$Y = 0.55\, y$$

x：消化日数(d)
T：消化温度(℃)
y：ガス発生率
Y：投入有機物当りガス発生率

付D-6　発電量・廃熱回収量の計算

本モデルは，簡単のため，以上により計算された発生ガス量全量をガスエンジンシステムに導入し，発電量および廃熱回収量を計算している．消化ガスの熱量価は，メタン含有率を65 %と仮定して 23,000 kJ (5,500 kcal)/Nm³ とした．また，ガスエンジンの熱効率は，正確には発電機までを含めた発電効率として30 %，廃熱回収効率は40 %として，発電量および廃熱回収量の計算を行った．ただし，これらの値は任意の数値としてシミュレーションプログラムに組み入れられるようになっており，自由に設定できるものである．

以上のシミュレーションプログラムにより，①投入汚泥量，②加温必要熱量，③発生ガス量，④発電量，⑤廃熱回収量，⑥廃熱回収量の過不足，の項目のデータが月別に打ち出されてくる．

●(付録D)引用・参考文献

1) 建設省土木研究所下水道部(1979)．"昭和53年度下水道関係調査研究年次報告書集"，pp.162-171.
2) 柏谷衛，安中徳二，佐藤和明(1977)．"微生物利用による都市廃水・汚泥処理の高度化に関する研究報告書"，科学技術庁研究調整局，昭和52年12月，pp.179-196.
3) 地下水ハンドブック編集委員会編(1979)．"地下水ハンドブック"，昭和54年版，建設産業調査会，p.120.
4) 佐藤和明(1977)．"エネルギー回収を目的にした嫌気性消化法の検討(第1報)－消化温度と最適消化日数について"，第14回下水道研究発表会講演集，pp.634-636.
5) U. S. Environmental Protection Agency (1979). 6.2.3.2. Solid Retention Time In: Process Design Manual

for Sludge Treatment and Disposal, EPA625/1-79-011, , pp.6–22.
6) 佐藤和明，舘山祐清（1979）．"嫌気性消化法によるエネルギー回収（第3報）－高濃度汚泥の消化について"，第16回下水道研究発表会講演集，pp.613–615.

索　　引

【あ】

亜硝酸　　183
亜硝酸型硝化　　183
亜硝酸性窒素　　181
アセチル CoA　　40, 63, 191
アミノ酸　　37, 43, 45
亜硫酸ガス　　163
アルカリ性ステージ　　3
アルカリ洗浄　　163
アルカリ度　　19, 74, 122, 132
安全率　　120
安息香酸　　52
アンモニア性窒素　　124, 177, 181
アンモニア阻害　　123

【い】

硫黄酸化細菌　　163
異化反応　　218, 253, 262
維持代謝　　250, 260
維持代謝エネルギー　　261
維持代謝定数　　261
異種間水素伝達　　49, 51, 52, 57, 68, 219
一次反応　　29, 244
一段高率消化　　9　→単段消化
一過式　　87　→ケモスタット
一酸化炭素　　161
一相プロセス　　109
稲藁　　148
イムホフタンク　　6
易溶性　　77
インテリジェント牛舎システム（酪農学園）　　146

【う，え】

ウォッシュアウト　　194, 120

エアリフト効果　　89
衛生化規定　　178
栄養塩　　248
栄養塩除去　　186
液肥　　146, 175, 178, 178, 207
エタノール　　30, 34, 52, 61, 191, 203, 220
エタノール発酵　　34, 191, 219, 254
エチレン　　210
越流堰　　102
エネルギー源　　218　→電子供与体
エネルギー収支　　253
塩化リチウム　　121
遠心分離　　94
エンタルピー　　46, 70, 253
エンタルピー変化　　46, 259
円筒形消化タンク　　9
エントロピー　　47

【お】

オクタメチルシクロテトラシロキサン　　166
押出し流れ　　108　→プラグフロー
オスマー線図　　75
オゾン　　206
汚泥再生処理センター　　14, 89, 143
汚泥滞留時間　　3, 21, 120, 184, 252
汚泥の栄養塩含有率　　185
オレイン酸　　43, 45
温度　　117
温度フェーズシステム　　111

【か】

改質　148, 206
改質器　161, 198
回虫卵　118
解糖系　32, 34, 40, 60, 190, 222
外部加温　91
灰分　251
加温　169
加温必要熱量　269
化学合成生物　250
化学的酸素要求量　21, 236
化学的脱硫　163
化学量論式　4
化学量論パラメータ　23, 238
拡散係数　61, 78
撹拌　8, 27, 121
下向流　97
加水分解酵素　31
加水分解反応　30, 40
ガスエンジン　15, 160, 165
ガス撹拌　87
ガスタービン　160
ガス定数　49
ガス発電　159
カゼイン　43, 45
家畜排泄物　30, 32, 33, 43, 45, 135, 146, 149, 179, 203,
　　牛排泄物　20, 22, 30, 106, 129, 131, 132, 133, 146, 178, 183
　　鶏糞　22
　　豚排泄物　22, 30, 32, 32, 106, 129, 131, 146, 178
活性汚泥　180, 251
活性汚泥法　6, 11
活性汚泥モデル　23, 26, 32, 69, 244
活性炭　206
活性炭吸着　167
活性炭添加嫌気性流動床　98
活量　49
紙ごみ　20, 105, 152, 196
可溶化　111
環境ホルモン　181
還元的脱塩素化反応　210
還元度　258
還元力　191
乾式脱硫　163
乾式メタン発酵　105, 124, 143, 151
緩衝能　74
含水率　105
間接加温　156
完全混合　197
乾燥肥料　185
カンポリサイクルプラザ（京都府船井郡）　150

【き】

機械撹拌　88
機械濃縮　173
蟻酸　30, 57, 60, 61, 191, 226
蟻酸ヒドロゲナーゼ　61
基質のリン酸化　55, 63, 219
基質利用性　227
季節的変動　169
北見市浄化センター　157
亀甲形消化タンク　9
吉草酸　30, 56, 59
機能高度化促進事業　206
揮発性脂肪酸　40, 131
気泡　93, 104
休耕田　211
共生　52
共生細菌　4
境膜抵抗　76
菌体の固定化　85
空隙率　95, 105

索引　275

【く, け】
クエン酸　94
草　106, 147
グラニュール　66, 100, 113
グリーン・スラッジエネルギー技術　206
グルコース　43, 45
グレーボックスモデル　234

系統樹　224
下水汚泥　20, 194, 195, 124, 135, 141, 148, 177, 184, 203, 211
下水汚泥資源化・先端技術誘導プロジェクト　205 → LOTUS プロジェクト
下水道放流　180
下水排除基準　180
ケモスタット　87, 239
限界 SRT　120, 270
嫌気好気活性汚泥法　183
嫌気性活性汚泥法　92 → 嫌気性接触法
嫌気性消化法　11, 141
嫌気性消化モデル　25 → ADM1
嫌気性接触法　91
嫌気性バッフルドリアクター　112
嫌気性流動床　97
嫌気性流動床法　14
嫌気性濾床法　14, 95, 100, 111
嫌気的酢酸酸化細菌　5, 132
嫌気的酢酸酸化反応　68
元素組成　4, 19
原油　203

【こ】
高位発熱量　198, 156
高温消化　7, 176
高温消化帯　117
恒温層　269

好気性可溶化　180
好気性消化　186
高級脂肪酸　31, 40, 43, 45, 56
工業米　211
光合成　224
光合成細菌　189
合成変数　29, 238
構造モデル　237
高濃度嫌気性消化　176, 177
こうべバイオガス　158
酵母　132, 219, 254
高率消化　8
高率消化槽　8, 87
好冷性　62
コージェネレーション　142, 159, 168
呼吸　55, 219
古細菌　6, 61, 231
コハク酸-プロピオン酸経路　34
混合　121
混合発酵　148
コンポガス　149
コンポガスシステム　105, 108, 151
コンポスト　32, 194, 195, 176, 207, 212

【さ】
細菌叢　222
最小 SRT　120
最初沈殿池汚泥　20, 30, 32, 33, 43, 45, 124, 184, 185
最大収率　256, 259
最大比増殖速度　247, 249, 262
細胞外酵素　31, 33
酢酸　4, 30, 40, 51, 57, 61, 65, 191, 196, 197, 218, 227
酢酸資化性メタン生成細菌　41, 64, 132, 137
酢酸発酵　34, 191
サルモネラ菌　118, 179

酸化還元反応　　30, 258
酸化鉄粉　　163
三菌群関与説　　4, 25
散水濾床法　　6, 11
酸性ステージ　　3
酸生成細菌　　5, 31
酸生成相　　27
酸生成反応　　33
三相分離装置　　103
酸敗　　109, 133, 136

【し】

自栄養　　217　→無機栄養
ジクロロエチレン　　210
自己凝集　　100
自己消化　　250, 252, 260
自己消化反応　　68, 101
仕事　　48
脂質　　20, 33, 40
死水域　　122
湿式吸収　　164
湿式洗浄　　158
湿式脱硫　　155, 163, 164
し尿　　124, 143, 149
し尿汚泥　　20, 106, 135
し尿処理　　12
し尿の衛生学的処理利用に関する勧告　　13
シミュレーション　　168
シミュレータ　　242
ジメチルアミン　　61
ジメチルスルフィド　　61
死滅-再増殖コンセプト　　69
臭気　　120
重金属　　125
集水渠　　102
従属栄養　　218　→有機栄養
重炭酸イオン　　19, 53, 60, 122, 132

集約嫌気性消化方式　　176
収率　　23, 42, 45, 48, 55, 256, 257, 259
種間競合　　65
主要元素　　251
馴養　　41
硝化　　181
消化液　　129, 178
消化ガス　　155
消化ガスの精製　　162
消化ガス発電　　15, 158
硝化細菌　　181
浄化槽　　6
浄化槽汚泥　　143
消化タンク　　9　→メタン発酵槽
蒸気直接注入　　91, 156
焼却灰　　206
上向流　　98, 100
硝酸性窒素　　181, 182, 207
晶析法　　183
状態変数　　29, 57, 238
飼養密度　　178
食肉解体残渣　　30, 33, 43, 45
廃乳　　32, 33, 152
シリコーン　　163　→シロキサン
シロキサン　　163, 165
宍道湖東部浄化センター　　183
真正細菌　　223, 231
浸漬膜型活性汚泥法　　94
新世代下水道支援事業　　206
浸透理論　　79
親和定数　　250, 263

【す】

水産加工残渣　　22, 33
水質強度　　169
水蒸気改質　　189
推進力　　51, 55, 78
水素　　40, 45, 57, 61, 197, 210, 219

索　引　277

水素資化細菌　　　137
水素資化性酢酸生成細菌　　　196
水素資化性メタン生成細菌　　　52, 61, 64, 130, 132, 257
水素生成性酢酸生成細菌　　　4, 5, 52, 52, 61, 137
水素爆発　　　199
水素発酵　　　190
水素分圧　　　51, 52, 53, 54, 196
スイッチング関数　　　43, 55, 59, 64, 67
水理学的滞留時間　　　85, 120
スカム　　　9, 89
珠洲・バイオマスエネルギー推進プラン　　　151
スターダスト研究プロジェクト　　　10
ステアリン酸　　　43, 45
スティックランド反応　　　37
スラッジ・ゼロディスチャージ技術　　　206
スラッジブランケット　　　100

【せ，そ】
生成 Gibbs エネルギー　　　49
生物学的脱硫　　　163, 206
生物学的リン除去法　　　252
生物膜　　　85
ゼラチン　　　33
セルロース　　　105
セレクター効果　　　66
ゼロ次反応　　　29
剪断力　　　94
剪定枝　　　105, 106, 148

総括伝熱係数　　　268
総括物質移動定数　　　76
双曲線　　　247, 260
増殖反応　　　247, 254
槽負荷　　　135

相分離　　　110
阻害　　　41, 43, 67, 70, 177
速度論　　　238
素プロセス　　　26, 27, 239

【た】
ダイオキシン吸着剤　　　206
大腸菌　　　132
堆肥　　　107
他栄養　　　218　→ 有機栄養
脱塩素化細菌　　　210
脱気装置　　　92
脱水ケーキ　　　206
脱窒素　　　181
脱離液　　　8, 13
脱硫　　　162
種汚泥　　　7, 129, 132, 133
炭化　　　206
炭化水素　　　161
炭化物　　　107
炭酸呼吸　　　222
炭水化物　　　20, 32, 33, 190, 196, 197, 177
単段消化　　　9, 141
単糖　　　43, 45
単独発酵　　　39
断熱壁　　　173
タンパク質　　　20, 33, 36, 196, 177

【ち，つ】
地域資源循環技術センター　　　178
地下水基準　　　181
窒素除去　　　182
中温消化　　　7, 176
中温消化帯　　　117
超音波　　　206
腸内細菌　　　191　→ *Enterobacter*
調理くず　　　20, 22
直接加温　　　156

直接脱水法　　14
沈殿分離　　93

通性嫌気性　　31

【て】

低位発熱量　　156
低温消化帯　　117
ディスポーザー設置に係る社会実験(群馬県伊勢崎市)　　209
ディスポーザー導入社会実験(北海道歌登町(現 枝幸町))　　208
デカメチルシクロペンタンシロキサン　　166
テトラクロロエチレン　　210
テトラシロキサン　　166
電荷　　72, 221, 235, 254
点火プラグ　　165
電気化学ポテンシャル　　55　→プロトン濃度勾配
電気分解　　189, 161
電子　　219, 262
電子逆流　　257
電子供与体　　37, 38, 181, 182, 218, 219, 221, 250, 253
電子受容体　　37, 38, 218, 253
天然ガス　　156, 157, 161
天然ガス自動車　　158
天日乾燥　　6, 11

【と】

同化反応　　218, 253, 262
動力学定数　　110
動力学パラメータ　　24, 239
毒性　　124, 125, 163
独立栄養　　217　→無機栄養
都市ガス　　156, 157, 165
トラビスタンク　　6

ドラフトチューブ　　87
ドランコシステム　　105, 107
トリグリセロール　　31, 40
トリクロロエチレン　　210
トリメチルアミン　　61
トレーサー　　121

【な，に】

内部間接加温　　91
内部循環　　97
長岡市中央浄化センター　　158
生ごみ　　20, 22, 106, 124, 135, 143, 149, 176, 178, 206.
難溶性　　77

ニコチンアミドアデニンジヌクレオチド　　220, 222　→NAD^+
二重境膜理論　　76
二重指数関数　　69
二相システム　　111
二相循環システム　　111
二相消化　　3
二相プロセス　　109, 189, 198
二相四段階説　　4, 25
二段階説　　3
二段型の平衡　　72
二段嫌気性消化　　109　→二相プロセス
二段システム　　111
二段消化　　109, 141
二段消化タンク　　9
日平均下水量　　169, 267
乳酸　　30, 34, 111, 191, 196

【ね，の】

熱交換器　　92
熱収支　　168
熱処理　　194, 178
熱容量　　46

熱力学　　36, 46, 49
熱力学的限界　　54
熱量価　　155, 164
粘度　　91
年平均気温　　169
燃料電池　　198, 143, 161, 210

農地還元　　178

【は】
バイオエコロジーセンター（京都府八木町（現 南丹市））　　16, 132
バイオエタノール　　209
バイオガス　　155
バイオガス発電　　15
バイオガスプラント　　16
バイオソリッド燃料　　206
バイオマス・ニッポン総合戦略　　149, 203, 209, 211
バイオマスタウン　　203, 211
バイオマスプラスチック　　211
バイオマス利活用事業　　206
倍加時間　　132
廃糖蜜　　43, 45, 133
廃熱回収　　159, 171, 271
爆発限界　　199
発酵　　55, 219
発電効率　　15, 171, 271
発泡　　186
パルミチン酸　　43, 45
反応速度試験　　23, 242

【ひ】
ピーターソンマトリックス　　238
ビール排水　　104
東灘処理場　　158
微細化反応　　27
非生物分解性成分　　29

比増殖速度　　247
必須元素　　125
ヒドロゲナーゼ　　34, 191
ビニルクロライド　　210
比表面積　　76, 95
病原体　　118, 178
標準活性汚泥法　　184
標準消化　　8
標準生成エンタルピー　　46
標準生成 Gibbs エネルギー　　48
ピルビン酸　　34, 60, 190, 191

【ふ】
負圧　　123
ファント・ホッフの式　　70
フェレドキシン　　60, 191, 222
不活性成分　　69
複合撹拌　　89
腐食　　162
物質収支　　235, 253
プライマー　　231
プラグフロー　　108
フラックス　　77, 94
ブラックボックスモデル　　234
フラビンアミドアデニンジヌクレオチド　　222
フルクトース　　52
プローブ　　230
フロック　　66, 93, 103, 112, 226, 252, 263
プロテアーゼ　　36
プロトン濃度勾配　　36, 55, 63
プロピオン酸　　30, 34, 40, 51, 52, 56, 191, 138
プロピオン酸生成細菌　　34, 196
プロピオン酸発酵　　34
分離消化プロセス　　185
分離濃縮　　173

【へ, ほ】

平衡状態　51
平衡定数　70
ヘテロ乳酸発酵　34, 191
偏性嫌気性　31
偏性好気性　31
ヘンリー定数　75, 78
ヘンリーの法則　75
返流水　180, 184
返流負荷　176, 184, 170, 268

放散熱量　269
胞子形成細菌　194
飽和脂肪酸　40
補酵素A　40, 191
補酵素F420　62, 63, 252
補酵素M　63
補酵素Q　220, 221
補酵素B　63
ホモ酢酸生成細菌　5, 68
ホモ酢酸生成反応　68
ホモ酢酸発酵　191
ホモ乳酸発酵　34, 47, 191
ポリ乳酸　211
ホワイトボックスモデル　234
ポンプ循環　90

【ま, み】

マイクロガスタービン　15, 160
マイクロキャリア　99
膜分離　94
膜分離型嫌気性接触法　94
膜分離型高負荷脱窒素法　14
膜分離嫌気性処理プロセス　112
膜分離法　164

見かけの収率　259, 262
見かけのヘンリー定数　76

水洗浄　163
ミスチリン酸　43, 45
密閉式嫌気性ラグーンプロセス　112

【む, め】

無機栄養　217, 257
無希釈高負荷脱窒素法　14
無動力撹拌　89

メタクレスシステム　149
メタノール　61, 161, 182
メタン生成古細菌　5
メタン生成細菌　226
メタン生成相　27
メタン発酵槽　9
メチルアミン　61
メチルメルカプタン　61
メビウスシステム　14, 149

【や, ゆ, よ】

山形市浄化センター　160

有機栄養　218, 256, 258
有機ケイ素化合物　166　→ シロキサン
油脂　30, 32, 33, 43, 45, 149

溶剤　193
横浜市北部汚泥資源化センター　142
余剰汚泥　20, 124, 185
余剰ガス燃焼　159, 208
余剰活性汚泥　184

【ら, り】

酪酸　30, 57, 59, 191, 196
酪酸発酵　34, 191
酪農学園　146
卵形消化タンク　9, 142, 173

理科年表　　269
リグニン　　20, 148
リサイクリーン（中空知衛生施設組合）　　144
リサイクル推進事業　　206
リスク管理　　178
リノール酸　　43, 45
リパーゼ　　40
硫化水素　　70, 144, 163
硫化物　　67
硫酸塩還元細菌　　66, 137
流動床　　104
理論的酸素要求量　　21, 236, 258
リン回収　　184
リン鉱石　　183

リン酸ヒドロキシアパタイト　　183　→ HAP
リン酸マグネシウムアンモニウム　　183　→ MAP

【る，れ，ろ】
ル・シャトリエの法則　　51, 61

レスピログラム　　23, 244

濾材　　95

【わ】
ワークシート　　72

〔欧文索引〕

16S rDNA　　224, 230

ABR法　　112　→嫌気性バッフルドリアクター
Acetivibrio　　34
Acetobacterium　　57, 217
Acetobacterium woodii　　68
Acrobacter　　224
ADM1　　25, 234, 242
AF法　　111　→嫌気性濾床法
Anammox　　183, 218
ATP　　39, 55, 65, 219, 253, 258
ATP獲得反応　　219

Bacillus　　31, 37
*Bacteroides*門　　224
Betaproteobacteria　　224
β酸化　　40
BMP試験　　242
Butyrivibrio　　31

C/N比　　123
C1回路　　63
Cellulomonas　　34
Clostridium　　31, 34, 36, 57, 192, 193, 194, 217
Clostridium acetobutyricum　　193
Clostridium beijerincki　　193
Clostridium bryantii　　4
Clostridium butyricum　　193, 196
Clostridium cellulose　　193
Clostridium fallax　　193
Clostridium pasteurianum　　193
Clostridium thermoacecticum　　68
Clostridium thermocellum　　193
Clostridium thermohydrosulfuricum　　193
Clostridium thermosaccharolyticum　　193
CO_2レダクターゼ　　60
COD　　20, 235, 258
Contois式　　24, 32, 41, 244
Coprothermobacer　　224

Dechlomonas 224
Desuloribrio vulgaris 52
Desulfotomaculum 67, 217
Desulfovibrio 67, 217
Desulfuromonas 67

EGSB法 99, 105, 111, 180
Emden-Meyerhof-Parnas経路 34, 222
Enter-Doudoroff経路 34, 222
Enterobacter 191, 192, 193, 179
Enterobacter aerogenes 193
Enterobacter cloacae 193
Eubacterium 31, 217

F/M比 130
Fibrobacter 31
*Firmicutes*門 224
Fusobacterium 31

GCクランプ 231
Gibbsエネルギー 30, 36, 48, 55, 64, 217, 250, 253, 255
Gibbsエネルギー変化 48
Gibbsエネルギー変化量 49, 53
GSS 100, 103

HAP 183, 206
HRT 120 →水理学的滞留時間

L/G比 165
Lactobacillus 31, 34
LOTUSプロジェクト 205

MAP 183, 185
MCFモデル 36
Methanobacillus omelianskii 4, 52
Methanobacteriales 226
Methanobacterium 62, 132, 217, 229

Methanobrevibacter 62, 130, 229
Methanococcoides 62, 229
Methanococcus 62, 217, 229
Methanocorpusculum 62, 130, 229
Methanoculleus 62, 226, 229
Methanoculleus thermophilus 226
Methanogenium 62, 229
Methanohalobium 62, 229
Methanohalophilus 62, 229
Methanolacia 62, 229
Methanolobus 62, 229
Methanomethylovarans 226
Methanomicrobiales 226
Methanomicrobium 62, 229
Methanoplanus 62, 229
Methanopyrus 62, 229
Methanosaeta 62, 65, 132, 217, 226, 229
Methanosarcina 62, 65, 210, 217, 226, 229, 263
Methanosarcina thermophila 226
Methanospirillum 62, 229
Methanothermus 62, 229
Methanothrix soehngenii 259
Micrococcus 31
Microzyma cretae 3
Monod式 41, 55, 247

NAD^+ 34, 37, 219, 220, 257
Nitrobacter 263
Nitrosococcus 224
Nitrosomonas 263

OHラジカル 181
ORP 62, 110, 182

Pclobacter carbiolicum 52
PCR-DGGE法 134, 230
Peptococcus 31, 37

pH *43*
Phosphorylation *219*
pH 調整剤 *123*
Propionibacterium *34*
Proteobacteria 門 *223*
PSA 法 *164*

RDF *199*
REM システム *14*
Rhodocyclus *224*
Rhodoferax *224*
Rubrivivax *224*
Ruminococcus *31, 34*

Sacharomyces cerevisiae *219, 254, 263*
Sarcina *34*
Selenomonas *31*
Spirochaeta *34*
SRT *120* → 汚泥滞留時間
SS 除去率 *267*
Staphylococcus *31*

Streptococcus *31*
SVI *101*
Syntrophobacter *217*
Syntrophobacter wolinii *4, 52, 137*
Syntrophococcus sucromotans *52*
Syntrophomonas *217*
Syntrophomonas sapovorans *52*
Syntrophomonas wolfei *4, 52*
Syntrophopora bryantil *52*
Syntrophus busuwellii *52*
Syntrphomonas sapovorans *4*
S 細菌 *4*

Thermoanaerobium *34*
T_m 値 *231*

UASB リアクター *62, 79, 100, 197, 227*
UASB 法 *14, 100, 111, 112*

VBNC 細菌 *229*
VS 成分 *21*

メタン発酵

定価はカバーに表示してあります．

2009年5月15日　1版1刷発行	ISBN 978-4-7655-3440-6 C3051
2020年6月25日　1版3刷発行	

編著者　野　　池　　達　　也
発行者　長　　　滋　　　彦
発行所　技報堂出版株式会社

〒101-0051　東京都千代田区神田神保町1-2-5

日本書籍出版協会会員
自然科学書協会会員
土木・建築書協会会員

電　話　営　業　(03) (5217) 0885
　　　　編　集　(03) (5217) 0881
F A X　　　　　(03) (5217) 0886
振替口座　　00140-4-10
http://gihodobooks.jp/

Printed in Japan

© Tatsuya Noike et al., 2009

装幀・印刷・製本　昭和情報プロセス

落丁・乱丁はお取り替えいたします．
本書の無断複写は，著作権法上での例外を除き，禁じられています．

● 関連図書のご案内 ●

産業廃水処理のための嫌気性バイオテクノロジー

R. E. Speece 著／松井三郎・高島正信 監訳　　　　　　　　　　A5・490頁

嫌気性微生物処理は，好気性処理に比べ，反応が遅く，適用範囲が限られると考えられがちであった．近年の研究・開発の進展は，その誤解を解くとともに，環境問題とのかかわりで，むしろ優れている方法であると考えられるようになってきた．本書は，処理対象として，浮遊物質濃度の低いコロイド状の基質を想定し，その処理にかかわるこの20年間の膨大な研究成果，技術的蓄積を整理，集約し，体系づけて論じた研究・実務者への好適書．

顕微鏡観察による活性汚泥のプロセス管理

D. H. アイケルブーム著／安井英斉・深瀬哲朗・河野哲郎 訳　　　DVD-ROM・解説152頁

DVDを用いたマルチメディアパッケージで最新の活性汚泥プロセスを解説．活性汚泥プロセスの基本的な原理のみならず，施設の運転で起きやすいトラブルの詳細やその対処法も述べている．マニュアルで理論的な説明を行い，視覚的な事項はDVDにある100編の動画，650枚以上の写真で説明．活性汚泥中の「生物の活動状態」も幅広く紹介した．排水処理施設の運転管理，教育・訓練などに最適の書．

　　　　　　　　　＊小社直接販売のみの取扱い商品です（書店へのお申し込みはできません）．

水質環境工学　〜下水の処理・処分・再利用〜

松尾友矩・大垣真一郎・浅野孝・宗宮功・丹保憲仁・村上健 監訳　　　　B5・974頁

『Wastewater Engineering－Treatment, Disposal, Reuse－』(第3版)の全訳．近年，放流水の環境への影響，処理技術の改良，規制方法の変化，処理水の水資源としての重要性の認識が深まっている，など下水工学をとりまく重要な発展や変化が見られる．これらの状況に鑑み，「過去の環境工学の分野で起きた重要な技術的発展に遅れないこと」「水質規制と汚泥管理の面で規制処置の変化を正しく反映すること」「小規模システムや合流式下水道における越流水の問題のような，その他の水システムについての情報を含めること」「学生，教師，現場技術者やその他の利用者にとって有用な情報を提供すること」の4点に留意しつつ，水環境制御工学に関する技術・研究知見を集大成した．図・写真410および表265を駆使して情報やデータをわかりやすく伝えるよう構成し，90の例題を示したうえ，教科書としての利用も考慮して，284題の演習問題を記載している．

活性汚泥のバルキングと生物発泡の制御

J. Wanner 著／河野哲郎・柴田雅秀・深瀬哲朗・安井英斉 訳　　　　　A5・336頁

活性汚泥全般の基礎知識をコンパクトに理解することができるよう，活性汚泥法および活性汚泥の固液分離障害に関する技術的側面と微生物学の基礎知識，生物学的過程について解説し，さらに著者が提唱している糸状微生物の2つの選択原理（キネティックセレクションとメタボリックセレクション）に基づいて，複雑な活性汚泥のバルキングと生物発泡の問題を整理し，具体的な制御法とその理論的背景を論じている．また，日本でも将来的に問題になりそうなNやPなどの栄養塩類除去活性汚泥システムでのバルキングや生物発泡の問題についても詳細に記述している．カラー口絵4頁．

技報堂出版　TEL 営業 03(5217)0885　編集 03(5217)0881
　　　　　　FAX 03(5217)0886